URWÄLDER
DEUTSCHLANDS

Dr. Georg Sperber (Texte)
Stephan Thierfelder (Fotos)

Urwälder
Deutschlands

blv

Inhalt

*Wildnis ist eine Absage
an die Arroganz des Menschen.*

ALDO LEOPOLD

Einführung

Was ist Urwald? 1864 hatte Botanikprofessor Heinrich Göppert Bergwälder im bayrisch-böhmischen Grenzgebirge bereist und erstmals Urwälder wissenschaftlich beschrieben. Er definierte Urwald als einen Wald, von welchem man noch niemals versucht hat, irgendeinen Nutzen zu ziehen. Dies entspricht weitgehend auch heutigem Verständnis von Primärwäldern.

Letzte Urwälder im Böhmerwald

Angeregt hatte diese Reise Forstmeister Josef John, auf dessen Drängen Fürst Schwarzenberg 1858 im Böhmerwald am Kubany ein größeres Waldareal für alle Zeiten von der Nutzung ausgeschlossen und damit das erste Urwaldreservat in Europa geschaffen hatte, damals noch inmitten des deutschen Reichsgebietes. Beträchtliche Teile des Böhmerwaldes beidseits der Grenze waren noch von unberührten Wäldern bedeckt, auf bayerischer Seite vor allem um Rachel, Lusen und Falkenstein, bis Anfang des 19. Jahrhunderts Lebensraum für Bär, Luchs und Wolf. Es waren Deutschlands letzte Urwälder. Im folgenden halben Jahrhundert wurden auch sie erschlossen und genutzt und die großen Raubtiere ausgerottet (s. auch S. 13ff.).

Ruinierte Wälder am Ende des hölzernen Zeitalters

Alle übrigen Wälder Deutschlands waren um die Wende vom 18. zum 19. Jahrhundert infolge des ungeheueren Holzbedarfs im »hölzernen Zeitalter« in einem unvorstellbaren Ausmaß ausgeplündert. Das Nachwachsen junger Wälder behinderten das zu fürstlicher Jagdlust im Übermaß gehegte Rotwild und im Wald weidende Viehherden der Bauern. Der kleine Mann beraubte den Waldboden noch der Fruchtbarkeit, als er zum Düngen seiner Felder die Laubstreu ausrechte und selbst die Heide durch Plaggenhauen nutzte. Dies war die Geburtsstunde der klassischen Forstwirtschaft. In erstaunlich kurzer Zeit wurden die seit langem gestellten Forderungen umgesetzt, eine drohende Holznot durch geregelte, auf Nachhaltigkeit der Nutzung bedachte Forstwirtschaft abzuwenden. Diese Aufbauleistung verhalf dem deutschen Forstwesen zu weltweitem Ansehen. 1713 hatte der Oberberghauptmann Hans Carl von Carlowitz eine »Naturmäßige Anweisung zur wilden Baum-Zucht« verfasst. Er gilt als Erfinder der Idee der Nachhaltigkeit. Seiner Schrift verdanken wir eine erste Urwaldszene (Abb. links).

Der »neue Wald« entsteht

Die ruinierten Wälder und weithin baumlose Heiden wurden mit einfach zu kultivierenden Kiefern und Fichten aufgeforstet. Erste Forstakademien lehrten einen »neuen Wald« aus gleichaltrigen, möglichst reinen Beständen. Die Bodenreinertragslehre errechnete mit Zinseszinsformeln die Überlegenheit der in sehr kurzen Produktionszeiten bewirtschafteten Nadelholzforste. Die Buche galt nun als »verlorene Holzart.« So entstanden die Nadelholzplantagen, die weltweit ersten »man-made forests«, die heute nahezu zwei Drittel der deutschen Wälder ausmachen. Am Beginn der klassischen Forstlehre stand eine Absage an die bäuerliche Waldwirtschaft, den Mittelwald (vgl. S. 85) und das Plentern (hierbei werden jeweils nur wenige »reife« Bäume in einem Waldgebiet mit Bäumen unterschiedlichen Alters geschlagen), die trotz intensiver Nutzung stets wichtige Merkmale der Naturwälder bewahrt hatte.

Weltnaturerbe Buchenwald

Verliererin der deutschen Forstgeschichte ist die Buche. Sie nimmt gerade noch 7 % ihres natürlichen Areals ein. Von Natur war Deutschland das Land der Buchenwälder, ein Schwerpunkt in deren weltweit begrenztem Areal. Aus globaler Sicht sind Buchenwälder unser wertvollstes Naturerbe, dessen Erhaltung wir verantworten.

Links: Urwaldeiche wird gefällt. Erste Darstellung einer Urwaldszene in Deutschland aus »Silvicultura oeconomia« von H. C. von Carlowitz, 1713.

Rechts: Naturwalddynamik auf der Urwaldinsel Vilm. Der Tod der alten Eiche öffnet eine Lücke, die der Nachwuchs des Bergahorns nutzt.

Derzeit werden für das europäische Schutz-
gebietssystem Natura 2000 nach der
Flora-Fauna-Habitat-Richtlinie (FFH) Gebiete
ausgewiesen, um »den günstigen Erhal-
tungszustand natürlicher Lebensräume und
wildlebender Tier- und Pflanzenarten von
gemeinschaftlichem Interesse zu bewahren
und wieder herzustellen.« 9,2 % der Landfläche sind als FFH-Gebiete gemeldet mit
nennenswerten Teilen der Buchenwälder. In
Anhängen sind die zu erhaltenden Lebensraumtypen und ausgewählte Zielarten aufgelistet und die wichtigsten als »prioritär«
hervorgehoben. Ergänzt wird Natura 2000
um Vogelschutzgebiete nach der europäischen Richtlinie von 1979.

Deutschlands Urwälder von morgen

Die Frage liegt nahe, wozu ein Buch über
Urwälder in Deutschland, wenn es diese
nicht mehr gibt. Es ist richtig, wir haben
keine Primärwälder mehr. Doch inzwischen
entwickeln sich überraschend große Waldflächen hin zum Urwald von morgen, mehr
als in Jahrhunderten vorher. In einem Dutzend Nationalparks mit Wald und Kernzonen
von 11 Biosphärenreservaten sind bereits
50 000 ha auf dem Weg hin zum wilden Wald.
Zusätzlich sind über die Republik verteilt in
rund 680 Naturwaldreservaten weitere

25 000 ha naturnaher Wälder aus der
Nutzung genommen als kleine »Urwälder
von morgen«.

Es werden Urwälder aus zweiter Hand, ver-
glichen mit Nationalparks und Wildnis-
gebieten der Länder, deren ursprüngliche
Naturschätze wir bewundern, nur Ersatzlö-
sungen. Und doch bereichern die »neuen«
Urwälder eine übervölkerte, im Übermaß
zivilisierte Republik heute schon um einen
Hauch Wildnis, den wir gestern noch für
Wunschdenken hielten. Nicht wenige dieser
Reservate bieten nach 30 Jahren natürlicher
Entwicklung ungewohnte Bilder wilder
Schönheit und eine Ahnung vom Reichtum
der Naturwälder. Und da gibt es noch alte,
kleinflächige Reservate, die seit 100 und
mehr Jahren nicht genutzt werden, sogar
echte Urwaldrelikte darunter. Ein Geschmack
von Wildnis ist mit dem Luchs zurückgekehrt, und seit einigen Jahren lebt in Sachsen
ein erstes Wolfsrudel in freier Wildbahn.

Wir wollen mit einem Angebot recht unterschiedlicher Gebiete Neugierde und Lust
wecken auf Deutschlands »Urwälder«. Bei
der erfreulichen Vielfalt war die Auswahl
schwierig, viele Fragen bleiben offen. Wir
sind uns der Mängel bewusst. Die Auswahl
beruht auf persönlichen Erfahrungen und
Vorlieben, gewissen Absichten einer »Wild-
nispädagogik«, Zufällen, auch schlichter
Unkenntnis.

Geschichte der Schutzgebiete

Jedes dieser Waldgebiete hat seine eigene
Geschichte. Eine wichtige und zwielichtige
Rolle spielte dabei seit jeher die Jagd. Einst
war es königliches Privileg, Bannforste als
exklusive Jagdgebiete in Anspruch zu nehmen und so im Mittelalter große Waldland-
schaften vor der Rodung zu bewahren, die
zwei Drittel der ursprünglichen Wälder
beseitigte. Über die Jahrhunderte blieben
wertvolle Wälder erhalten, weil die jewei-
ligen Machthaber dort die prestigeträchtige
Jagd auf Trophäenwild ausübten und das
Volk aussperrten. Mussten die Mächtigen
abtreten, waren es meist staatliche Forsthierarchien, die zum Schaden des anver-
trauten Waldes neofeudale Trophäenjagd als
elitäres Spaßvergnügen konservierten.

Heute sind erlesenste jagdliche Freuden-
stätten von gestern als Großschutzgebiete
auf dem Weg zum Urwald von morgen. Diese
Schutzgebiete mussten stets gegen Widerstand von Forsthierarchien durchgesetzt
werden. Sie fürchten den Verlust traditioneller Jagdprivilegien ebenso wie das Ruch-
barwerden skandalöser Schäden am nachwachsenden Wald, die einseitige Wildhege
und Trophäenjagd verursachen.

Die dramatische Veränderung der Waldland-
schaften im 19. Jahrhundert hatte zur Folge,
dass nach dem Vorbild im Kubany um 1850
Landesfürsten eine Reihe kleinerer Waldbestände mit uralten Bäumen unter Schutz
stellten. Meist waren es Reste von Huteland-
schaften, die vor dem tristen Hintergrund der
»neuen Wälder« die Romantik geradezu zum
Ideal des deutschen Waldes verklärt hatte
und die seither als »Urwald« bezeichnet
werden (s. auch S. 94).

In Bayern wurde 1855 die königliche Forstverwaltung angewiesen, jede Beschädigung
von »Naturmerkwürdigkeiten« zu verhindern
und auf die Erhaltung »besonders schöner,
starker oder interessanter Baumgruppen in
den Waldungen Bedacht zu nehmen«. Neben
einer Reihe von Einzelbäumen gehen kleine
Reservate wie der Ludwigshain bei Kelheim
auf diese erste Initiative zurück.

Rehe äsen wählerisch. Begehrte Laubbäumchen
wie hier die Esche werden verbissen, weniger
schmackhafte Fichten bleiben übrig.

Großer Bluthelmling, ein typischer Vertreter der an Buchentotholz lebenden Holzpilze. Gut erkennbar am blutroten Milchsaft.

Naturdenkmalschutz

1904 hatte Hugo Conwentz, Begründer des wissenschaftlichen Naturschutzes und Schüler von Urwaldforscher Göppert, mit der »rationellen Forstwirtschaft« abgerechnet: »Zu den am meisten bedrohten Gebieten gehört der Wald ... In manchen Gegenden und in ganzen Staatsgebieten hat die Kultur bereits solche Fortschritte gemacht, daß vom ursprünglichen Wald nichts mehr übrig geblieben ist, statt dessen erhebt sich die Forst, welche eine künstliche Anlage im großen Stil vorstellt und mit dem einstigen deutschen Wald nichts mehr gemein hat.« Er schlug vor, Reste natürlicher Wälder in fiskalischem Besitz »tunlichst jeder Nutzung zu entziehen und dauernd als Naturdenkmäler zu bewahren«.

Conwentz wurde 1906 Direktor einer »Staatlichen Stelle für Naturdenkmalpflege in Preußen«, der ersten Naturschutzbehörde Europas. Trotz Unterstützung durch Minister scheiterten seine Bemühungen um Schutz der Wälder an der »exklusiven Haltung« der Forsthierarchie, »die nicht recht einsehen wollte, daß Volk und Wissenschaft doch auch gewisse Anrechte an den deutschen Wald haben«, wie sein Nachfolger anmerkte. Lediglich das Plagefenn konnte dank dem aufgeschlossenen Forstmeister als größeres Schutzgebiet ausgewiesen werden, heute Totalreservat im Biosphärenreservat Schorfheide-Chorin. Die weitere Lebensarbeit von Conwentz blieb dann auf einen museal-konservierenden Denkmalschutz reduziert.

Andere Länder erzielten, durch Conwentz angeregt, Fortschritte. Im Nordschwarzwald schuf die Landesforstverwaltung Württembergs 1911 am Wildsee einen ersten Bannwald. In Bayern wurden »Schongebiete« ausgewiesen. So konnten letzte Reste echten Urwalds im inneren Bayerischen Wald ihren Urzustand bewahren, und berühmte Schutzgebiete wie der Eibenwald bei Paterzell, die Pupplinger Au oder das Schwarze Moor in der Rhön gesichert werden. Das größte Projekt war mit 8300 ha ein »Pflanzenschonbezirk« in den Berchtesgadener Alpen, 1921 auf 20 000 ha erweitert, aus dem 1978 der

zweite deutsche Nationalpark hervorging. Allerdings blieben wie in 2 weiteren großflächigen Schongebieten, Ammergauer Berge und Karwendel, Holznutzung und Jagd unangetastet, sodass die Schutzwirkung sehr begrenzt war.

Urwald als der größte Feind einer geordneten Forstwirtschaft

Das Forstwesen war am Urwald als Lernobjekt nicht interessiert, das hatte Göppert bereits im Kubany beklagt. Noch 1908 kennt das bedeutendste Forst- und Jagdlexikon den Begriff Urwald nicht. Max Endres, Begründer moderner Forstpolitikwissenschaft, führte dazu in seiner Rektoratsrede 1907 aus: »Wo der Forstmann wirtschaften will, muss der Urwald erst entfernt sein. Denn so widerspruchsvoll es auch für den Nichtfachmann klingen mag: der Urwald mit seinen unduldsamen Rohhumusmassen und seinen alles verdämmenden Riesenbäumen ist der größte Feind einer geordneten Waldwirtschaft.«

An dieser Grundhaltung waren Kritik und Reformansätze aus den eigenen Kreisen stets gescheitert. Bereits 1849 hatte Gottlob König gemahnt: »Seltene, besonders große, herrliche Bäume und Bestände sollte man erhalten so lange wie möglich. Vernichten wir vollends die letzten riesigen Überbleibsel der Vorzeit, so bleibt nichts, was die Zukunft mahnen könnte an treue Befolgung ewiger Naturgesetze; die leidige Selbstsucht hielt am Ende noch die verkünstelten Zwerggestalten der neuen Wälder für etwas Rechtes.«

Als sich gegen Ende des 19. Jahrhunderts in den Kunstforsten Katastrophen durch Sturmwurf, Waldbrand, Insektenfraß häuften, gab der Münchner Waldbauprofessor Karl Gayer dem Unbehagen an den »neuen Wäldern« Ausdruck: »Sehen aus wie Wald, sind's aber

nicht.« Er lehrte einen naturgemäßen Umgang mit Wald und empfahl die Rückbesinnung auf Tugenden des bäuerlichen Mittel- und Plenterwaldes. An der Forstakademie Eberswalde entwickelte A. Möller diese Ideen weiter zur Lehre vom »Dauerwald«. Er begriff den Wald als Organismus, eine dauerhafte, innig verwobene Lebensgemeinschaft aus Boden, Pflanzen und Tieren, in die der Mensch nur behutsam eingreifen darf. Möller hatte im Ausland Urwälder studiert.

The German problem

Den Dauerwaldgedanken hatten wie manche progressive Idee ihrer Zeit die Nationalsozialisten übernommen. Der Versuch, diesen im preußischen Staatsforst umzusetzen, scheiterte vor allem daran, dass der Waldnachwuchs vom Reh- und Rotwild aufgefressen wurde. In einem Reichsjagdgesetz, dessen Inhalt heute noch das Jagdrecht bestimmt, wurde die Pflicht zur Hege verankert. Seither steigen die Bestände der großen Pflanzenfresser, des so genannten Schalenwildes, in widernatürlicher Weise an.

Es war der Nordamerikaner Aldo Leopold, berühmter Begründer der Wildbiologie, der nach einem Besuch deutscher Wälder 1936 als Erster die Schizophrenie unseres Forst- und Jagdwesens als »the German problem« analysierte: Eine zur Holzzucht in gleichaltrigen Nadelforsten verkommene Forstwirtschaft züchte in ihren sterilen »wood factories« große Pflanzen fressende Jagdtiere in unnatürlich hoher Zahl. Diese vertilgen die natürliche Waldverjüngung samt der schmackhaften Kräuter und Sträucher. Künstliche Fütterung erhalte die Pflanzenfresser am Leben und vermehre sie ständig weiter. Leopold war der Mangel an jeglicher Wildnis in den Forstlandschaften aufgefallen. Er zog grundlegende Schlüsse aus der ernüchternden Begegnung mit deutschem Forst- und Jagdwesen. Er wurde Vater der Wildnisidee und ist für seine Land-Ethik berühmt.

Wildnisse im »Dritten Reich«

Die Stelle für Naturdenkmalpflege ging im »Dritten Reich« in die Reichsstelle für Naturschutz im Reichsforstamt Hermann Görings über. Das Reichsnaturschutzgesetz von 1935 (gültig bis 1976) erfüllte die hoch gespannten Erwartungen der Naturschützer nicht. Walther Schoenichen, Leiter der Reichstelle, stellte 1935/1937 in einem zweibändigen, reich bebilderten Werk die 600 Naturschutzgebiete vor, die mit 2500 km² etwa ein halbes Prozent des Reichsgebietes ausmachten. Weit über ein Drittel der Fläche beanspruchten Görings Jagdgebiete wie die Schorfheide, die man zunächst zu Naturschutzgebieten erklärt hatte.

Die Mehrzahl der nach Reichsgesetz ausgewiesenen Schutzgebiete, »Wildnisse ... Urdeutschlands« in Schoenichens dem Zeitgeist sich anbiedernder Diktion, war bereits seit den Pionierjahren des Naturschutzes vor dem Ersten Weltkrieg nach Landesrecht geschützt. Pläne für echte Nationalparks wurden nicht verwirklicht. Rückblickend urteilt der Forsthistoriker Heinrich Rubner: »Während die Jagd im ›Dritten Reich‹ ein Kernthema im Selbstverständinis maßgeblicher Führer war, geriet die Naturschutzbewegung zunehmend zu einem braven Dekorationsorgan, wohlorganisiert, aber letztlich entbehrlich.«

Neue Dimension: deutsche Nationalparks

Einen historischen Schritt bedeutete die Eröffnung eines ersten Nationalparks im Bayerischen Wald im 1. Europäischen Naturschutzjahr 1970. Wünsche nach Nationalparks wurden auch in Deutschland geweckt, seit 1872 in USA mit dem Yellowstone-Park die erste dieser Einrichtungen entstanden war. Im Bayerischen Wald konnte erst nach zähen Auseinandersetzungen mit der Forstbürokratie der Rückzug aus Holznutzung und Trophäenjagd durchgesetzt werden. Erstmals wurde hier der museale Naturschutz überwunden, der bisher auf das Konservieren bestimmter Zuständen ausgerichtet war. Eine neue Denkweise zeigte, wie man der Natur zu ihrem Eigenrecht verhelfen kann nach dem Grundsatz »Natur Natur sein lassen«.

Der Scharlachkäfer, eine vom Aussterben bedrohte prioritäre Art. Er kommt nur in an Totholz reichen Au- und Bergwäldern Südostbayerns vor.

Bei der Wiedervereinigung brachte Ostdeutschland wertvollste Großschutzgebiete ein. Trotz der krisenhaften Umweltsituation in der DDR hatten die Verhältnisse unbeabsichtigt Naturparadiese beschert, waren doch 15 % der Landesfläche als militärische Übungsplätze, Grenzsperrgebiete und Staatsjagden der Politprominenz für die Öffentlichkeit unzugänglich. Hier blieben Naturlandschaften in einem für Mitteleuropa einmaligen Ausmaß erhalten.

Der Ministerrat der DDR hatte auf Vorarbeit von Professor Michael Succow und Freunden in der letzten Sitzung am 12. September 1990 ein Programm für Großschutzgebiete beschlossen, das Bestandteil des Einigungsvertrags wurde. 5 neue Nationalsparks, kurz darauf um 2 weitere vermehrt, das war eine ganz neue Dimension. Auch Biosphärenreservate waren dabei, eine Kategorie, mit der Ostdeutschland seit 1979 Erfahrungen hatte. Inzwischen gibt es in der Bundesrepublik 14 dieser Modellregionen nach dem UNESCO-Programm »Mensch und Biosphäre« für das umwelt- und sozialverträgliche Miteinander von Mensch und Natur. In ihren Kernzonen entstehen auch wertvolle Urwaldflächen von morgen.

Die alten Bundesländer bereinigten ein Defizit, als 2004 Hessen im Kellerwald und Nordrhein-Westfalen in der Eifel Nationalparks im Bereich der Hainsimsen-Buchenwälder ausweisen. Insgesamt gibt es in Deutschland damit 15 Reservationen dieser höchsten Schutzkategorie, darunter ein Dutzend mit erheblichem Waldanteil.

Deutsche Wald-Nationalparks sind allerdings noch Entwicklungsprojekte. Selbst im ältesten ist seit seiner Erweiterung nur knapp die halbe Fläche der wilden Natur überlassen. Vor allem »Schädlinge« wie die Borkenkäfer in Fichtenforsten werden »kontrolliert«, um so Akzeptanz bei der örtlichen Bevölkerung für den Weg zum Urwald zu gewinnen.

Naturwaldreservate, kleine Urwälder von morgen

Das Europäische Naturschutzjahr 1970 war auch Auslöser, Anregungen des Vegetationskundlers Robert Gradmann aus dem Jahr 1900 umzusetzen, in allen natürlichen Waldgesellschaften Naturwaldparzellen auszuweisen und sich selbst zu überlassen. Sie werden unterschiedlich bezeichnet, meist als Naturwaldreservate. In der DDR waren bereits 1961 mehr als 300 Waldschutzgebiete von durchschnittlich 100 ha mit kleineren Totalreservaten ohne Nutzung ausgewiesen worden. Der Flächenanteil der Naturwaldreservate ist von Land zu Land unterschiedlich, bundesweit 0,24 % der Waldfläche bei einer Parzellengröße von durchschnittlich 36,7 ha. Naturwaldreservate dienen vorrangig der waldökologischen Forschung. In 2 Jahrzehnten wurden bereits erstaunliche Erkenntnisse gewonnen.

Trendwende im Wald

Die Aufbruchstimmung nach dem europäischen Naturschutzjahr beflügelte die Forstwirtschaft zu mehr ökologischen Waldbau im Sinne der Reformlehren Gayers und Möllers. Neuzeitliche Waldgesetze und Waldfunktionspläne bereiteten den Boden. Zunehmend reift die Einsicht, dass auch naturgemäße Waldwirtschaft allein noch nicht Naturschutz im Walde ist. Die so hartnäckig vertretene Theorie, wonach »ordnungsgemäße« Forstwirtschaft nebenbei alle übrigen Funktionen miterledige, ist aus Sicht der Naturwaldforschung nicht mehr zu halten. Mit Nachdruck fordert der Naturschutz den Schutz alter Bäume, das Stehenlassen von Bäumen mit Höhlen und anderen Naturwaldmerkmalen und mehr Totholz.

Auch in die Wald-Schalenwild-Frage, inzwischen ein Politikum, kam Bewegung. Jagdgesetze wurden novelliert, ein waldfreundlicher ökologischer Jagdverband gegründet. Heute ist die Waldverjüngung vor allem in süddeutschen Staatswäldern deutlich weniger durch Wildverbiss belastet. Insgesamt ist das »German problem« keineswegs gelöst, am wenigsten im jagdfreundlichen Osten. Mischwälder wachsen im Regelfall nur hinter

Zwei Welten: Oben Buchenhallenbestand, nützlich aber artenarm.
Unten Naturschutzgebiet Metzger im Spessart mit dem natürlichen Artenreichtum des Urwalds.

Zäunen auf, so auch auf den 1 Hektar großen »Repräsentationsflächen« der Naturwaldreservate.

Zwar steigen die Jagdstrecken bei allen Schalenwildarten auf Rekordhöhen, die Wildbestände werden dadurch jedoch noch nicht reduziert. Allein über 1 Million Rehe werden jährlich in Deutschland geschossen, mehr als je zuvor. Wenn trotzdem Jäger den wenigen Luchsen und vereinzelten Wölfen ihren Beuteanteil an Rehen nicht gönnen und diese vom Gesetz geschützten Hüter des Waldes illegal verfolgen, verlieren sie jegliche Glaubwürdigkeit.

Neue Urwälder statt defizitärer Staatsforste?

Trotz erfreulicher Fortschritte machen die total geschützten Waldflächen nicht einmal 1 Prozent der 10 Millionen ha deutscher Wälder aus. Im harten Kontrast dazu sind 11 % der gesamten Landfläche mit Siedlungen, Verkehrseinrichtungen, Gewerbe- und Industrieanlagen überbaut. Jahr für Jahr werden weitere 47 000 ha zubetoniert und asphaltiert, eine Fläche nahezu vom Umfang all der Wälder, wo in Nationalparks und Biosphärenreservaten auf Nutzung verzichtet wird. Eine Bilanz, die zum Nachdenken anregt. Der Naturschutz fordert wohlbegründet ein Zehntel der Wälder der Natur zu überlassen. Die Forstwirtschaft steckt derzeit in einer schweren Krise. Die Holzpreise sind durch ein Überangebot an Holz aus Katastrophen säkularer Ausmaße und Dumpingangeboten auf dem Weltmarkt aus Exploitation (wirtschaftliche Erschließung) von Urwäldern verfallen. Um eine drohende Privatisierung zu verhindern, wurden in den Staatsforsten inzwischen die Holzeinschläge auf ein Rekordniveau gesteigert, das Personal wird drastisch abgebaut und notwendige Investitionen für den weiteren Umbau standortswidriger Nadelreinbestände in zukunftsfähige Mischwälder unterbleiben mehr und mehr. Waldfreundliche Verbände befürchten den Verlust

der Gemeinwohlleistungen im öffentlichen Wald und wollen in Bayern durch ein Volksbegehren das Schlimmste verhindern. Läge es da nicht nahe, Staatsforsthaushalte auch dadurch zu entlasten, dass man in besonders defizitären Gebieten die Forstwirtschaft einstellt? So könnten in Wäldern, die allen Bürgern gehören, neue Urwälder von morgen entstehen. Eine geschichtliche Chance für mehr Waldwildnis.

Wir bedanken uns bei einer Vielzahl von Fachleuten der Schutzgebietsverwaltungen, bei den für Waldökologie und Naturwaldforschung zuständigen Kollegen/innen der forstlichen Forschungsanstalten, insbesondere in Bayern, und bei den Forstkollegen vor Ort für vielfach großzügig gewährte Unterstützung sehr herzlich und bitten zugleich um Nachsicht für etwaige Versäumnisse in unseren Darstellungen.

Nationalpark Bayerischer Wald

1 Erstes Urwaldreservat in Europa im Kubany auf tschechischer Seite; erster deutscher Nationalpark, trotz Erschließung und intensiver Bewirtschaftung ab dem 19. Jahrhundert; wertvolle Urwaldreste in Höllbachgspreng, Mittelsteighütte und Rachelseewand; Aufichtenwälder und Spirkenmoore. Nach »Katastrophen« durch Sturm, »sauren Regen« und Borkenkäfer artenreiche Naturverjüngung. Luchs, Schwarzstorch und Habichtskauz zurück; weitläufige Gehege mit Bär und Wolf.

E s war im Böhmerwald, auf seiner bayerischen Seite, im Hinteren Bayerischen Wald, wo 1970 zwischen Rachel und Lusen ein zunächst 13000 ha großes Waldgebiet zum ersten deutschen Nationalpark erklärt wurde. 1997 konnte dieser nach Norden bis zum Massiv des Großen Falkensteins auf 24000 ha erweitert werden. Über der Grenze hat die Tschechische Republik 1989 als Gegenstück den Nationalpark Sumava ausgewiesen. Sumava, »die Rauschende«, stolze 68000 ha groß, hervorgegangen aus einem bereits langjährig existierenden Landschaftsschutzgebiet.

Der Böhmerwald erstreckt sich als Grenzgebirge zwischen Deutschland und Tschechien über mehr als 250 km vom Plöckenstein bis hin zum Osser, ein unübersehbares Waldmeer. Heute ist sein Kerngebiet als »Grünes Dach Europas« das größte Waldschutzgebiet in Mitteleuropa, auch wenn auf tschechischer Seite im Hinblick auf den Umgang mit Naturprozessen noch Wünsche offen sind. »Sylva harcynia«, »Herzynischer Wald« hatten die Römer den geheimnisvollen Mittelgebirgszug genannt, der in Donaunähe mit dem bayerisch-böhmischen Grenzgebirge beginnend über Oberpfälzer Wald, Fichtelgebirge, Frankenwald bis zum Erzgebirge sich hinzieht und über den Thüringer Wald bis zum Harz reicht.

Kubany – erstes Urwaldreservat in Europa

Der Böhmerwald galt lange als Schrecken einflößende, undurchdringliche Wildnis. Noch in der ersten Hälfte des 19. Jahrhunderts war die nur an den Rändern dünn besiedelte Landschaft weithin von Urwäldern bedeckt. Bei einer ersten Forsttaxation um 1840 beschrieb Forstmeister Josef John im Böhmerwald noch ein Drittel der Wälder als Urwald. Am eindrucksvollsten ausgeprägt war der unberührte Urwaldcharakter um die Bergmassive von Kubany und Schreiner. Beim Blick nach Osten vom Höhenkamm des Nationalparks Bayerischer Wald fällt der markant das Wipfelmeer überragende Bergrücken des 1352 m hohen Kubany sofort ins Auge.

Auch der Böhmerwald war um 1850 durch Wege erschlossen, sodass eine Exploitation unmittelbar bevorstand. Fürst Schwarzenberg, der größte Waldbesitzer, hatte Ende des 18. Jahrhunderts den berühmten »Schwemmkanal« erbauen lassen. Damit konnte Brennholz, der immer knapper werdende Energieträger des zu Ende gehenden »hölzernen Zeitalters«, über die bisher unüberwindbare Wasserscheide zwischen Elbe und Donau

Höllbachgspreng, ein »heiler« Rest der letzten Urwälder im böhmisch-bayerischen Grenzgebirge, eines der ältesten Waldschutzgebiete.

Kubany im Böhmerwald, Europas ältestes Urwaldreservat. Zeichnung aus dem Bericht des Urwaldforschers H. R. Göppert von 1868.

hinweg nach Österreich zur Versorgung Wiens transportiert werden. Auch hatte man begonnen, im Inneren des Böhmerwaldes verstärkt Straßen zu bauen, und soeben den Kubany erschlossen. Damit war der Weg geebnet, künftig die Urwaldkolosse auch als teuer bezahlte Bau- und Wertholzstämme zu verkaufen. John machte die Forstwelt auf das bedrohte Urwald-Vermächtnis aufmerksam. Der Fürst ließ sich überzeugen und verfügte 1858, dass rund 1850 ha »für immer erhalten und gepflegt werden sollen, um auch den Nachkommen noch einen Begriff von der Vollkommenheit zu verschaffen ...«. Eine historische Entscheidung, mit der erstmals in Europa ein Stück noch unberührten Urwalds geschützt und weiterhin sich selbst überlassen werden sollte.

Wie unsere Bergurwälder ursprünglich aussahen

Über die Beschaffenheit dieser Urwälder sind wir eingehend informiert. 1864 bereiste der Botanikprofessor Heinrich Robert Göppert ausgiebig das böhmisch-bayerische Grenzgebirge. 1868 publizierte er die Ergebnisse seiner Urwaldbegegnungen, illustriert mit 23 Zeichnungen, deren Genauigkeit besticht. Sein Bericht ist die erste wissenschaftliche Beschreibung eines mitteleuropäischen Urwalds in deutscher Sprache. Er vermittelt auf das Anschaulichste, wie Bergurwälder in unseren Breiten beschaffen waren.

»Freundlich und geräumig erscheinen sie in den unteren Regionen, wo Buche und Weißtannen gemeinschaftlich vorkommen. Wie polierte Säulen treten uns die schlanken, 3–4 Fuß (1 Fuß = 31 cm) starken und oft 100–120 Fuß hohen Buchen entgegen, mit ihren herrlichen Kronen, turmähnlich die 4, häufig 6, ja selbst 8 Fuß dicken und 120–200 Fuß hohen Weißtannen, während die mit ihr an Stärke und Höhe wetteifernden Rottannen (Fichten) in schönen Pyramiden sich gipfeln. Zu großer Vorsicht ermahnt der pfadlose Boden, der aus einem Gewirr von zerbrochenen, dahingestreckten, halb oder ganz vermoderten, mit Moos, Farn und anderen Waldpflanzen bedeckten Stämmen und wunderlich untereinander verwachsenen Wurzeln besteht, aus denen sich die Kolosse des Waldes erheben. Im ganzen bleiben sich die Urwälder hier überall ziemlich gleich, zwischen 2000–3500 Fuß Höhe (ca. 600–1000 m) am imposantesten und wegen des Gemisches von Buchen, Weiß- und Rottannen auch zugleich am mannigfachsten, am wildesten höher hinauf an felsigen Abhängen, wo sie auch nur aus Fichten bestehen.«

»... Eine reiche Vegetation krautartiger Gewächse sowie eine unzählige Menge jüngerer Buchen, Fichten und Tannen, freilich in gedrücktem Zustande, füllen die Zwischenräume zwischen jenen Riesen aus, die sich aber bald üppig entwickeln, wenn durch Zufall oder Absicht einige der stark beschattenden Kolosse umstürzen und sie dadurch freien Horizont gewinnen. Sie suchen dann bald nachzuholen, was sie früher zu versäumen genöthigt wurden.«

Studium der Jahrringe an Stammquerschnitten bestätigten diese Auffassung. Der Professor zieht daraus Schlüsse, mit denen er wesentliche Ergebnisse der erst ein Jahrhundert später intensivierten modernen Forschung über Urwald-Dynamik vorwegnimmt: »Auf diese Weise findet fortdauernd eine allmähliche Verjüngung der alten Buchen-Weißtannen-Bestände statt, und man hat nicht erst nöthig anzunehmen, dass in langen Perioden, wie etwa in 4–500 Jahren, ein totaler Wechsel des Nadel- und Buchenbestandes erfolgt.«

Göppert definiert erstmals den Begriff Urwald: »Wir verstehen darunter einen Wald, von welchem man noch niemals versucht hat irgendeine Nutzung zu ziehen, in welchem die gesamte Vegetation sich in einem Zustande befindet, wie er seit Jahrtausenden, ja vom Anfange an gewesen, in dem also die Natur ungestört die riesenhaftesten Holzkörper bildete und wieder zerstörte.«

Göppert stellt die mächtigsten Urwaldbäume vor. Eine vom Sturm gestürzte Weißtanne mit fast 3 m Durchmesser in Brusthöhe (die forstübliche Messstelle bei stehenden Bäumen 1,3 m über dem Boden) und 62 m Länge, die 30 Klafter (= 73 Festmeter) Brennholz geliefert hatte, sprengte den Rahmen der ohnehin sagenhaften Angaben. Es gab noch ausgedehnte Bestände mit 300–400-jährigen Tannen, deren Durchmesser über 2 m betrug und keine unter 29 Festmeter Holzvolumen. An der Stammscheibe einer Tanne hatte er 448 Jahresringe gezählt.

Tausende von Fichtenstämmen erreichten Durchmesser von 1,20–1,60 m und Höhen von 40–50 m.

Die schönsten Buchen mit Durchmessern bis zu 1,30 m und Höhen bis zu 42 m wuchsen am Nachbarberg, dem Boubik oder Schreiner. Schmerzlich hatte ihn berührt, von John zu hören, »dass die schönen himmelhohen Buchen vorzugsweise nur zur Anfertigung von Holzschuhen dienen«.

Sein besonderes Interesse galt ungewöhnlichen Baumformen, Abnormitäten, wie man sie in den Wirtschaftswäldern schon längst nicht mehr finden konnte. Eingehend beschreibt der Botanikprofessor die »Totholzverjüngung« oder »Rannenverjüngung«. Junge Fichten samen sich im Bergwald mit Vorliebe auf vermoderndem »Lagerholz« an. Es bietet ihnen Wurzelraum, Nährstoffe, Feuchtigkeit und einen hervorgehobenen Kleinstandort gegenüber der Konkurrenz der Bodenvegetation. Wenn das Keimsubstrat später zu Erde zerfallen ist, stehen die Alt-

Kadaver eines über 500-jährigen Tannenriesen in Mittelsteighütte. Mit 353 Arten eines der pilzartenreichsten Waldreservate Bayerns.

fichten auf hohen Stelzwurzeln, die von den besonderen Umständen ihrer Entstehung künden.

»Urholz« wird aufgeräumt

Ähnlich wie die lebenden Baumriesen faszinierten Göppert die kaum vorstellbaren Massen der »Lagerhölzer« oder »Urhölzer«, deren Bedeutung als besonderes Merkmal eines Urwaldes er erkannte und eingehend darstellte. Die forstliche Nutzung in Urwäldern begann zunächst damit, dass man das Urholz beseitigte, die »Wälder aufräumte, wie die Forstmänner zu sagen pflegen«. In einem der Schwarzenberger Forstreviere waren in den letzten 15 Jahren »nicht weniger als 150 000 Klafter aus den zu Boden liegenden Hölzern gewonnen« (das sind 360 000 Festmeter!). Göppert war sich bereits der tief greifenden Folgen bewusst, die es künftig für die Fruchtbarkeit der Wälder haben werde, wenn »wohl nicht mehr wie bisher alle Abfälle der Vegetation dem wiedererzeugenden Naturprozesse preisgegeben werden«, sondern genutzt und »die Wälder aufgeräumt« werden.

Erschließung und »moderne« Forstwirtschaft

1870 wurden die Urwälder am Kubany von einem Sturm schwer getroffen, insbesondere der vom Bergfichtenwald geprägte Nordteil. Die neugebaute Forststraße ermöglichte den Abtransport der geworfenen Stämme. Nur eine unzerstörte Teilfläche von 46,6 ha verblieb künftig als »Urwald«. Die ausgedehnten Urwälder außerhalb des verkleinerten Reservates wurden beschleunigt abgenutzt. Bis Ende des 19. Jahrhunderts war kaum mehr etwas übrig.

Auf bayerischer Seite hatte der Staat in den ersten Jahrzehnten des 19. Jahrhunderts große Waldgebiete entlang des Grenzgebirgskamms vom Großen Falkenstein bis zum Dreisessel aufgekauft. Vorbesitzer waren Glashüttenmeister. Diese hatten im 15. Jahrhundert am Fuß des bis dahin unberührten Grenzgebirges auf bayerischer Seite Produktionsstätten mit gewaltigem Holzbedarf begründet. Die Orte am Rand des heutigen Nationalparks sind so entstanden. War das Holz in der Umgebung der Hütten

verbraucht, legte man tiefer im Wald »Neuhütten« an. Doch in seiner Tiefe blieb der Urwald auch in der Zeit der Glashütten unverändert.

Aus den ersten umfassenden Waldbeschreibungen geht hervor, dass zum Zeitpunkt des Ankaufs durch den bayerischen Staat noch 80% der Wälder des heutigen Nationalparks als Urwald angesehen wurden! Diese einzigartige Vergangenheit macht die Ausnahmestellung des Hinteren Bayerischen Waldes bis heute aus.

Die Waldnutzung der Glasmacher war eine rohe »Plenterung«, das heißt, Bäume wurden nach Bedarf einzeln ausgehauen. Der Wald erneuerte sich ohne menschliches Zutun auf natürliche Weise. Die in dieser Zeit entstandenen »Glashüttenbestände« entwickelten sich wieder zu naturnahen Bergmischwäldern, heute Glanzstücke des Nationalparks.

In den nunmehr königlich-bayerischen Wäldern setzte eine planmäßige, ständig intensivierte Holznutzung ein. Die Urwaldbestän-

Am Ende eines langen Lebens: letzte Ruinenreste eines Baumrecken im Watzlik-Hain, wo die mächtigsten Urwaldtannen stehen.

de mit ihren gewaltigen Massen an lebenden Bäumen und Urholz wurden »ordentlich aufgeräumt« und kräftig aufgelichtet. Die ungleichaltrigen Bestandesstrukturen, deren Wesen mehrhundertjährige Baumriesen bestimmten, wurden nach dem Normalwald-Modell klassischer Forstwissenschaft zu gleichaltrigen Altersklassenforsten umgebaut. Der Urwald sollte dem Allerweltsforst nach Försterart weichen.

Um 1900 hatte man den Urwald systematisch aufgeschlossen, um das geschlagene Holz abtransportieren zu können. Bäche wurden für den Holztransport durch »Trift« umgestaltet, begradigt und verbaut, künstliche Wasserflächen zu »Klausen« aufgestaut, Bahnen für den Schlittenzug gebaut. Anfang des 20. Jahrhunderts wurde nach einer Sturmkatastrophe im Gebiet des Rachels und nachfolgender Massenvermehrung der Borkenkäfer sogar eine Wald-Eisenbahn mit einem Schienennetz über 100 km angelegt. Nach dem Zweiten Weltkrieg machten im heutigen Nationalparkgebiet mehr als 500 km Forststraßen den abgelegensten

Stelzenfichte aus »Rannenverjüngung«. Das Urholz, in dessen Mulm die Fichte vor hundert Jahren keimte, ist längst vermodert (vgl. Foto S. 137).

Winkel für den Holzabtransport mit Lastkraftwagen zugänglich. Jetzt konnte die Forstwirtschaft zeitgemäß intensiviert werden. Rückblickend gab der renommierte Waldbau-Professor Josef Nikolaus Köstler, 1970 als Berater für die künftige »Waldpflege« im jungen Nationalpark gefragt, über 150 Jahre staatliche Forstwirtschaft ein vernichtendes Urteil ab: »Der Innere Bayerische Wald ist ein vollständiges Register forstlicher Todsünden.«

Urwalderbstücke

Und trotzdem: Der Mensch hatte im Hinteren Bayerischen Wald wie im Böhmerwald erst Mitte des 19. Jahrhunderts in Urwäldern nach Plan zu wirtschaften begonnen. Für die Bringung schwierige Bereiche wurden erst mit der Zeit erschlossen. Die Bevölkerungsdichte blieb weiterhin bescheiden. Und so konnte der Naturwaldcharakter auf großen Flächen länger erhalten werden als andernorts in Deutschland.

Zwar machte sich auch hier die Fichte, jetzt »Brotbaum« der neuen Forstwirtschaft, mehr und mehr breit. Allerdings war diese im klimatisch rauen Grenzgebirge, anders als in den meisten anderen außeralpinen Waldgebieten Mitteleuropas, von Natur eine weiter verbreitete Baumart. In den Hochlagen über 1200 m Meereshöhe auf 15 % der Nationalparkfläche trotzt von Natur der subalpine Bergfichtenwald, begleitet nur von der anspruchslosen Vogelbeere, den rauen Umweltbedingungen mit langen eisigen Wintern, Sturmwinden und (früher zumindest) kaum vorstellbaren Schneelasten. Auch in den nassen, kalten Talsenken des Bayerischen Waldes herrscht im Naturwald seit jeher die Fichte. Rund ein Fünftel des Nationalparks machen diese so genannten »Aufichtenwälder« (s. auch S. 134) aus. Am Fuß des Rachelmassivs ist ein seit 3 Jahrzehnten ohne menschliche Eingriffe sich natürlich entwickelnder uriger Aufichtenwald Besuchern über einen 400 m langen Holzsteg, den »Seelensteig«, zugänglich.

Im Bergmischwald, auf zwei Drittel des Nationalparks die natürliche Waldgesellschaft, war die Fichte nur untergeordnet den Buchen und Tannen beigesellt. Wo die alten Mischbestände abgetrieben wurden, breiteten sich in der Folgegeneration unter dem Einfluss »ordnungsgemäßer« Forstwirtschaft gleichaltrige, dicht geschlossene Reinbestände der Fichte, in wärmebegünstigten Hanglagen auch der Buche, mehr und mehr aus. Da kam die Ausweisung zum Nationalpark gerade rechtzeitig, um zu retten, was an wertvollem Bergmischwald noch vorhanden war.

Schönheit und Naturerlebniswert des Grenzgebirges wird noch besonders gesteigert durch eine Reihe alter Schutzgebiete, wo nach dem Vorbild des Kubany großartige Beispiele früherer Urwaldpracht der Nachwelt überliefert sind. Im Inneren Bayerischen Wald hatte die staatliche Forstverwaltung 1914 fünf »Schonbezirke« mit zusammen 343 ha eingerichtet und künftig jede Art von Nutzung, selbst die Jagd, verboten. Der Nationalpark verdankt drei besondere Glanzstücke dieser frühen Bemühung:

Die Rachelseewand mit einzigartigem Bergmischwald von Urwaldqualität auf den Moränenwällen um den geheimisvollen Ra-

chelsee im Kar eines eiszeitlichen Gletschers, nach oben in ausgedehnten Bergfichtenwald übergehend. Das Höllbachgspreng, 51,3 ha groß, ein Bergurwald mit wilden Fels- und Bergbachpartien an der steil abfallenden Ostflanke des Großen Falkensteins. Und das Urwaldreservat Mittelsteighütte, 38 ha großer Bergmischwaldbestand mit 500-jährigen Weißtannen, bis 1,80 m dick und bis 50 m hoch. Nicht weit davon entfernt wecken mächtige Alttannen im Hans-Watzlik-Hain Urwald-Erinnerungen.

Vergleichsweise großzügig hatte man bereits in früherer Zeit forstlich wertlose Moore, altbayerisch Filze genannt, geschützt. Eines der größten Moore im Bayerischen Wald ist das Klosterfilz am Fuß des Nationalparks mit ausgedehntem Randwald aus Bergkiefern. Eine Aussichtskanzel, im Moor an einem Informationspfad errichtet, ermöglicht den

Blick ins Kronendach dieses Spirkenwaldes. Im Erweiterungsgebiet zwischen Rachel und Falkenstein erstrecken sich in über 1100 m Meereshöhe entlang der europäischen Wasserscheide Donau-Elbe, hier zugleich Landesgrenze, sehr gut erhaltene Hochmoore in Sattellage mit Kolken und Schlenken und einigen offenen Wasserflächen, richtiggehende Mooraugen, typisch ausgeprägter Moor- und Verlandungsvegetation bis hin zu dichten Latschenbeständen (Naturschutzgebiete Zwieselter Filz und Latschenfilz).

Höllbachgspreng am Großen Falkenstein, eines der eindrucksvollsten Urwalderbstücke, seit nahezu einem Jahrhundert geschützt.

Ausrottung der Raubtiere

Als man daran ging, die Urwälder in »ordentliche« Forste umzuwandeln, wurde zugleich, dem rationalistischen Zeitgeist des 19. Jahrhunderts folgend, die Tierwelt nach vordergründigem Nutzen-Schaden-Denken neu geordnet. »Schadwild«, als das man Raubtiere, Greifvögel, Eulen und Rabenvögel klassifizierte, wurde systematisch bekämpft mit dem Ziel, dieses auszurotten. »Nutzwild«, im Wald vor allem Hirsche und Rehe, wurde planmäßig gehegt.

Der Wolf, Hüter des Waldes. Der letzte wurde im Bayerischen Wald 1846 ausgerottet. Einzelne Zuwanderer werden heute noch illegal getötet.

Noch lebten damals in den Tiefen der Grenzgebirgsurwälder die großen Raubwildarten Bär, Wolf und Luchs. Von 1760–1802 hatte zwischen Rachel und Arber ein Förster noch 37, sein Bruder beinahe ebenso viele Braunbären getötet. Im Gebiet des heutigen Nationalparks erlegte ein Förster um den Falkenstein von 1800–1815 zehn Luchse, weitere sechs in den heute noch so genannten »Luchsfallenhängen«. Der letzte Luchs war, ebenso wie ein letzter, von weither zugewanderter Wolf, 1846 getötet worden.

Dort, wo am Nordabhang des Dreisessels am 18. November 1856 der letzte Bär des Böhmerwaldes sein Leben lassen musste, wurde ein Gedenkstein errichtet. Dieses »bedeutsame Ereignis« hatten Jäger und Bevölkerung bei einem großen Waldfest mit Hörnerklang gefeiert. Nur der hochgelehrte Pfarrer und Zoologe J. A. Jaeckel, Vater der

Ornithologie in Bayern, beklagte in einem bemerkenswerten Nachruf 1856, »daß der Böhmerwald eine seiner Berühmtheiten, eine Notabilität, von der in Büchern und Journalen schon viel die Rede war, leider verloren hat«.

Ab der zweiten Hälfte des 19. Jahrhunderts war Deutschland ohne Bär, Wolf und Luchs. Die Wälder hatten, wie sich alsbald erweisen wird, ihre natürlichen Wächter verloren. Der Hauch von Wildnis, die unverwechselbare besondere Würze, die nach Aldo Leopold, dem Vater der Wildbiologie und der Wildnisidee, bereits das Wissen um das Vorhandensein eines einzigen Bären einem Landstrich verleiht, war aus den deutschen Wäldern verschwunden.

Noch um die Wende zum 20. Jahrhundert hatten Jahr für Jahr letzte Schreiadler versucht, am Rachel zu brüten. Die seltenen Tiere wurden immer wieder abgeschossen und ihrer Eier beraubt. Drüben im Nationalpark Sumava in ruhigen Wäldern mit ausgedehnten Mooren des ehemaligen Grenzsperrgebiets hat diese einzige Waldart unter den heimischen Adlern bis in unsere Zeit gelegentlich noch gehorstet.

Hirsche werden zum Problem

Noch vor den großen Räubern hatte man im Böhmerwald, ein seltener Ausnahmefall der Jagdgeschichte, bereits 1820 die Hirsche ausgerottet. 1874 ließ Fürst Schwarzenberg das Rotwild als begehrtestes Objekt feudaler Trophäenjagd mit einer gezielten Aktion wieder einbürgern. Im Kubany wurde ein 70 ha großes Eingewöhnungsgatter errichtet, welches das Urwaldreservat einbezog. Bis 1889 hatte sich der frei lebende Bestand dieser neuen Böhmerwaldhirsche auf über 300 Stück vermehrt.

Im Jahr 1900 merkte die Schwarzenberger Forstbehörde für den Urwaldbestand am Kubany an, »dass der Anflug und Aufwuchs junger Baumpflanzen unter dem Verbiss des Wildes leidet und deshalb junge Baumklassen fast nicht vorhanden sind«. Zur Lösung des Problems wird vorgeschlagen, den Urwald durch einen Zaun zu schützen. Erst 1965 wurde der Urwald mit einer Umzäunung dem Einfluss des Rotwildes entzogen.

Im Bayerischen Wald war der Bestand aus Böhmen zuwandernden Rotwilds selbst in der Ära des Reichsjagdgesetzes bescheiden geblieben. Erst in den Wirtschaftswunderjahren der Nachkriegszeit wurden die Hirsche auf Initiative eines Staatsforstmeisters planmäßig gehegt. Der Rothirsch war zurückgekehrt und erstmals zum Problemtier der Grenzgebirgswälder geworden. Von keinem natürlichen Raubfeind kontrolliert, von keinen Wilderern verfolgt, von Waidmännern, vor allem in den Staatsjagden, aufwändig umhegt und nur unzulänglich bejagt, vermehrte sich das Rotwild wie nie zuvor. Allein im Bereich des Nationalparks wurden im ersten Winter 1969/70 an den Fütterungen 500 Stück gezählt.

Der Nachwuchs der Tanne, Charakterbaum des Bayerwaldes, wurde vernichtet, ebenso der der Edellaubbäume und der Pioniere. Übrig blieben die Fichten, die dann im Stangenholzalter quadratkilometerweise »geschält« wurden, sodass das wertvollste Stammstück verfaulte.

Am Heiligen Abend 1971 brachte der bekannte Journalist Dr. Horst Stern mit seinem legendären Fernsehfilm »Bemerkungen über den Rothirsch« das Wildproblem erstmals einem zutiefst erstaunten Millionenpublikum nahe, dargestellt an den Zuständen in Deutschlands erstem Nationalpark. Sein Beitrag beginnt mit dem Satz: »Der deutsche Wald ist krank bis auf den Tod.« Das bestgehütete Geheimnis der lodengrünen Zunft war über Nacht zum öffentlichen Ärgernis gediehen. Hundert Forstwissenschaftler stellten sich mit einer Resolution hinter Sterns Ausführungen. Landtag und Bundestag beschäftigten sich damit eingehend.

Ein Jahrhundert deutscher Nationalpark-Geschichte

Erste Forderungen, auch in Deutschland Nationalparke einzurichten, kamen vor mehr als 100 Jahren auf, seitdem am 1. März 1872 in den USA die Bundesregierung die grandiose Naturlandschaft um den Yellowstone zum ersten Nationalpark erklärt hatte. Der 1909 gegründete Verein Naturschutzparke verfolgte das Ziel, drei Naturschutzparke zu schaffen, je einen im Hochgebirge,

Historische Bildserie vom jeweils gleichen Standort: 1970 erste Sturmwürfe im Nationalpark (oben).
1985 ein Pionierwald aus Vogelbeere; in Wurzeltellern brüten Zaunkönig, Gebirgsstelze und Wasseramsel (Mitte).
Heute ein Bergmischwald aus Fichten, Tannen und Buchen, unentgeltlich und prachtvoll (unten).

in einem typischen deutschen Mittelgebirge und in der Norddeutschen Tiefebene. Der Letztere wurde als »Naturschutzpark Lüneburger Heide« verwirklicht.

Der Bayerische Wald wurde erstmals 1911 als das in Deutschland für ein großes Naturreservat besonders geeignete Gebiet genannt. Im Dritten Reich gab es ernsthafte Absichten, außer Görings Staatsjagdgebieten auch echte Nationalparke auszuweisen. Neben dem Pflanzenschonbezirk bei Berchtesgaden und dem Darß war es vor allem das Grenzgebiet zwischen Bayern und dem okkupierten Böhmen, das für einen großflächigen Nationalpark von 100 000 ha vorgesehen war. Luchs und andere ausgerottete Arten sollten wieder eingebürgert und die Bestände großer Pflanzenfresser in Grenzen gehalten werden.

Alsbald nach Kriegsende wurden erneut Überlegungen angestellt. Richtig in Gang gesetzt wurde der Prozess erst 1966 durch Hubert Weinzierl, den späteren langjährigen Vorsitzenden des Bund Naturschutz in Bayern und des BUND.

Überraschend entschieden wurde die heftig umstrittene Nationalparkfrage, als im Mai 1969 Dr. Hans Eisenmann neuer Forstminister wurde. Bereits am 11. Juni dieses Jahres beschloss der bayerische Landtag einstimmig, im Bayerischen Wald um Lusen und Rachel einen ersten deutschen Nationalpark zu gründen. Dessen Leiter Hans Bibelriether verfolgte von der Gründung 1970 bis zu seinem altersbedingten Ausscheiden 1998 mit ebenso viel Diplomatie wie beharrlichem Stehvermögen seine Nationalpark-Philosophie »Natur Natur sein lassen«. International wurde der Nationalpark bereits 1972 von der IUCN, dem Internationalen Naturschutzverband, anerkannt. 1986 verlieh der Europarat als höchste Auszeichnung für Schutzgebiete dem Nationalpark Bayerischer Wald das Europadiplom der Kategorie A.

Toter Fichtenhochwald um den Lusen. Nur einzelne Altfichten überleben. Unter Baumgerippen wächst eine neue Waldgeneration.

Ernstfall: Sturm und »saurer Regen«

Der Grundsatz Natur Natur sein lassen wurde schweren Prüfungen unterworfen. 1983 hatte ein Sommergewittersturm schwere Verwüstungen in fichtenreichen Beständen angerichtet. Minister Eisenmann stellte einmal mehr die Weichen mit dem mutigen Beschluss, dem natürlichen Geschehen freien Lauf zu lassen.

Wie zu erwarten kam es zu einer Massenvermehrung der Borkenkäfer, vorwiegend des Buchdruckers, und Fichten starben auf beträchtlicher Fläche über die Ränder der Sturmzentren hinaus. Erst nach Jahren mit kühl-feuchter Frühjahrswitterung kam das Aufsehen erregende Fichtensterben zum Erliegen. Der Schreck über die todesstarren Fichten löste sich, als im Verhau des liegenden Totholzes eine üppige Naturverjüngung mit allen Arten des Bergmischwaldes heranwuchs. Mit einem Lehrpfad führt die Nationalparkverwaltung diese wunderbare Walderneuerung den Besuchern vor.

In diesen Jahren war ganz allgemein die Sorge um den Wald zu einem vorrangigen Thema der deutschen Gesellschaft geworden. Wir sorgten uns, die Wälder könnten den Belastungen des »sauren Regens«, Folge der Emissionen aus Kraftwerksschloten und Auspufftöpfen, erliegen. Nachdem die Hochlagenwälder des Erzgebirges bereits flächig dem »Waldsterben« zum Opfer gefallen waren, rückte jetzt der Bayerische Wald mit einem Aufsehen erregenden »Tannensterben« in den Blickpunkt des Interesses. Die Weißtanne, der Charakterbaum des Bayerischen Waldes, ist gegen Luftverschmutzung durch schwefelhaltige Industrieabgase besonders sensibel. Die aufgeregte Diskussion und öffentliche Anteilnahme erreichte immerhin, dass der Ausstoß an Schwefeldioxid, hauptverdächtiger Schadensauslöser, drastisch abgesenkt wurde.

Dadurch hat sich der Zustand der bereits totgesagten Weißtanne sichtbar verbessert. Die Wälder jedoch leiden weiter, still, unübersehbar und folgenschwer. Unmengen an Stickstoffverbindungen, hälftig je aus agrarindustrieller Tierintensivhaltung und Verkehrsabgasen, überdüngen und versauern Böden und Grundwasser, hohe Ozongehalte schädigen die Blatt- und Nadelorgane in den sich häufenden Sommerhitzeperioden.

Der Hochwald stirbt

Eine dramatische Wende nahm die Entwicklung der Nationalparkwälder in den 1990er-Jahren, dem wärmsten und sommertrockensten Jahrzehnt seit Beginn der Wetteraufzeichnungen. Auch im Grenzgebirge blieben jetzt die gewohnten Schneemassen aus. Die urwüchsigen Fichtenwälder der windexponierten Kammlagen, von Natur aus auf gleichmäßige, reichliche Wasserversorgung und ausgeprägt kontinentales Klima mit langen, kalten Wintern und kurzen Sommern angepasst, hatten, vorgeschädigt durch jahrzehntelange Immissionseinwir-

Filigranes Wundergebilde eines der urtümlichen Schleimpilze in der verborgenen Mulmnische einer gewaltigen Tannenleiche.

kung, nun dem flächigen Angriff der Borkenkäfer keinen Widerstand entgegenzusetzen. Der »Hochwald«, seit Adalbert Stifters gleichnamiger Erzählung von 1841 unverwechselbares Merkmal und Gütesiegel des Böhmerwaldes, starb innerhalb weniger Jahre um Rachel und Lusen. So weit das Auge reich ein gigantischer Waldfriedhof auf dem First des bisher so grünen Dachs Europas. Lähmende Angst breitete sich aus, die Borkenkäferseuche könnte über den Nationalpark hinaus den Bayerwald insgesamt heimsuchen, die grüne Waldheimat zerstören und damit auch die Grundlage des blühenden Fremdenverkehrs.

Als dann 1997 der Nationalpark über den Rachel hinaus bis zum Falkenstein auf nahezu die doppelte Fläche erweitert werden sollte, eskalierten Protest und Widerstand vor Ort. 1997 wurde die Nationalparkverordnung neu gefasst und vorgeschrieben, dass entlang der Grenze des alten Nationalparks auf eine Tiefe von 500 m der Borkenkäfer mit herkömmlichen Mitteln durch Fällen der »Käferbäume« bekämpft wird, um ein Vordringen in angrenzende Privatwälder zu unterbinden. Auch im Erweiterungsgebiet wird vorerst diese Art »Forstschutz« für eine Übergangszeit beibehalten.

Im alten Parkgebiet sind 3000 ha abgestorben, dies ist ein Viertel der Waldfläche, davon 2000 ha in den Hochlagen, womit der Bergfichtenwald nahezu zerstört ist. Das stehende Totholz macht 1,7 Millionen Festmeter aus, das entspricht 44% der lebenden Holzmenge. So dramatisch die Vorratseinbußen auf den ersten Blick erscheinen, mit einer durchschnittlichen Menge von 350 Festmetern pro Hektar übertrifft der Vorrat an lebenden Bäumen im schwer geschädigten Altpark noch deutlich den Durchschnitt aller bayerischen Staatswälder von nur 286.

Inzwischen legt sich die Aufgeregtheit und eine aufgeklärtere Betrachtungsweise setzt sich durch, seitdem unübersehbar unter dem toten Fichtenwald ein neuer Wald heranwächst. Der junge Wald wird zwar wieder von Fichten geprägt sein, aber die

Vogelbeere, daneben auch Birke und Salweide sind reichlich beigemischt. Im Verzahnungsbereich zum Bergmischwald kommen Bergahorn, Buche und Tanne hinzu.

Flächige Katastrophen als Neubeginn

In natürlichen Nadelwäldern wird eine Baumgeneration von der nächsten meist rasch und großflächig abgelöst. Den alten Wald vernichten Katastrophen, seien es Sturm mit nachfolgender Massenvermehrung der Borkenkäfer oder verheerende Großfeuer.

Immer mehr Menschen begreifen die einmalige Gelegenheit, ein Naturereignis in einem Nationalpark vor der Haustüre als Zeitzeugen mitzuerleben, das wir sonst nur aus der Taiga im fernen Sibirien oder Kanada kennen. Der Vergleich zum Geschehen im Yellowstone-Nationalpark drängt sich auf,

dessen Kiefernurwälder 1988 durch Feuer zerstört wurden.

In Zentraleuropa, dem Areal der natürlichen Buchenwälder, sind Nadelnaturwälder selten und auf extreme Standorte begrenzt. In Laubnaturwäldern vollzieht sich der Generationenwechsel weniger spektakulär, kleinflächig mosaikartig verteilt, über lange Zeiträume, so wie es John und Göppert schon aus den Buchen-Tannen-Urwäldern des Kubany beschrieben hatten. Der Tod der alten Bergfichten verändert die Lebensgemeinschaft dieser Höhenstufe tief greifend. Kahle Baumskelette bieten den bisherigen tierischen Altbestandsbewohnern weder Nah-

Zeugen eines »gesunden« Waldes: greiser Bergahorn mit artenreichem Moosüberzug und üppigen Lungenflechten in windgeschützter Hangmulde des Bergurwaldes.

Haselhuhn, kleinste Waldhuhnart mit großen Zukunftsaussichten in artenreicher Pioniervegetation unter dem toten Fichtenwald.

rung noch Deckung vor Wetter und Feinden. Das Leben verlagert sich von oben aus dem Kronenraum nach unten in Bodennähe.

Der kränkelnde und sterbende Bergfichtenwald war, solange in der Baumrinde die Heerscharen der Borkenkäfer sich ungehemmt vermehrten, geradezu ein Spechteldorado. Neben dem Buntspecht stellten sich Schwarzspecht, Grauspecht, Kleinspecht ein. Insbesondere der Dreizehenspecht, ein typischer Bewohner subalpiner Fichtenwälder und ausgesprochener Spezialist für Borkenkäfer, konnte sich deutlich vermehren.

Als aber in den toten Fichten die Nahrungsbasis entzogen war, verschwanden mit den Borkenkäfern auch die Dreizehenspechte. So sehr alternde, sterbende Bäume und Tothölzer die Waldbiozönose bereichern, den toten Wald, der nicht einmal Schutz vor ihren Feinden bieten kann, verlassen die charakteristischen Altbestandsbewohner.

Schlaraffenland auf Zeit

Ganz anders die Arten, die auf reichlich Licht und Wärme angewiesen sind. Jetzt nutzen sie die Gunst der Stunde, wenn die Katastrophenfläche für sie zum Schlaraffenland wird. Sofort stellt sich eine üppige Schlagflora aus Pionierpflanzen ein, die mit ihren durch Wind und Vogelkot verbreiteten Samen allgegenwärtig sind. Das schöne

Schmalblättrige Weidenröschen breitet sich aus, das »Fireweed« der Amerikaner, das auch die Brandflächen des Yellowstone-Parkes in ein rotes Blütenmeer verwandelt hatte. Himbeere und Roter Bergholunder bilden dichte Verstecke, Heidelbeersträucher wachsen kniehoch und biegen sich unter der Last der blauen Beerenschätze.

Noch auffälliger ist die Vielzahl prächtiger Stauden, die den Friedhof der toten Fichten zur festlichen Blumenwiese verwandeln: Mannshoher Purpurroter Hasenlattich und Alpenmilchlattich, dunkelblauer Eisenhut, die gelben Blüten des Fuchsgreiskrautes und manchmal, so man Glück hat, sogar der Pannonische Enzian.

Pioniergehölze bilden einen Vorwald, die Vogelbeeren vor allem, je nach Höhenlage und Standort mit Moor- und Hängebirke, Salweide, Aspe und Pulverholz.

Eine ganz besondere Vogelart dieser frühen Pionierstadien des neuen Waldes ist das Haselhuhn. Anders als sein großer Verwandter, der Auerhahn, der als Charaktervogel uralter naturnaher Bergwälder wie überall außerhalb der Alpen auch hier vom Aussterben bedroht ist, hat sich dieses kleinste Raufußhuhn schon bisher im Nationalpark in einem lebensfähigen Bestand gehalten. Die rasch aufwachsende Schlagvegetation bietet abwechslungsreiche Nahrung. Der dichte Verhau aus dürren Kronenästen und zuhauf liegenden Lagerhölzern sichert den vorsichtigen Vögeln selbst im winterkahlen Halbjahr ausreichende Deckung vor dem Habicht.

In den nächsten Jahren und Jahrzehnten könnte das schmucke Haselhuhn, in Mitteleuropa rückläufig, in Deutschland mit 1500–2000 Brutpaaren in der Roten Liste als »stark gefährdet« eingestuft, zu einem Symboltier des neuen, wilden Bergwaldes werden.

Das Schalenwildproblem: im Nationalpark gelöst

Eigentlich sind Anfangsstadien der Waldentwicklung der ideale Lebensraum für große Pflanzenfresser. Hier wachsen endlich üppig bodennahe Pflanzen in Reichweite ihrer hungrigen Mäuler.

Doch in den toten Bergfichtenwäldern schützen die abgestorbenen Altbäume ihren Nachwuchs. Die Rehe, aber auch das Rotwild, meiden den schwer zugänglichen und einer schnellen Flucht hinderlichen Verhau der umgestürzten Fichten. Sie gehen dem Luchs aus dem Weg, der die langen, waagerecht liegenden Baumschäfte nutzt, um das Trümmerfeld bequem zu durchpirschen.

Doch auch außerhalb der toten Fichtenwälder wächst unter älterem Baumbestand des Nationalparks auf einem Drittel seiner Fläche eine artenreiche neue Baumgeneration heran. Erstmals seit mehr als hundert Jahren ist daran die Weißtanne wieder mit immerhin 8% beteiligt, und Laubbäume machen ein reichliches Drittel aus. Einem zeitgemäßen Wildmanagement gelingt es zusammen mit dem Luchs, das Schalenwild effizienter als früher den Erfordernissen der nachwachsenden Waldvegetation anzupassen.

Bei Spurschnee verraten den Luchs, den Hüter des Waldes, seine unverkennbaren runden Trittsiegel. Zum Glück ist er bereits im ersten Jahr nach Nationalparkgründung

Eine historische Aufnahme: Im Winter 1969/70 quert eine erste Luchsfährte im Nationalpark die Geläufe von zwei Auerhühnern.

aus Sumava zugewandert. Trotz illegaler Verfolgung durch undisziplinierte Jäger hat er bisher überlebt und sich über den Bayerwald verbreitet. Tauchten einzelne Wölfe auf, ob Gehegeflüchtlinge oder Zuwanderer, wurden diese bisher stets totgeschossen. Den früheren König des Böhmerwaldes, den Braunbär, der in den beerenreichen Katastrophenflächen nahezu paradiesische Lebensbedingungen fände, kann man nur in einem wunderschönen Gehege besuchen.

Der erste deutsche Nationalpark wurde zum Pilotprojekt bei der Lösung der forstlich-jagdlichen Jahrhundertfrage. Es wurden pragmatische Methoden eines zeitgemäßen Wildtiermanagements entwickelt. Die herkömmliche Jagd ist eingestellt. Nur die großen Pflanzenfresser werden effektiv kontrolliert, beim Rotwild vor allem durch Fang und Abschuss in Wintergattern, den ersten in Deutschland. Gegen alle Widerstände konnte nach wenigen Jahren das gestörte Verhältnis zwischen Waldvegetation und den großen Pflanzenfressern ausgeglichen werden. Dass es dazu eines Waldnationalparks bedurfte, hat Ansehen und Selbstwertgefühl der traditionellen Forstbehörden und Jägerverbände zutiefst erschüttert.

Neben dem Luchs sind seit Gründung des Nationalparks einige prominente Arten wieder heimgekehrt. Schwarzstorch und Kolkrabe brüten regelmäßig. Der Wanderfalke hat die seit einem halben Jahrhundert verwaisten Horstplätze wieder bezogen und kreist nicht nur um den Falkenstein.

Bei einem geheimnisumwitterten Bewohner der Grenzgebirgswälder war die Wiederkehr nur durch Auswilderung möglich. Bis in die 1920er-Jahre hatte um Rachel und Lusen der Habichtskauz sein einziges, in Fachkreisen berühmtes Brutvorkommen in Deutschland. Dieser deutlich größere Verwandte des Waldkauzes ist in der eurasischen Nadelwaldregion von Fennoskandien bis Sibirien weit verbreitet. Wie andere Taigaarten hat der große Kauz jedoch einige isolierte nacheiszeitliche Reliktvorkommen in Gebirgen des östlichen Mitteleuropas und Osteuropas. Hier lebt er in urwüchsigen buchenreichen Bergwäldern der Zerfallsphase, möglichst in der Nachbarschaft von Katastrophenflächen, wo er seine Vorzugsnahrung, die Wühlmausartigen, jagen kann.

Der Habichtskauz, der große Bruder des Waldkauzes, hatte nach der Eiszeit bei uns nur in Urwäldern um Rachel und Lusen überlebt.

Seit 1975 hat man um Rachel und Lusen nahezu 200 gezüchtete Tiere ausgebürgert. Heute gibt es hier wieder mindestens ein halbes Dutzend gesicherte Brutreviere des Habichtskauzes. Auch auf böhmischer Seite läuft die Wiederansiedlung.

Bemerkbar macht sich dieser sonst so zurückhaltende Urwaldbewohner durch weithin vernehmbare Rufe. Im Herbst mehr noch als im Frühling dringen seine hart bellenden, heiser kreischenden Schreie bis zu 1 km weit. Heimkehr der Wildnis, des »förchterlichen Brummens, Heulens und unfreundlichen Geschreys der Eulen«, das unseren Wäldern fehlt, seit man ihnen das Wilde genommen hatte. Unheimlicher Teufelsspuk nur für unaufgeklärte furchtsame Gemüter. Nationalpark-Empfindungen, Urwaldlaute in den Ohren begeisterter Naturkenner.

Hinweise für Besucher

Zufahrten sind ab den Abzweigungen von der A 3 Regensburg–Passau in Deggendorf, Hengersberg und Passau gekennzeichnet. Alternative ab Nürnberg über die A 6 bis Amberg, weiter auf der B 85 bis Regen, Zwiesel, Spiegelau.

Der erste deutsche Nationalpark (www.nationalpark-bayerischer-wald.de) wird für seine vorbildlichen Besuchereinrichtungen international gerühmt. Man sollte sich zunächst im Dr.-Hans-Eisenmann-Haus bei Neuschönau eingehend informieren, dann das unmittelbar angrenzende botanische Freigelände mit 600 Pflanzenarten des Bayerischen Waldes und die landschaftlich großartig eingebundene, weitläufige Gehegezone besichtigen. (Es ist kein Geheimnis, dass auch professionelle Naturfotografen hier ihre besten Motive finden, vom Ungarischer Enzian über Braunbär, Wolf und Luchs bis hin zum Habichtskauz.) Im Parkbereich verkehren umweltfreundliche Busse zu den wichtigsten Ausgangspunkten für Wanderungen.

Interessante Einblicke in einen »Aufichtenwald« (vgl. S. 17) bietet der so genannte »Seelensteig« am Fuß des Rachelmassivs. Besonders urwüchsige Waldgebiete sind das Höllbachgspreng, die Mittelsteighütte, der Watzlik-Hain und die Rachelseewand. Über geschichtliche Zusammenhänge kann man sich im waldgeschichtlichen Museum in St. Oswald, im Freilichtmuseum Finsterau und im nahen waldgeschichtlichen Wandergebiet beidseits der bayrisch-böhmischen Landesgrenze kundig machen. Im Erweiterungsteil entsteht eine weitere Freigehegezone und das »Haus der Wildnis«. Der Naturpark Bayerischer Wald bietet ein sehenswertes Informationszentrum, die Stadt Zwiesel ein Waldmuseum. Den Kubany-Urwald (Boubin) erreicht man über die B 12 von Freyung über Philippsreut nach Kubova Hut (Kubohütten). Das eingezäunte alte Kerngebiet ist allerdings wegen des ausufernden Besucherstromes eines internationalen Urwald-Tourismus derzeit gesperrt.

Buchenwälder

Deutschland war von Natur ein Buchenland. Das weltweite Verbreitungsgebiet der Rotbuche ist sehr begrenzt mit einem Kernbereich in Deutschland. Durch Rodung und Forstwirtschaft verlor sie bei uns mehr als 90% ihres ursprünglichen Areals. Aus globaler Sicht ist der Schutz der Buchenwälder und ihres natürlichen Artenbestandes die wichtigste Aufgabe des deutschen Naturschutzes.

Von Natur aus wäre Deutschland nahezu vollständig von Wäldern bedeckt. Und Deutschland wäre das Land der Buchenwälder, die nicht weniger als zwei Drittel der Fläche bedeckten. Nach den großen Rodungsperioden vom 8. bis zum 13. Jahrhundert blieb nur ein Drittel der Wälder übrig. Heute herrschen hier Nadelbäume, die im Urwald unserer Breiten sich mit Sonderstandorten verbescheiden mussten. Die Buche ist die eigentliche Verliererin unserer Forstgeschichte. Verdrängt auf ein bescheidenes Siebtel der heutigen Waldfläche, nimmt sie noch 7% ihres ursprünglichen Areals ein.

Die Rotbuche (Fagus sylvatica) hat weltweit ein sehr begrenztes natürliches Verbreitungsgebiet. Es reicht im Süden von den höheren Zonen der Pyrenäen, der Gebirge Italiens und der Balkanländer entlang der Mittelmeerküste, im Norden an die Ostseeküste bis nach Danzig, die Südspitze Skandinaviens einbeziehend, im Westen von Südengland über West- und Mitteleuropa hinweg bis zum Karpatenbogen im Osten. Herzstück der weltweiten Buchenvorkommen ist Deutschland, wo noch ein Viertel dieser besonderen Waldgesellschaften vorkommt.

Spätheimkehrerin nach der Eiszeit

Die Buche war nach der letzten Eiszeit als eine der letzten aus fernen südosteuropäischen Rückzugsgebieten nach Mitteleuropa zurückgewandert. Zunächst hatten sich ab 8000 v. Chr. in den nacheiszeitlichen Tundren Birken und Kiefern angesiedelt. Eine Massenausbreitung der Haselnuss ab 6000 v. Chr. leitete die Zeit der Eichenmischwälder mit Ulmen und Linden ein, die bis in die Bronzezeit (2000–600 v. Chr.) das Bild unserer Landschaften bestimmten. Allmählich sickerte die Buche in diese lichten Eichenmischwälder ein. Erst mit einer erneuten Klimaverschlechterung in der Nachwärmezeit ab 1000 v. Chr., im Subatlantikum, konnte sich die Buche als vorherrschende Baumart durchsetzen. Seither ist Buchenzeit.

Dank ihrer außerordentlichen Schattentoleranz setzte sich die konkurrenzüberlegene Buche nahezu überall durch, wo im Einflussbereich des atlantischen Klimas »normale« Standorte ihren gemäßigten Ansprüchen genügen. Nur in Extremlagen, wo es wie in Auen und Mooren zu nass, auf jungen Sanddünen oder Kalkrippen zu trocken und in höheren Gebirgslagen zu kalt ist, sind Mitbewerber auf Dauer überlegen. Wichtigste Mischbaumarten zur Buche sind die Traubeneiche im Hügelland, im höheren Bergwald die schattenfeste Weißtanne.

Am weitesten verbreitet: bodensaure Buchenwälder

Je nach der geologischen Gesteinsunterlage entwickelten sich sehr unterschiedliche Buchenwaldgesellschaften, allein in Deutsch-

Buchennaturwald auf der Urwaldinsel Vilm in beginnender Zerfalls- und Verjüngungsphase, der Höhepunkt natürlicher Artenvielfalt.

land zwei Dutzend. Am weitesten verbreitet waren bodensaure Buchenwälder, die einst ein gutes Drittel der Fläche Deutschlands bedeckten. Sie bildeten auf nährstoffarmen Böden die vorherrschende natürliche Vegetationsform, von den eiszeitlichen Sanderflächen und Altmoränen der norddeutschen Tiefebene, über die Buntsandsteingebiete von Pfälzer Wald und Spessart, die Schiefergesteine und Grauwacken des Rheinischen Schiefergebirges bis hin zu Granit- und Gneisböden der herzynischen Mittelgebirge und des Schwarzwaldes.

Unsere bedeutendsten Buchenwaldgebiete blieben in den Mittelgebirgen mit einem Schwerpunkt in Hessen erhalten. Die Flachlandbuchenwälder wurden durch Rodung so weit verdrängt, dass weltweit nur 5000–6000 km² übrig blieben. Deren bedeutendste Reste kommen im nordostdeutschen Tiefland vor. Was die Rodungsepochen überlebt hatte, wurde durch historische Nutzungen, durch Beweiden, übermäßigen Holzeinschlag und Nutzen der Laubstreu ruiniert und dann in Nadelforste umgewandelt.

Verglichen mit der lebhaft beklagten Zerstörung der tropischen Regenwälder ist die Lage unserer Buchenwälder noch deutlich dramatischer. Alte Buchenwälder, die noch eine ungefähre Vorstellung von unseren Primärwäldern vermitteln könnten, sind nicht einmal auf einem Tausendstel ihrer ursprünglichen Flächenausdehnung vorhanden.

Totholzmangel im Forst

Natürliche Buchenwälder durchlaufen Lebenszyklen, die mehr als doppelt so lang sind wie die der Wirtschaftsforste. Buchen können 300–400 Jahre alt werden und gewaltige Dimensionen entwickeln. Abgestorbene, abgebrochene, umgestürzte Buchen häufen sich zu Totholzmengen, die in Urwäldern bis ein Drittel der Holzsubstanz des lebenden Waldbestandes ausmachen. Wirtschaftsforste dagegen werden nach einer »Umtriebszeit« von nur 140 Jahren »verjüngt«, biologisch gesehen im Jünglingsalter. Die Baumstämme werden genutzt, ehe mit zunehmendem Alter Verkernung, Fauläste, Pilze, Spechthöhlen und andere »Holzfehler« deren Marktwert mindern. Bäume mit

Absonderheiten wie Zwieselbildungen, Kronenbrüchen, Blitz- und Frostrissen, Krebswucherungen, Faulstellen oder Pilzbefall beseitigt rechtzeitig eine auf maximale Wertholzproduktion gerichtete Bestandespflege, die Durchforstung. Abgebrochene Baumstrünke wurden ebenso wie herumliegendes Kronenmaterial als Brennholz genutzt oder aus Gründen der »Waldhygiene« und überkommener Ordnungsliebe beseitigt.

Dieser Mangel an wesentlichen Naturwaldmerkmalen, an ausgereiften Altbäumen, an Totholz und Sonderstrukturen, ist die Ursache für die Artenarmut der Wirtschaftsforste.

Im Wirtschaftswald endet die Entwicklung ziemlich abrupt bereits in der »mittleren Optimalphase« in einem Bestandesalter von höchstens 140 Jahren. Nach einem ergiebigen Samenjahr, nach einer »Mast«, lichtet der Förster den geschlossenen »Altbestand« nach den Regeln des Großschirmschlagverfahrens über die gesamte Fläche hin kräftig auf. Wenn es gut geht, gelingt die Naturverjüngung der Buchen »aus einem Guss«. Über dem sich schließenden Jungwuchs wird zügig nachgelichtet. Der restliche Altbestand, der »Nachhiebsrest«, wird bei herkömmlicher Wirtschaft spätestens dann bis auf die letzte alte Buche

Flacher Lackporling, neben Zunderschwamm häufigster Holzpilz an starkem Buchentotholz. Typisch sind die zimtbraunen Sporenmassen.

»abgeräumt«, ehe die neue Buchengeneration ins Dickungsstadium wächst, also etwa mannshoch geworden ist.

Urwalddynamik

Anders im Naturwald. Hier ist nichts beständiger als der Wechsel. Einer »späten Optimalphase« folgt eine »Terminalphase«, die Alters- oder Endphase. Gewaltige Mengen lebenden Holzes haben sich bis dahin angehäuft, 700 und mehr Festmeter pro Hektar, bis zum Doppelten eines alten Buchen-Hallenforstes. Der Zyklus mündet schließlich in eine allmähliche »Zerfallsphase«. Einzelne Uraltbäume fallen aus, meist durch den Sturm geworfen, reißen sie im Stürzen noch einen zweiten oder dritten mit, verwunden Nachbarn durch Abschürfen der dünnen Borke. Diese Baumsturzlücken sind meist nicht größer als der Kronenumfang eines herrschenden Altbaumes, oft kleiner. Ein flächiges Zusammenbrechen durch Stürme ist im Buchenurwald ein seltenes Ausnahmeereignis, oft begrenzt auf staufeuchte Standorte.

Buchenurwälder setzen sich aus einem vielfältigen, kleinteiligen Mosaik der verschiedenen Entwicklungsphasen zusammen, wobei die älteren, reifen Stadien weitaus überwiegen. Alle Phasen der Waldentwicklung trifft man im Regelfall bereits auf einer Fläche von nur 30 ha neben- und miteinander an. Ganz anders im bewirtschafteten Altersklassenwald, wo als Folge des Großschirmschlags auf ausgedehnten Flächen gleichaltrige, einschichtige Hallenbestände dominieren und die späteren Zustände der Terminal- und Zerfallsphase überhaupt fehlen.

Bodensaure Buchenwälder sind arm an Mischbaumarten. Nur in größeren Baumsturzlücken können sich lichtliebende Pionierarten wie Hängebirke, Zitterpappel, Vogelbeere und Salweide ansamen, meist in Gesellschaft einiger typischer »Schlagpflanzen« wie Himbeere, Schmalblättriges Weidenröschen, im Hügelland auch Roter Holunder. Bleiben Samenjahre der nur im Abstand mehrerer Jahre reichlich fruchtenden Buche längere Zeit aus, dann nutzen diese opportunistischen Pioniere die Gunst der Stunde und schieben sich in der Lücke eilig dem Licht entgegen. Früher oder später werden sie jedoch durch Jungbuchen, die sich unter dem lichten Schirm der Pioniere einstellen, eingeholt und schließlich überwachsen.

Auf den seltenen größeren Katastrophenflächen kann sich die wichtigste natürliche Begleitbaumart saurer Buchenwälder, die Traubeneiche, auch auf Dauer im Schutz der duldsamen Pioniere oder am Rand zu wechselfeuchten oder trockenen Kleinstandorten behaupten.

Hainsimsen-Buchenwald

Bodensaure Buchenwälder sind die natürliche Waldgesellschaft unserer Breiten mit der artenärmsten Bodenvegetation. Kennzeichnend sind zwei Säurezeiger, die Weiße Hainsimse und die Drahtschmiele, erkennbar an feinen, im oberen Teil deutlich geschlängelten Stielen. Auffälliger ist die Heidelbeere, die sich dort verstärkt aus-

breitet, wo frühere Streunutzung die Bodenversauerung verschärft. Auf frischeren Standorten kommen Sauerklee mit seinen weißen Blüten und der Dornfarn hinzu.

Wenn sich das Flattergras, die Waldhirse, einstellt und erste Buschwindröschen, dann deutet sich bereits der Übergang zu weniger sauren Verhältnissen an, der schließlich zur reicheren Verwandtschaft der Waldmeister-Buchenwälder führt.

Die häufigste Bodenpflanze alter Hainsimsen-Buchenwälder ist der eigene Nachwuchs, die Buchennaturverjüngung. Nach einem reichen Samenjahr können bis zu 1 Million Buchenpflänzchen pro Hektar keimen, das sind 100 auf einem Quadratmeter. Ansonsten fehlt gewöhnlich eine Strauchschicht.

Im krassen Gegensatz zur Armut an höheren Pflanzenarten steht der potenzielle Reichtum an Tierarten. Bei einer eingehenden Untersuchung hessischer Naturwaldreservate durch Forscher des Senckenberg-Institutes wurden im Hainsimsen-Buchenwald »Schönbuche« auf Buntsandstein auf nur einem halben Quadratkilometer 3500 Tierarten nachgewiesen. Das sind 8% aller in Deutschland heimischen Tierarten und nahezu die Hälfte der 7500 Tierarten, mit denen in mitteleuropäischen Buchenwaldgesellschaften zu rechnen ist. 749 verschiedene Käferarten, 278 Arten von Schmetterlingen, 251 Hautflügler- und 110 Spinnenarten, auch im »artenarmen« Buchenwald pulst tierisches Leben.

In der Moderschicht machen sich die Saprophagen über das herbstliche Falllaub her und zerkleinern es. Diese Zersetzer sind allen Tiergruppen des Waldökosystems sowohl an Artenzahl und Biomasse als an Arbeitsleistung weit überlegen. Sie leisten die Vorarbeit für Bakterien und Pilze, die eigentlichen Mineralisierer, welche die Nährelemente wieder freisetzen und in den Kreislauf des Waldlebens zurückbringen.

Nahezu ein Drittel der Jahresproduktion eines 120-jährigen Buchenbestandes von rund 10 Tonnen oberirdischer Biomasse (stets erfasst als Trockengewicht) machen die Blätter aus. Den weitaus größten Teil dieser Blattmasse, 95% und mehr, bearbeiten die Zersetzer und Abfallfresser der Moderschicht. Es sind hauptsächlich Larven von Zweiflüglern, vor allem der Trauermücken, die in unvorstellbaren Massen, einige Tausend pro Quadratmeter, die Buchenlaubstreu fressen.

Mastjahre

Ergiebige Samenjahre, so genannte Vollmastjahre, nötigen Buchenwäldern gewaltige Leistungen ab. Allein die Blüten erbrin-

Buchenkeimlinge brechen nach Vollmast durch die Herbstlaubdecke. Hier hatte wohl eine Gelbhalsmaus Eckern versteckt.

Die Männchen des Nagelflecks, ein häufiger Großschmetterling des Buchenwaldes, fallen im Frühlingswald durch gaukelnden Flug auf.

gen dann eine Biomasse von 8 Zentnern pro Hektar (Trockengewicht). An Samen, den dreieckigen, ölhaltigen Bucheckern, werden 3–7 Millionen mit bis zu 1,3 Tonnen pro Hektar produziert. In solchen Jahren werden die im Stamm über Jahre hin gespeicherten Reservestoffe verausgabt. Masten können sich Buchen daher nur in größeren zeitlichen Abständen von gewöhnlich 5–7 Jahren leisten. Kürzere Abfolgen, ausgelöst durch warm-trockene Witterung im Frühsommer des Vorjahres, schwächen den Buchenwald. Die Massenproduktion an Samen ist die Verjüngungsstrategie der Buche. Nur bei einem Überangebot hat sie die Chance, dass genügend dieser begehrten Eckern über den Winter kommen und im nächsten Frühjahr keimen.

Den Herbst und Winter über macht sich die höhere Tierwelt über dieses überreiche Mast-Geschenk her. Wildschweine, Hirsche und Rehe fressen sich eine dicke Feistschicht an. Die Buchfinken bleiben in solchen Eckernwintern zurück, ebenso große Schwärme von Ringeltauben. Der Bergfink, der Verwandte unseres Buchfinken aus dem hohen Norden, überwintert in Buchenwäldern oft in riesigen Mengen. Eichelhäher sammeln Eckern als Wintervorrat und verbergen diese einzeln im Waldboden. Kleiber und die Sumpfmeise, eine Charakterart älterer Buchenwälder, verstecken Eckern als eifrige Vorratshorter gerne im modrigen Buchentotholz, jedes dieser Vögelchen bis zu einige Kilogramm. Die Vermehrungszyklen von Gelbhalsmaus,

Rötelmaus, auch der Haselmaus, verlaufen in straffer Abhängigkeit von den Mastjahren der Buche und Eiche. Bei wissenschaftlichen Kontrollen sind Fänge pro Flächeneinheit in Mastjahren tausendfach höher als in Jahren nach dem Zusammenbruch einer Massenvermehrung.

Grünes Kronendach als Nahrungsquelle

Das größte Angebot an frischer Pflanzennahrung bieten die Blätter im Kronendach, wo deshalb 90% aller Blätter fressenden Insekten leben. Im Vergleich zu anderen Baumarten speisen an der Buche Insekten nur in bescheidener Artenzahl. So sind von den Großschmetterlingen nur 64 Spezies an der Buche zu finden, an der besonders begehrten Eiche hingegen 179. Der auffälligste Schmetterling im Buchenwald ist der Nagelfleck. In den ersten Maitagen gaukeln die Männchen durch die noch lichtdurchfluteten Bestände auf der Suche nach Weibchen, die tagsüber am Fuß der Stämme sitzen.

Die individuenreichste Käferfamilie im Buchenwald stellen die Rüsselkäfer mit bis zu 300 Tierchen pro Quadratmeter. Der häufigste Käfer überhaupt ist der flohartig hüpfende Buchenspringrüssler, dessen Larven zwischen Blattober- und Blattunterseite eine Gangmine fressen. Daneben bevölkern vor allem Grünrüssler die Buchenkronen. Deren Larven, bis zu 5000 pro Quadratmeter, fressen vom Sommer bis

zum April des nächsten Jahres im Boden an Feinwurzeln der Buchen. Wenn die frisch geschlüpften Käfer den Boden verlassen, um zum Reifefraß in die Buchenkronen hochzusteigen, müssen sie ein dichtes Netz von Räubern durchqueren.

Im Räubernetz: Laufkäfer und Spinnen

Dieser jahreszeitliche »Stratenwechsel« zwischen Boden und Kronenraum ist im Buchenwald besonders ausgeprägt. Dem Räubernetz wegelagernder Laufkäfer, Kurzflügelkäfer und Spinnen fallen zwei Drittel aller Grünrüssler zum Opfer. Im Moder-Buchenwald sind zwei Laufkäferarten mittlerer Größe mit etwa 7 Vertretern pro Quadratmeter besonders erfolgreiche Jäger, der Metallische und der Echte Schulterläufer. Ein besonders effektiver Räuber ist die Trichterspinne, die größte Spinnenart im Buchenwald, die in der Streuschicht ein röhrenförmiges Brutnest anlegt. Sie ist zwar nicht besonders häufig, macht aber durch ihre Größe die halbe Biomasse aller Spinnen aus, von denen man 462 pro Quadratmeter gezählt hat. Auffällig sind die häufigen Wolfsspinnen, lebhaft auf der Buchenstreu umherschweifende Jagdspinnen, die keine Netze weben und ihre Beute im Sprung überwältigen.

Buchenmast: Ausnahmsweise ist ein stacheliger Fruchtbecher mitsamt einer der stets zwei dreikantigen Bucheckern abgefallen.

Trotz der schwer wiegenden Eingriffe ist es nach heutigem Erkenntnisstand wahrscheinlicher, dass die Pflanzenfresser weniger durch ihre Fressfeinde als durch Wetterunbilden, Krankheiten, Parasiten und ähnliche Ursachen in Grenzen gehalten werden. Noch unbedeutender ist der Einfluss der Insekten fressenden Vögel und Säugetiere auf deren Populationsgeschehen, gleich ob unermüdliche Futtersucher wie Meisen oder unersättliche Kleinräuber wie die Zwergspitzmaus.

Der Gesamtverlust an grüner Blattsubstanz durch das Heer der Pflanzenfresser ist überraschend unbedeutend. Kaum 5 % gehen dadurch verloren, ein Verlust, der die Produktionsleistung der Buchenwälder insgesamt nicht schmälert. Das gilt auch dann, wenn man die großen Pflanzenfresser einbezieht, wie Rehe und Rotwild, die ökonomisch am Nachwuchs so folgenschwere Schäden verursachen. In Buchenurwäldern finden große Pflanzenfresser (die vielseitigen Wildschweine ausgenommen) unter dem dichten Kronendach kaum Nahrung. Urwälder sind daher ausgesprochen »wildarm«.

Abfallrecycling und Pilze: Symbiose

Eine Schlüsselrolle bei der Zersetzung der Bestandsabfälle im Buchenwald nehmen die Pilze ein. Ohne Pilze würden die Wälder in kurzer Zeit in ihrer eigenen Streu ersticken. Zusammen mit den Bakterien und den zerkleinernden Bodelebewesen sind die Pilze ein großartiges Recyclingunternehmen. Im Moder-Buchenwald dominieren unter den Großpilzen einige wenige Arten. So können die Fruchtkörper des Ockertäublings bis zu ein Drittel der gesamten Biomasse der Buchenwaldpilze ausmachen.

Die Buche lebt wie fast alle Waldbäume mit einer Vielzahl von Pilzarten in einer engen Symbiose. Je ärmer der Standort, desto abhängiger sind Bäume von diesen Partnern, den Mykorrhizapilzen. Durch deren Geflecht kann das Feinwurzelwerk des Baums um das Dreißigfache erweitert werden. Der Pilz versorgt den Baum mit Wasser und Nährstoffen und bezieht als Gegenleistung Zuckerstoffe, die der Baum in seinen grünen Blättern durch Assimilation gewinnt. Aus manchen Pilznamen wie Buchen-Spei-

täubling ist bereits der Symbiosepartner erkennbar. Die begehrten Steinpilze wie der bereits von Juni bis August erscheinende Sommersteinpilz sind mit Buchen und Eichen vergesellschaftet. Ebenso der tödlich giftige Grüne Knollenblätterpilz, geradezu ein Repräsentant der Pilzpartner unserer mitteleuropäischen Buchen-Eichen-Wälder.

Naturwaldzeiger Zunderschwamm

Mykorrhizapilze und Streuzersetzer kommen in bewirtschafteten Wäldern in ähnlicher Artenzahl vor wie in Waldreservaten. Anders ist es bei den Holz zersetzenden Pilzarten. Je älter die Bäume, je höher der Anteil an Totholz starker Dimensionen, desto artenreicher entwickelt sich die faszinierende Vielfalt der Holzzersetzer. Der Anteil an »Naturnäheweisern« ist ein untrüglicher Indikator, wie weit ein Waldschutzgebiet bereits auf dem Weg zurück zum »Naturwald« gediehen ist. Mit ihren feinen Sporen können Pilze sich rasch ausbreiten und besiedeln alsbald selbst kleinflächig neu entstehende Lebensräume auch in abgelegenen Fernen. Pilze besiedeln Holz in den verschiedenen Stadien der Zersetzung in gewisser Reihenfolge. Die auffallendste Pilzerscheinung in naturnahen Buchenwäldern ist der Zunderschwamm. An der Zahl seiner mehrjährig ausdauernden Fruchtkörper kann man geradezu die Naturnähe von Buchenbeständen beurteilen. Bereits an stehenden Altbuchen weist er mit anderen auffälligen Holzpilzen, Austernseitling, Hochthronender Schüppling, Schuppiger Porling und dem durchscheinend porzellanartigen Beringten Schleim-

Ein neuer Fruchtkörper des Zunderschwamms, fein bestäubt vom Blütenpollen der Buche, bricht aus der Borke einer Buchenleiche.

rübling, auf fortschreitende Alterungsvorgänge hin. An liegenden Buchenkadavern fallen die stabilen Fruchtkörper des Flachen Lackporlings ins Auge, besonders wenn ihre rotbraunen Sporen das Umfeld dick überpudern.

Käfervielfalt im toten Holz

Allein 1400 oder rund ein Fünftel der in Deutschland vorkommender Käferarten sind in ihrer Entwicklung auf Holz, insbesondere auf Totholz in seinen verschiedenen Zersetzungsstadien, angewiesen. Im Urwald ermöglichten die gewaltigen Mengen an Holzsubstanz im Laufe der Evolution die Entfaltung dieser erstaunlichen Vielfalt. Im Wirtschaftswald jedoch wird nahezu die Hälfte der organichen Produktion durch die Holznutzung entnommen und kranke, absterbende und vermodernde Bäume werden nicht geduldet. So verwundert es nicht, dass inzwischen zwei Drittel der Holz bewohnenden Käferarten in den Roten Listen eingestuft sind.

Am meisten gefährdet sind Käferarten, die auf starke, alte Bäume in den verschiedenen Stadien des Alterns und Vergehens angewiesen sind. Hier im ausgeglichenen Milieu mächtiger Baumstämme mit geräumigen, mulmgefüllten Faulhöhlen können die Larven der prächtigsten Großkäferarten ihre meist mehrjährige Entwicklung durchmachen.

Nationalpark Kellerwald

2 Nationalpark im Hainsimsen-Buchenwald; urwüchsige Wälder wie in Grimms Märchen; Urwald-Erlebnisweg rund um den Edersee; Grauspechte und Waschbären.

Hartnäckig hatte der Naturschutz viele Jahre gedrängt, endlich auch im Areal der bodensauren Hainsimsen-Buchenwälder, dieser einst am weitesten verbreiteten Waldgesellschaft, ein vorzeigbares Großschutzgebiet auszuweisen. Die Erwartungen richteten sich auf das Buchenland Hessen, wo von Natur aus die Buche auf mehr als 90% der Fläche vorkommt und zwei Drittel davon der Hainsimsen-Buchenwald beherrschte. Im Herzen des globalen Buchenareals gelegen, ist Hessen mit 42% Bewaldung heute nicht nur das waldreichste Bundesland. Auch der mit 40% außergewöhnlich hohe Staatswaldanteil und das reife Alter seiner staatseigenen Buchenwälder, nahezu 30% älter als 120 Jahre, sprechen für Hessen.

Vom feudalen Jagdgatter zum Waldschutzgebiet

Als besonders geeignet bot sich ein Waldschutzgebiet im nördlichen Kellerwald an: die einsamen Ederberge, völlig frei von Siedlungen und Verkehrsstraßen, unmittelbar südlich des 27 km langen Ederstausees. Hier hatte sich das Land Hessen im »Gatter Edersee« ein exklusives Hochwildrevier geleistet. Ursprünglich Hofjagdgebiet der Fürsten Waldeck, war es seit 1900 eingezäunt, um Wildschäden in angrenzenden Fluren zu vermeiden und zu unterbinden, dass aufwändig gehegte Kapitalhirsche in

angrenzende Reviere abwandern. Nach Inkrafttreten des Reichsjagdgesetzes wurde der Rotwildbestand durch Aussetzen von Muffelwild und Damwild, zweier Exoten, »angereichert«. Die Schäden an der Waldvegetation durch den maßlos überhegten Wildbestand wurden gravierend. Erst nach 1987 stufte man auf zunehmenden öffentlichen Druck das privilegierte »Wildschutzgebiet« in ein »Waldschutzgebiet« um und wies es zugleich als Landschaftsschutzgebiet mit einer Reihe größerer Naturschutzgebiete aus.

Zum 1. Januar 2004 trat die Verordnung für einen 5724 ha großen Nationalpark Kellerwald-Edersee in Kraft, der 15. in Deutschland. Vorausgegangen war eine jahrelange Auseinandersetzung zwischen einer von großen Umweltverbänden unterstützten Initiativgruppe und der Landesforstverwal-

Kellerwald mit Edersee – »...und er lag da in tiefer Stille und Einsamkeit«. Die Fichtenkleckse im Buchenmeer, Zeugnisse der Forstwirtschaft, werden Sturm und Käfer tilgen.

tung, begleitet von einer zunächst mehr-
heitlich ablehnenden Haltung der ortsansäs-
sigen Bevölkerung.

Wie in anderen Hochwildjagdgebieten waren
die Wälder aus Rücksicht auf die Jagd nur
extensiv bewirtschaftet worden. Nach wie
vor herrschen mit stolzen 71% Laubwälder
vor, davon 60% Buche. Auf rund 30% der
Fläche fand bereits seit längerer Zeit keine
nennenswerte Holznutzung statt, auf
extremen Steillagen, wo sich Forstwirtschaft
nicht lohnte, ebenso in Naturschutzgebieten
und Naturwaldreservaten.

Buchenwaldschätze im Rheinischen Schiefergebirge

Der Naturraum Kellerwald erstreckt sich auf
einem ca. 400 km² großen, reich bewaldeten
Mittelgebirgszug zwischen Eder und Schwalm
im nordhessischen Bergland. Geologisch
zählt er zum Hauptmassiv des Rheinischen
Schiefergebirges, als dessen östlicher Aus-
läufer er als Halbinsel in die hessische Senke
ragt.

Den geologischen Untergrund bilden ziemlich einheitlich erdurzeitliche Tonschiefer
und Grauwacken aus dem Karbon, die überwiegend zu flachgründigen Silikatböden
verwittern. Ein bewegtes Relief zwischen
200 m auf dem Spiegel des Edersees und
626 m auf dem Traddelkopf gestaltet das
Gebiet ungemein vielfältig mit unterschiedlichsten Standorten.

Der Hainsimsen-Buchenwald ist die vorherrschende Waldgesellschaft des Kellerwaldes.
Auch wenn im Schatten der ausgedehnten
Hallenbestände nur eine kärgliche Bodenvegetation gedeiht, so sind doch Unterschiede erkennbar. Neben der typischen,
durch die Weiße Hainsimse charakterisierten
Ausbildung erkennt man verarmte Varianten
an Drahtschmiele und Heidelbeere, nähr-
stoffreichere am meterhohen Flattergras,
wegen seiner Samenkörner auch Waldhirse
genannt, und die frischeren am Auftreten
von Farnen. Diese bodensauren Buchenwälder sind besonders typisch ausgeprägt in
den Naturschutzgebieten Ruhlauber und
Arensberg, Dicker Kopf und Rabenstein, am
Traddelkopf und nebenan im Naturwaldreservat Locheiche.

Das bewegte Relief bedingt eine Vielzahl von
Sonderstandorten. Kleinflächig kommen an-
spruchsvollere Buchengesellschaften vor, so
in Mulden oder an Hangfüßen Waldmeister-
und Zahnwurz-Varianten. Auf sonnigen Fels-
rücken kann die Buche bis zum Krüppel-
wuchs geschwächt sein. Örtlich wird sie dort
vom bodensauren Eichen-Trockenwald mit
Winterlinden vertreten. Selbst Elsbeeren,
Wildbirnbäume und besonders zahlreich die
Mehlbeeren können hier überleben.

So richtig urwüchsig wird es im Norden, wo
die ruhigen Bergkuppen jäh zum Edersee
abfallen. Tief zwischen felsigen Graten ein-
gekerbte Bachtälchen, feuchte Senken,
Schluchten und von Felsbrocken übersäte
Abhänge. Hier behauptet sich der Berg-
ahorn-Bergulmen-Hang- und Blockschutt-
wald. Heute schon vermitteln urige, totholzreiche Bestände in den schwer zugänglichen
Einhängen Urwaldempfindungen, z. B. in den
Naturschutzgebieten Ringelsberg und Arensberg.

Erlen-Eschen-Säume begleiten die zahlreichen unverbauten Mittelgebirgsbäche, in
deren Oberlauf der lebend geborene Nachwuchs der Feuersalamander sein Larvensta-
dium verbringt. Schmale verträumte Wiesen-
tälchen mit abwechslungsreicher Vegetation
gliedern die Waldlandschaft. Man will sie
künftig zum Teil durch Mahd offen halten, die
übrigen der Nationalparkidee gemäß der
natürlichen Entwicklung zurück zum Wald
überlassen.

Vor allem im Westen des Schutzgebietes,
etwa am Fahrentriesch und an der Kuppe bei
Altenlotheim, erinnern Reste von Wacholder-
heiden und Magerrasen, kleinflächig am
Heiligenstockdriesch und im Naturschutzgebiet Rabenstein letzte Hutewald-Zeugen,
an die Waldweidewirtschaft früherer Zeiten,
über die man auf einem waldhistorischen
Lehrpfad am südlichen Nationalparkzugang
bei Frankenau Näheres erfährt.

Urwaldrelikte und »Erlebnisweg«

Bereits bisherige wissenschaftliche Befunde
bei Holzpilzen und Holz bewohnenden Insekten lassen erahnen, welche Artenschätze
die alten Buchenbestände bergen. Zu den
151 beschriebenen Pilzarten zählen an mächtigen Buchenleichen der Ästige Stachelbart

Absterbende Altbuche, mit Konsolen des
Zunderschwamms bedeckt; ein erster Schritt
vom Wirtschaftsforst zum Naturwald.

und Beringte Schleimrübling, an alten Eichen
der Leberreischling und Mosaikschichtpilz.
Unter den bisher bestimmten 122 Arten von
Totholzkäfern ist der für urige Buchenwälder
typische Kopfhornschröter als Bewohner
vermulmter Buchenstämme verbreitet. In
totholzreichen Örtlichkeiten wurde sogar die
Bockkäferart *Necydalis ulmi* entdeckt, die
als ausgesprochenes Urwaldrelikt gilt. Als
schöne Rarität fand man den Variablen Edel-
Scharrkäfer, ein Pinselkäfer aus der Familie
der Blatthornkäfer, mit veränderlicher Färbung von Metallgrün bis Metallblau. Seine
Larven lebten im Mulm hohler Altbäume,
meist Buchen. Die Käfer besuchen im Sommer blühende Sträucher wie den Holunder.
An den abschüssigen, kaum zu bewirtschaf-
tenden Einhängen zum Nordufer des Edersees, also knapp außerhalb der National-
parkgrenze, überdauerten bemerkenswerte
Naturwälder. So überdauert dort auf warm-
trockenen, felsigen Extremstandorten ein
mehrhundertjähriger Traubeneichenwald,
dessen krüppelwüchsige Bäume nur wenige
Meter hoch sind. In Mulmhöhlen dieses urwaldartigen Bestandes kommen auch der
Eremit und der Hirschkäfer vor.

Grauspecht, Schwarzstorch und Wespenbussard

Die Vogelwelt des Kellerwaldes bietet das Arteninventar, das man von Buchenwäldern in Mittelgebirgslagen erwarten kann. Vollständig vertreten sind die typischen »Holz bewohnenden« Arten, allein die Spechte mit 6 Arten. Besonders hervorzuheben ist der Grauspecht, der in den norddeutschen Tieflandbuchenwäldern fehlt, im Bergland jedoch der Charakterspecht alter und totholzreicher Buchenbestände schlechthin ist.

In den geräumigen Höhlen der Schwarzspechte brüten im Kellerwald die geselligen Dohlen in einigen Kolonien. Die unverkennbaren Rufe der Hohltauben aus der Tiefe alter Buchenbestände gehören bis weit in den Herbst hinein zum Grundton der waldtypischen Tierstimmen. Der Raufußkauz brütet hier in ständig wechselnder Dichte, streng abhängig von der Häufigkeit von Gelbhalsmaus und Rötelmaus, seiner wichtigsten Beutetiere. Von den Großvögeln sind seit einigen Jahren Schwarzstorch und Kolkrabe als Brutvögel in die weiten, stillen Buchenberge des Kellerwaldes zurückgekehrt. Der Habicht horstet im Schutz geschlossener Buchenaltbestände. Der Wespenbussard bevorzugt lichte Altbestandsreste mit Buchennaturverjüngung sowie Waldwiesen in der Nähe zur Wespenjagd. Auch Rot- und Schwarzmilan bauen hier ihre Horste. Ihr Jagdrevier ist der Edersee, wo sich auch der Fischadler regelmäßig in den Zugzeiten als Nahrungsgast einstellt. Rufe des Uhus werden gelegentlich gehört, ein Brutnachweis steht noch aus.

Seit 100 Jahren verschwunden ist das Haselhuhn, das in anderen Teilen des Rheinischen Schiefergebirges, vor allem in früheren Haubergen, noch vorkommt. Die Nationalparkverordnung sieht als einen besonderen Schutzzweck vor, die Wiederansiedlung solcher verdrängter Arten zu fördern.

Probleme mit den Jagdtieren von gestern

Die großen Pflanzenfresser, vor allem der Rothirsch, dessen Hege der Kellerwald nicht zuletzt seinen naturnahen Zustand verdankt,

Ganz oben: Fütternder Schwarzspecht. Seine geräumigen Wohnstätten sind bei typischen Altholzbewohnern begehrt.

Oben: Der Kopfhornschröter, eine kleine Hirschkäferart, weist als Bewohner von Mulmhöhlen in Buchen verlässlich auf Naturnähe.

Der Knorreichenstieg erschließt das Naturschutzgebiet Kahle Hardt an der Südwestflanke der Halbinsel Scheid. Dieser Pfad soll zu einem 60 km langen Urwald-Erlebnisweg rings um den Edersee erweitert werden, der die urwüchsigsten Waldbilder zugänglich macht.

Am sagenhaften Urwald-Erlebnispfad Knorreichenstieg krallen sich mehrhundertjährige Traubeneichen in blanken Gesteinsschutt.

Jeder Windhauch löst mehlweiße Sporen-wölkchen aus den Konsolen einer Vielzahl von Zunderschwämmen an dieser modernden Buchenleiche.

werden noch einigen Anlass zum Kopfzer-brechen liefern. Entschieden ist bereits, dass die Jagd, die seit Jahrhunderten hier Kult-status genoss, nach der Nationalparkver-ordnung von einem Wildmanagement abge-löst wird. Man wird um eine einschneidende Reduktion der Bestände nicht herumkommen. Entschieden werden muss auch, ob ein Nationalpark auf die Dauer eingezäunt sein darf und wie man es mit der künstlichen Fütterung von Wildtieren hält. Kein Zweifel sollte darüber bestehen, dass Muffel- und Damwild als faunenfremd so rasch wie mög-lich entfernt werden. Es bliebe dann mehr Lebensraum für den heimischen Rothirsch, dessen markante Brunftschreie aus den herbstlich-nebeligen Tiefen des Kellerwaldes man im Nationalpark nicht missen möchte.

Erfolgsgeschichte eines kleinen Bären

Zeitgleich mit Muffel- und Damwild wurde im Kellerwald ein weiterer Fremdling eingeführt, der Waschbär aus Nordamerika. Im April 1934 hatte man hier in der Nähe einige dieser Kleinbären ausgesetzt, die sich dann auf ganz Deutschland und über den Rhein hin-weg nach Westeuropa ausbreiteten. Heute werden allein in der Bundesrepublik jährlich 20 000 dieser putzigen Tiere von Jägern getötet, überwiegend in Fallen, die meisten hier in Hessen. Die Jagdstrecken und wohl ebenso die Population dieses anpassungs-fähigen Allesfressers steigen geradezu un-heimlich. Man wird sich wohl oder übel auf Dauer mit der Existenz des lebenstüchtigen Neubürgers abfinden müssen. Seine Aus-wirkung auf die heimische Tierwelt wird, gerade von Jägern, ohnehin überschätzt. Hervorragend geeignet wäre der Kellerwald für die Wildkatze und den Luchs. Vorerst muss man sich begnügen, diese prächtigen Tiere als besondere Attraktion im viel besuchten Wildpark zu bewundern, den die Forstverwaltung außerhalb ihres früheren Gatterreviers in der Nähe der Edersee-Sperrmauer unterhält.

Märchenwälder

Am waldhistorischen Lehrpfad erinnert eine steilwandige Grube, die »Wolfskaule«, daran, wie man im Kellerwald einst versucht hatte, der Wolfsplagen Herr zu werden. Der letzte Wolf soll hier im Waldecker Land im Winter 1819 geschossen worden sein.

In dieser Zeit lebten in Kassel die Brüder Jacob und Wilhelm Grimm, nachdem sie den ersten Teil ihrer berühmten Sammlung der Kinder- und Hausmärchen abgeschlossen hatten. Bäuerinnen, Holz- und Kräuterweib-chen hatten sie abgelauscht, was die geheim-nisvollen Tiefen hessischer Buchenberge an Sagen, Mythen und Märchen bewahrt hatten. Es war der Wald des Eisenhans, von dem es heißt: »... und er lag da in tiefer Stille und Einsamkeit und man sah nur zuweilen einen Adler oder Habicht darüber fliegen.«

Hinweise für Besucher

Lage ca. 50 km südwestlich von Kassel, 9 km westlich von Bad Wildungen am Südufer des Edersees. Zufahrt mit Bahn von ICE-Station Kassel-Wilhelmshöhe mit Regionalbahnen nach Bad Wildungen oder Korbach. Von dort aus Busverbindungen zu den Orten am Kellerwald. Mit Pkw über die A 7 Frankfurt–Kassel und die B 253 Richtung Frankenberg. Von Marburg auf der B 252 nach Norden. Kontaktadressen: Aufbaustab für National-park im Hess. Forstamt Edertal, Ratzeburg 1, 34549 Edertal-Affoldern (künftiger Sitz der Nationalparkverwaltung in Bad Wildungen), www.hmulv.hessen.de;Verein »Pro National-park« e. V., Strother Str. 50, 34497 Korbach, www.nationalparkkellerwald.de. Besuchereinrichtungen: Wildpark Edersee (85 ha) mit Buchenwald-Infozentrum »Fagu-top« bei Hemfurt, nahe der 1914 errichteten Talsperrmauer. Der Edersee als viel besuch-tes Erholungsgebiet wurde nicht in das Nationalparkgebiet einbezogen. Mit 27 km Länge und bis 1 km Breite ist er einer der größten Stauseen Europas, der im Herbst und Winter zum bedeutenden Rastgebiet für Wasser- und Watvögel wird. Waldhistorischer Lehrpfad bei Frankenau; waldökologischer Lehrpfad Elsebach bei Schmittlotheim; »Kellerwalduhr«, ein Info-zentrum in Frankenau; Urwald-Erlebnispfad rund um den Edersee in Planung.

Nationalpark Eifel

3 Herzstück Kermeter, größtes Wald-Naturschutzgebiet Nordrhein-Westfalens; Vogelsang, mit tagaktiven Eifelhirschen; Naturwaldzellen in alten Buchenwäldern; Population der Wildkatze; voraussichtlich Wiederbesiedlung durch Luchs.

Zum 1. Januar 2004 hat Nordrhein-Westfalen in der Nordeifel seinen ersten Nationalpark ausgewiesen und diesen kurz darauf, noch vor dem Kellerwald in Hessen, als den 14. in Deutschland feierlich eröffnet. Eine gelungene Überraschung! Als die belgische Militärverwaltung ihren Rückzug aus dem Truppenübungsplatz Vogelsang ankündigte, nutzte man entschlossen die Chance, zusammen mit dem angrenzenden Waldnaturschutzgebiet Kermeter und anderen Staatswäldern einen knapp 11 000 ha großen Nationalpark auszuformen.

Der Nationalpark Eifel ist dem Kellerwald in mancher Hinsicht ähnlich. Beide gehören zu den Hainsimsen-Buchenwälder des Rheinischen Schiefergebirges mit ähnlichem Relief bei gleicher Höhenlage, und die Flüsse Rur und Urft sind wie dort die Eder mit Talsperren aufgestaut. Hier wie dort Ahorn-Eschen-Wälder in Schluchten und auf Blockschutthängen, wobei die Hirschzunge, ein seltener immergrüner Farn, die atlantischere Klimatönung der Eifel unterstreicht.

Kermeter und Vogelsang

Der Nationalpark Eifel ist zu fast 80% bewaldet. Herzstück ist der Kermeter, seit 1993 mit 3152 ha das größte Wald-Naturschutzgebiet im Land. Zwar ist selbst hier der Laubwaldanteil mit nur 58% bescheiden. Doch nirgendwo sonst hätte man im bevölkerungsreichsten Bundesland ein besseres Gebiet gefunden: Weitgehend unzerschnitten von stark befahrenen Verkehrswegen, nahezu frei von Siedlungen, dazu der Urftstausee mit 300 ha Fläche ohne die üblichen Störungen durch Angelsport, Vogeljagd, Boots- und Badebetrieb.

Dem Kermeter gegenüber, südlich des Urftstausees, liegt der 3334 ha große Truppenübungsplatz Vogelsang, der nur zur Hälfte bewaldet ist. Die andere Hälfte haben 50 Jahre militärischer Übungsbetrieb offen gehalten, wobei schützenswerte Lebensräume für heute weithin bedrohte Offenlandarten entstanden. Im Schutz des Sperrgebietes brüten in abgelegenen Waldteilen auch Großvogelarten wie Uhu, Rot- und Schwarzmilan sowie Wespenbussard. In einer Kolonie horsten Graureiher und Kormorane.

Das sonst zum heimlichen Wald- und Nachttier gewordene Rotwild äst hier auch tagsüber auf den offenen Flächen, eine bemerkenswerte Besonderheit unter den Bedingungen eines militärischen Übungsgebietes.

»Preußenbaum« und Eifelhirsche

Das Schicksal der Eifelhirsche ist eng mit dem des Waldes verknüpft. Zu Beginn des 19. Jahrhunderts waren die Eifelwälder abgewirtschaftet und zur Hälfte zu Schafweiden verödet. Bei der Wiederaufforstung unter preußischer Herrschaft ab 1814 kam gegen anfänglichen Widerstand der Bevölkerung die Fichte in die Eifel, eine dort bisher unbekannte Holzart, der »Preußenbaum«.

In der weithin entwaldeten Gegend waren Hirsche im 19. Jahrhundert nahezu ausgerottet. Erst Anfang des 20. Jahrhunderts sickerte etwas Rotwild von den Ardennen her in die Fichtenaufforstungen, die inzwischen die Hälfte der Eifel bedeckten. Das Reichsjagdgesetz von 1934 förderte dann eine gezielte Rotwildhege.

Die Wälder der Eifel sind gezeichnet durch schlimme Kriegsschäden und großflächige Kahlhiebe der Besatzungsmacht, die ebenfalls mit Fichten aufgeforstet wurden. Jetzt wurden die Eifelforste zum Paradies für Hirsche, ihr Bestand explodierte und die Schälschäden am Wald wurden verheerend.

Eine erste »Störung« durch Sturmwurf setzt die Dynamik zum Urwald in diesem älteren Buchenhallenwald einer Naturwaldparzelle in Gang.

Links: Die Wildkatze, eine wichtige Leitart für große, störungsarme Waldgebiete, hat in den Eifelwäldern ihren größten deutschen Bestand.

Rechts: Die Urgewalt einer Gewitterböe zersplitterte diesen Altbuchenstamm – erste Naturwaldmerkmale im säuberlich gepflegten Wirtschaftsforst.

Refugien für Wildkatze und Luchs

In der Eifel lebt die größte deutsche Population der Wildkatze. An die tausend Tiere sollen es sein, davon ein beachtlicher Teil in der Nordeifel. Je nach Qualität des Lebensraumes leben bis zu 7 Tiere auf 1000 ha. Der Nationalpark mit seinen steilen Abhängen und sonnigen Felspartien liegt im Kernbereich des Vorkommens dieser nach wie vor sehr gefährdeten Art.

Die Wildkatze ist heute eine Leitart für große, störungsarme, wenig durch Straßen und Siedlungen durchschnittene Waldlebensräume. Der Nationalpark könnte vor allem durch Aufklären breiter Bevölkerungsschichten die Überlebenschancen dieses herrlichen Wildtieres verbessern, das der Ausrottung nur knapp entgangen ist.

Ein letzter Luchs soll in der Eifel noch um 1890 geschossen worden sein. Nur wenige Eingeweihte wussten bisher, dass seit Jahren in aller Stille die ersten dieser bärtigen Großkatzen in die Eifel zurückgekommen

sind, offenbar aus dem Pfälzer Wald über den Hunsrück zugewandert.

Im Nationalpark könnte von seiner Flächengröße her nicht mehr als ein Luchs leben. Aber diese mit so breiter Zustimmung geschaffene Einrichtung kann wie bei der Wildkatze aufklären und ein Klima fördern, das die erfolgreiche Heimkehr einer Großraubwildart in die Eifel ermöglicht. Ein Hauch von Wildnis, der dem Luchs anhaftet, würde dieser Landschaft gut tun. Nebenbei könnte der Luchs dazu beitragen, die faunenfremden Muffelschafe zu entfernen, die er besonders erfolgreich zu bejagen versteht.

Biber und andere schützenswerte Arten

Der Biber wurde seit 1981 durch die Forstverwaltung in der Nordeifel wieder eingebürgert. Inzwischen besiedeln 100 Familien die Rur-Aue mit Nebenbächen, die des Nationalparks eingeschlossen.

Der Schwarzstorch hat auf seiner erstaunlichen Ausbreitung nach Westen bereits die Landesgrenze überschritten und brütet gleich nebenan in belgischen Forsten. Wanderfalke und Uhu horsten wieder an Buntsandsteinklippen über den Stauseen.

3 Naturwaldzellen wurden 1970 in alten Hainsimsen-Buchenwäldern ausgewiesen, 2 Flächen mit ungewöhnlicher Intensität nach Käfern durchsucht. 1331 Arten konnten nachgewiesen werden, mehr als bei anderen Untersuchungen in Naturwaldflächen. Uraltbäume mit geräumigen Faulhöhlen sind al-

lerdings noch selten, daher fehlen prominente große Mulmbewohner. Und doch, insgesamt ein unglaublicher Artenreichtum, der für diese kühl-feuchten Hochlagen nicht zu erwarten war.

Hinweise für Besucher

Mit öffentlichen Verkehrsmitteln per Bahn ab Köln oder Aachen nach Düren. Von hier im Stundentakt mit Rurtalbahn nach Heimbach. Ab hier mit Doppeldeckerbus durch den Kermeter mit Aus- und Zusteigmöglichkeiten an Wanderparkplätzen.

Mit Pkw von Köln/Bonn über A1/E 29 nach Euskirchen, weiter über B 266 nach Gemünd; von Aachen auf B 258 über Monschau nach Schleiden und weiter über B 265 nach Gemünd. Ein Nationalparkzentrum soll auf der »Burg Vogelsang« entstehen. Derzeit wird überlegt, wie der im Dritten Reich als »Ordensburg« erbaute, seit 1989 als Denkmal geschützte gewaltige Gebäudekomplex in das Parkkonzept eingebunden und darüber hinaus zur Aufklärung über das dunkelste Kapitel deutscher Geschichte genutzt werden kann. Vorerst wende man sich an das Nationalparkforstamt in 53937 Schleiden-Gemünd, Urftseestraße 34, www.nationalpark-eifel.de. Zusammen mit dem Förderverein, 53937 Schleiden-Gemünd, Kurhausstraße 6, www.foerderverein-nationalpark-eifel.de, und dem Walderlebniszentrum der Landesforstverwaltung in Gemünd wird bereits ein vielseitiges Programm geboten.

Saarbrückens »Urwald vor der Stadt«

 4 Deutschlands größte Naturwaldzelle auf 1000 ha Buchenwald; Waldwildnis zum Anfassen; Zentrum für Waldkultur; neue Wildnis auf fossilen Kohlenresten.

Das Konzept für diesen »Urwald« ist ganz auf die besondere Ausgangssituation abgestellt: Unmittelbare Nachbarschaft einer urbanen Region mit hoher Bevölkerungsdichte zu einem naturnahen Laubwaldgebiet beachtlicher Ausdehnung, eng von allen Seiten umgeben von Siedlungsbändern und einem dichten Netz von Autobahnen.

Eine Wildnis zum Anfassen, ein »Urwald für alle« soll entstehen, von dem kein Betretungsverbot Besucher abhält. Dieser Versuch ist nur möglich, weil es derzeit keine besonders störungsempfindlichen größeren Tierarten gibt. Noch fehlen Schwarzstorch und Kolkrabe. Es wechseln weder Wildkatze und Luchs noch Rotwild. Rehe und Schwarzwild, Fuchs und Dachs haben sich mit der Nähe zu Menschen abgefunden.

Die Jagd ist eingestellt. Die überaus zahlreichen Wildschweine müssen auch künftig bei jährlich 2 Gemeinschaftsjagden (»Umweltjagden«) reduziert werden, schon wegen der Seuchengefahr durch Schweinepest. Dabei werden aus Rücksicht auf die Waldverjüngung auch Rehe beiderlei Geschlechts geschossen. Übliche Jagdeinrichtungen wie die auch optisch störenden Kanzeln und Hochsitze wurden entfernt.

Noch ist das Ganze ein Experiment. Zunächst werden keine Forststraßen zurückgebaut, die Benutzer bestimmen durch ihre Gewohnheiten, welche Wege zuwachsen und wo neue Trampelpfade entstehen. Das ungeregelte Betreten wirft Fragen nach Risiken und Haftung auf. Lösung erhofft man sich von der angekündigten Novelle zum Bundeswaldgesetz, nach der für Waldbesitzer die Verkehrssicherungspflicht entfallen soll, die vom Belassen ökologisch erwünschter Altbäume und Totholz ausgeht. Die Risiken des Betretens solcher »Gefahrenwälder« würde künftig der Besucher tragen.

Zum richtigen Umgang mit dem Wald und zum Verständnis für die sich entfaltende Wildnis sollen die Menschen aufgeklärt und fortgebildet werden. Ein »Waldkulturzentrum« entsteht inmitten der »Urwälder« in der »Scheune Neuhaus«, einem Gebäude des ehemaligen Jagdschlosses Phillipsborn. Dort werden Informationen, Ausstellungen, Vorträge und Führungen angeboten.

Die Wildnis von morgen kann sich vor den Toren der Stadt überwiegend aus Laubwald entwickeln. Waldbesucher werden aus nächster Nähe miterleben, dass Störungen, die wir als Katastrophen empfinden, im Naturgeschehen nichts Ungewöhnliches, ja eher der Normalfall sind. Und sie können mit Spannung verfolgen, wie das Ökosystem Wald auf Herausforderungen reagiert. Schon in einigen Jahren entstehen aus gleichförmigen Forsten ungewohnte Waldbilder, wo Störung und Verfall zu Quellen vielfältigen Lebens werden.

»Urwald« auf fossilen Resten von Tropenwäldern

Das geologische Ausgangsgestein bietet Besonderes: Die Kohle führenden »Saarbrücker Schichten« des Oberen Karbon treten hier örtlich bis an die Oberfläche. Fossile Kohlenreste zeugen von einer 200 Millionen Jahre zurückliegenden Epoche, als sich hier tropische Urwälder ausbreiteten. Die Urwälder von einst als Grundlage des Urwaldes von morgen, das regt zum Nachdenken an.

Aus den Tonschiefern und Schiefersteinen dieser Schicht gehen extrem tonreiche Böden hervor, die der Ackerbauer meidet. Als Bannwälder, die den nassauischen Fürsten zur Jagd dienten, waren sie zudem vor Über-

Buchenaltholz mit Wertholzschäften, bisher in natürlicher Verjüngung, nun aus Wirtschaftszwängen befreit auf dem Weg zum Urwald.

Jasmunds ältestes Buchenreservat in der totholzreichen Altersphase. Durch Sturm und Altersschwäche setzt jetzt der Zerfall ein.

Hinweise für Besucher

Informationen beim »Zentrum für Waldkultur« in der Scheune Neuhaus (Tel. und Fax 06806/10 24 19, www.saar-urwald.de). Als Zugangsmöglichkeiten für diesen »Urwald vor der Stadt« sollte man ausschließlich das umweltfreundliche Angebot öffentlicher Nahverkehrsmittel nutzen; ein »Urwald-Shuttle« fährt die »Scheune Neuhaus«, die »Urwaldhaltestelle Von der Heydt« und 2 weitere Halteorte an.

nutzung und Degradation besser geschützt. So wachsen die Buchen und Eichen des Saarkohlenwaldes, von keiner Rodungsperiode unterbrochen, auf historisch altem Waldboden.

Bereits gewissenhaft erforscht und eingehend beschrieben ist die Wunderwelt der Pilze im Saarland. Im Bereich des »Urwaldes« wurde seit 1965 insgesamt nahezu die Hälfte der im Saarland beobachteten 1115 Pilzarten gefunden. Mit 301 Arten sind mit Abstand die meisten an die Buche gebunden. Außergewöhnliche Indikatoren von Naturnähe wie die Stachelbärte kann man noch nicht erwarten, sind diese doch landesweit nur vereinzelt nachgewiesen.

Hohltauben brüten in Höhlen des Schwarzspechts. Die Zahl ihrer Brutpaare ist ein guter Weiser für die Naturnähe von Buchenwäldern.

Nationalpark Jasmund

5 Deutschlands erster Buchennationalpark; Hallenwald sowie totholzreiche Reifephase; spektakulärer Frühblüheraspekt; modernes Informationszentrum beim Königsstuhl.

Deutschlands erster Buchennationalpark entstand 1990 im äußersten Nordosten auf der Insel Rügen. Dort, auf der Halbinsel Jasmund, zieht die grandiose Kreidesteilküste jährlich eine Million und mehr Besucher an. Nach der Wiedervereinigung hat sich die Zahl der Touristen versechsfacht. Der Königsstuhl der Stubbenkammer, 117 m über das Meer aufragend, ist das bekannteste Ausflugsziel an der Ostsee, seitdem Caspar David Friedrich diese grandiose Szenerie 1820 im Gemälde »Kreidefelsen auf Rügen« verewigt hat.

Nur wenigen Besuchern ist bewusst, dass unmittelbar hinter der dramatischen Kreideküste der weitaus größte Teil des Nationalparks Jasmund liegt. Der nahezu geschlossen bewaldete Höhenrücken der Stubnitz, 100 m über dem Meer gelegen, macht zwei Drittel des 3000 ha großen Nationalparks aus. Wenn Jasmund auch der kleinste deutsche Nationalpark ist, seine Wälder bewahren das größte Buchenwalderbe an der Ostseeküste.

Der Kalkreichtum der Kreideböden, die Nähe zum Meer und dazu mit 800 mm die höchsten Niederschlagsmengen im deutschen Ostseeraum bieten außergewöhnlich günstige Voraussetzungen für die Entfaltung besonders artenreicher Waldmeister-Buchenwälder. So bestimmen den spektakulären Frühblüheraspekt anspruchsvolle Arten wie Hohler Lerchensporn, Leberblümchen und Echtes Lungenkraut.

Der Zwergschnäpper, hier Männchen und in
Faulnische eines alten Bergahorns brütendes
Weibchen, ist eine Leitart alter Tiefland-
Buchenwälder.

Hallenbestände
der Optimalphase

Obgleich bereits große Teile der Buchenwälder seit Gründung des Nationalparks
ohne forstliche Nutzung sind, vermitteln sie
vorwiegend noch den Eindruck eines Hallen-
waldes in der Phase optimalen Gedeihens.
Hier und da werden erste Naturwaldmerkmale erkennbar. Von der Ostsee her einbrechende Sturmwinde knicken Kronen, an
den Strünken wachsen Zunderschwämme.
Eine kennzeichnende Vogelart solcher Tiefland-Buchenwälder ist der Zwergschnäpper,
der geschlossene, luftfeuchte Altbestände
der späten Optimal- und der Reifephase,
möglichst in Wassernähe, besiedelt.

Die reichlichen Niederschläge versickern im
Untergrund und treten in zahlreichen Quellen
zu Tage. Es gibt im Nationalpark über 100
Moore. Die größeren Bäche werden von
Quellmooren gespeist. Über das Steilufer
stürzen sie wie wilde Bergbäche hinab,
begleitet von schmalen Schluchtwäldern aus
Bergahorn und Bergulme, gelegentlich mit
einzelnen Eiben.

Die Abbruchkante des Steilufers ist ein gewaltiger geologischer Aufschluss, der außer
den grellweißen Kreideschichten und Zonen
schwarzer Feuersteinknollen auch eiszeitliche Ablagerungen aus Geschiebelehmen
und Sanden freilegt.

Frische Abbruchflächen an den Kreidekliffs
werden zunächst von Trockenrasen besiedelt, in denen auch Orchideen nicht selten
sind. Später stellen sich Gehölze ein, Weißdorn, Hartriegel, Hundsrose, auch Elsbeere
und der wilde Birnbaum. Die weitere Entwicklung hin zum Buchenwald wird oft durch
den nächsten Uferabbruch abrupt beendet.
Im Westen des Nationalparks verhindern
Pflegeeingriffe, dass artenreiche Trockenrasen in alten Kreidebrüchen wieder von
Busch und Baum abgelöst werden.

Totholzreiche Reifephase

Der älteste Buchenbestand der Halbinsel, das Naturwaldreservat Schlossberg, liegt unmittelbar hinter dem Nationalpark-Forstamt. Mit 230 bis 280 Jahren hat er, seit 1935 Totalreservat und sehr viel länger ohne regelmäßige Nutzung, die Reifephase erreicht. Der Bestand wirkt besonders urwüchsig, wobei neben den beachtlichen Dimensionen der Altbuchen auch deren groteske Formen beitragen. Anders als in forstlich gepflegten gleichaltrigen Hallenbeständen sind die Kronen außergewöhnlich groß, die Baumschäfte meist krumm, drehwüchsig und tief beastet.

Jahrhunderte hatte der geschlossene Bestand unzähligen Stürmen getrotzt. Doch seit den Herbst- und Winterstürmen 1992/93 setzt der Zerfall unübersehbar ein. Totholz,

stehend wie liegend, häuft sich in einem im Jasmund bisher noch ungewohnten Ausmaß. Unter kleinflächigen Lücken im Kronendach entwickeln sich erste gruppenweise Verjüngungsansätze.

Damwildprobleme

Doch die Waldverjüngung verläuft zögerlich und besteht fast nur aus Rotbuchen. Mischbaumarten wie Esche und Bergahorn, die jetzt in dieser Waldgesellschaft massenhaft zu erwarten wären, findet man lediglich als Keimlinge. Auch der Jasmund hat sein Wald-Wild-Problem. Jagdliche Hege hat das Damwild zu unvorstellbaren Herden vermehrt. Der Waldnachwuchs wird aufgefressen, die Verjüngungsdynamik stagniert. Die Nationalparkverwaltung ist bemüht, die standortfremden Tiere durch gezieltes Management auf ein waldverträgliches Maß zu reduzieren. Von den geschätzten 1000 Tieren auf Rügen wurden 2004 allein im Nationalpark 350 geschossen. Bisher reagierten darauf weder die Waldverjüngung noch der Bestand an Damwild.

Von der steilen Kreidekliffküste über den Höhenrücken der Stubnitz erstrecken sich die größten Tiefland-Buchenwälder an der Ostsee.

Ein besonderes Problem der neuen Bundesländer: Immer größere Herden des eingebürgerten Damwilds verbeißen die Waldverjüngung.

Damwild war ursprünglich in Kleinasien verbreitet. Die Römer hatten bereits begonnen, diese beliebten Jagdobjekte in West- und Mitteleuropa anzusiedeln. In Deutschland wurde Damwild lange nur in adeligen Gattern gehegt, später auch in freier Wildbahn. Neuerdings entwickeln sich die frei lebenden Bestände gerade in den neuen Bundesländern Aufsehen erregend. Derzeit können bereits ähnlich viele der eingebürgerten Damhirsche geschossen werden wie heimisches Rotwild. Eine Trendwende ist nicht absehbar.

Hinweise für Besucher

Mit Pkw über Stralsund nach Bergen. Zum Nationalpark weiter nach Sassnitz; vom Großparkplatz Hagen zum Königsstuhl. Hier wurde im März 2004 ein großzügiges Nationalpark-Zentrum Königsstuhl eröffnet, das man vorab besuchen sollte.
Auskünfte unter www.koenigsstuhl.com, Tel. 038392/66 17 66. Nationalparkamt Rügen, Blieschow 7a, 18586 Lancken-Granitz, www.nationalpark-jasmund.de, Tel. 038303/88 50.

Urwaldinsel Vilm

6 Totalreservat im Biosphärenreservat Südost-Rügen; Buchen-Urwald, seit über 400 Jahren ohne Holznutzung; Baumpersönlichkeiten aus ehemaligem Hutewald; Insel der Maler und Mächtigen; Venus vom Vilm.

D er südöstliche Teil der Insel Rügen wurde 1990 zum Biosphärenreservat erklärt. Kernstück ist das Naturschutzgebiet Granitz, ein 1165 ha großer naturnaher Buchenwaldkomplex zwischen den Badeorten Sellin und Binz, einst Hofjagd der Fürsten zu Putbus um das Jagdschloss Granitz. Nicht mehr bewirtschaftet werden die bewaldeten Abhänge entlang der Steilküste samt einem Uferstreifen.

Als Kronjuwel des Biosphärenreservates wird der Vilm gerühmt. Diese nur 94 ha große langgestreckte Insel liegt im Süden im Rügischen Bodden. Seit der Steinzeit besiedelt, wurde das Eiland nach der slawischen Landnahme nach dem wendischen Namen für Ulme Vilm benannt. Später wohnten zeitweise Einsiedler hier. Ein letzter Holzeinschlag ist für das Jahr 1527 nachgewiesen. Aus 60 verschonten »Hegebäumen« entstand neuer Wald. Ende des 17. Jahrhunderts

waren die Moränenkerne wieder dicht bewaldet. Die Insel wurde nun als Sommerweide für das Vieh genutzt, unter dessen Einfluss ein parkartiger Hutewald entstand.

Insel der Maler und Mächtigen

Ab dem 18. Jahrhundert nutzte die Familie der Fürsten zu Putbus die Insel als Sommersitz. Um 1800, in der Blütezeit der Romantik, entdeckten Künstler die Insel, die sich alsbald zu einer Pilgerstätte deutscher Landschaftsmaler entwickelte. 1936 wurde die Insel unter Naturschutz gestellt. 1959–1989 diente sie der Politprominenz der DDR als Erholungsgebiet, aus dem die Öffentlichkeit ausgesperrt war. Nach der Wende entstand hier die Internationale Naturschutzakademie als Teil einer Außenstelle des Bundesamts für Naturschutz.

Vilm ist das deutsche Schutzgebiet, wo die Idee des Schutzes der Natur um ihrer selbst willen am konsequentesten verwirklicht ist. Frei wirken die zerstörenden und aufbauenden Urkräfte von Meer und Wind. An immer neuen Abbrüchen stürzt Moränengestein samt alter Bäume vom Steilufer. Sandiges Material wird auf Strandwällen abgelagert, die als »Haken« in den Bodden vordringen. Auf älteren Strandwällen entsteht neuer Wald. Zunächst Pioniergebüsch von Schlehe, Weißdorn und Hundsrose, in deren Schutz Wildbirne, Wildapfel und eine Generation junger Eichen nachwachsen.

Buchen-Urwald

Von den Moränenhügeln zieht sich über das alte Steilufer hinab bis zu den ältesten Strandwällen ein Buchen-Urwald ohnegleichen. Als Vilm 1936 unter Naturschutz gestellt wurde, schrieb Walther Schoenichen: »Das viel gebrauchte Wort von den heiligen Hallen des Buchendomes ist hier so recht am Platze. Wahre Hünengestalten finden sich unter den glattrindigen, rauen Stämmen ...«

Buchenurwald mit Eichenveteranen auf Vilm,
früher Insel der Maler und Mächtigen,
seit nahezu 500 Jahren ohne Holznutzung.

Zunächst ziehen die Hudeeichen die Blicke auf sich. Den Urwald jedoch bildet ein Bestand 250–300-jähriger Buchen, die einst unter deren Schirm nachgewachsen sind. Von dem feuchten Muldenboden ausgehend schreitet der altersbedingte Zerfall fort. Unglaubliche Baumleichen türmen sich zu Totholzmassen. In Lücken drängt eine neue Baumgeneration, vorwiegend aus Bergahorn, zum Licht.

Wie im Lehrbuch findet der »Fruchtwechsel« statt, der für reichere Gesellschaften des Waldmeister-Buchenwaldes typisch ist. Die Generation alter Buchen wird von einer Zwischengeneration abgelöst, die vorwiegend aus Edellaubbäumen, z.B. Ahorn, besteht. Unter deren Kronen stellt sich später wieder die schattenfeste Rotbuche ein, die im Laufe von Jahrzehnten in den Schirmstand drängt und ihn schließlich überwächst.

Prozessschutz ohne Jagd

Prozessschutz, also die freie Entfaltung der Natur ohne Regulierung zulassen, hat auf Vilm auch die Konsequenz, dass keinerlei Jagd stattfindet. Selbst Rehe, die einzigen größeren Pflanzenfresser, entwickeln sich unreguliert. Man schätzt auf der knapp 100 ha großen Insel ihren Bestand gleichbleibend auf 20 Stück. Und doch verjüngen sich selbst sensible Baumarten. Die Rehe leben hier ausschließlich im und vom Wald. Das Verbeißen von Baumtrieben hält sich in Grenzen. Hier stimuliert keine Fütterungshege, keine eiweißreiche Äsung aus hochgedüngten Feldfrüchten und Wiesen die Rehe zu übermäßiger Vermehrung.

Auch »Räuber«, vom Hermelin bis zum Fuchs, kommen hier ohne »regulierenden« Waidmann zurecht. Gänsesäger brüten in Baumhöhlen, ungestört horsten Kolkraben und sogar ein Paar Seeadler.

Baumpersönlichkeiten

Neben den Hutewaldveteranen überraschen selbst die im dichten Kollektiv herangewachsenen Bäume des Buchen-Urwalds durch ausgeprägte Individualität. Kein Baum gleicht dem anderen. Keine Ordnung nach Art der Förster hat hier je die natürliche Harmonie gestört. Eine ungewöhnliche Baumgestalt ist

am schmalen Urwaldsteig zu bestaunen. Die Ruine einer Uraltbuche, völlig ausgehöhlt, nur an einer Seite ein wulstiges Überwallungsgewebe, das den letzten lebenden Ast einer Ersatzkrone versorgt.

Zwischen der Ahornjugend modern schwarze Baumstrünke, meterdicke Leichen mit bizarren Kronenresten bedecken den modrigen Boden. Wo auf den ersten Blick nur totes Holz sich häuft, enthüllt die Sicht eines Fotografen pikante Details. Der Lichtbildner Volkmar Herre vermittelt in seinen Bildern die unglaubliche Erotik Vilmer Urwaldhölzer. Die Baumfigur einer Venus wurde zum Wahrzeichen dieses Künstlers, dessen Arbeiten in einer Dauerausstellung auf der Insel gezeigt werden.

Im toten Holz der Urwaldbäume werden Waldwesen lebendig, die wir nur aus Grimms Märchen kennen. Auf Vilm wurde mir einmal mehr bewusst, wie sehr wir Förster den Wald seiner Märchen und Mythen entzauberten.

Hinweise für Besucher
Anreise mit der Bundesbahn über Stralsund nach Bergen, von dort mit der Regionalbahn im Stundentakt nach Lauterbach und Binz. Von hier aus sind die Ausflugsziele mit Bussen des Rügener Personennahverkehrs erreichbar.

Mit Pkw über Stralsund nach Bergen oder direkt nach Putbus; von dort weiter bis Lauterbach.

Besuch der streng geschützten Insel Vilm nur möglich durch Teilnahme an naturkundlicher Führung; Überfahrt vom Hafen Lauterbach einmal täglich mit Motorschiff der Reederei Lenz; maximal 30 Personen, nur nach Anmeldung (Tel. 038301/605 13 oder Infothek am Hafen).

Baumartenwechsel: Eine Zwischengeneration aus Bergahornen unterwandert alten Buchenwald, auf Vilm von Rehen nicht gestört.

Ein vielhundertjähriges Eichenmonument bietet im Altern und Sterben Millionen besonderer Nischen für Totholz bewohnende Insekten.

Heilige Hallen und Nationalpark Müritz, Serrahner Teil

7 Bedeutendste Reste der weltweit bedrohten Tiefland-Buchenwälder in Nordostdeutschland, insbesondere artenreiche Waldmeister-Buchenwälder auf Jungmoränen; uralt und berühmt: Heilige Hallen und Fauler Ort mit Reife- und Zerfallsphase; Zunderschwamm, Stachelbart und seltene Käfer.

Tiefland-Buchenwälder sind weltweit die seltenste Waldgesellschaft im Areal der Buche. Keine wurde durch Rodung und Umwandlung in Nadelforste weiter zurückgedrängt als diese. Die bedeutendsten Reste blieben in der Norddeutschen Tiefebene übrig. Die größten zusammenhängenden Komplexe überlebten als Waldmeister-Buchenwälder auf den Endmoränen der letzten Eiszeit im nördlichen Brandenburg und südlichen Mecklenburg-Vorpommern, 90 000 ha, ein Fünftel bis ein Sechstel der Weltvorkommen. Die Poratzer und Grumsiner Endmoränen und der Choriner Endmoränenbogen bergen mit zusammen 10 000 ha die größten zusammenhängenden Tiefland-Buchenwälder der Welt.

Ansehnliche Buchenflächen wurden durch das Großschutzgebietprogramm der DDR unmittelbar vor der Wende in den Nationalparks Jasmund (vgl. S. 37) und Müritz, aber auch in Kernbereichen der Biosphärenreservate Schorfheide-Chorin (vgl. S. 147), Uckermärkische Seen und Südost-Rügen (vgl. S. 40) total geschützt und aus der Nutzung genommen.

Vom Reichtum des Alters in Heiligen Hallen

Seit langem berühmt sind zwei kleine Buchenwaldreservate, die Heiligen Hallen und der Faule Ort. Über 300 Jahre alt und seit über 100 Jahren ohne forstliche Nutzung, durchlaufen sie die dramatische Phase von natürlichem Zerfall und beginnender Erneuerung, die heute in Buchenwäldern Mitteleuropas

Heilige Hallen: ein über 300-jähriger Uraltbuchenbestand, seit einem halben Jahrhundert in der Zerfalls- und Verjüngungsphase.

Weist auf fortgeschrittene Naturnähe: Ästiger Stachelbart, ein zauberhaftes, zartes Pilzwunder an starkem Buchentotholz.

nur in seltensten Ausnahmefällen zu be-obachten ist.

So war es nicht verwunderlich, dass sich bei vergleichenden Felduntersuchungen die beiden Kultobjekte Heilige Hallen und Fauler Ort nach allen Kriterien der Naturnähe als überlegen erwiesen. Selbst das bereits seit 50 Jahren total geschützte Serrahner Reservat ist noch deutlich entfernt von der Naturnähe der seit 150 Jahren verschonten Referenzflächen, die als einzige voll aus-gereift die Phase des natürlichen Zerfalls durchleben.

Der Waldort Heilige Hallen ist der bekannte-te Buchenbestand des baltischen Buchen-waldareals. Er gilt als einer der ältesten Buchenbestände in Deutschland, wenn nicht als ältester überhaupt. Bereits um 1850 hatte Großherzog Georg von Mecklenburg-Strelitz verfügt, diese Buchen in seinem Hofjagdrevier »für alle Zeit zu schonen«. Um 1850 hatte der damals rund 150-jährige Bestand die »späte Optimalphase« eines Hallenbestandes erreicht, die Assoziationen zu gotischen Domen weckte. 1908 wurde der 25,7 ha große Bestand als Naturdenkmal eingetragen, 1938 als Naturschutzgebiet anerkannt, das im Laufe der Zeit durch eine Schutzzone auf 60 ha erweitert wurde.

Der Bestand hatte bis 1950 die Reifephase durchschritten, seither setzte örtlich ver-mehrt Zerfall und Verjüngung ein. 300-jäh-rige und ältere Buchengiganten mit Durch-messern bis 1,30 m und Höhen bis zu 50 m erreichen ihre natürliche Altersgrenze, ster-ben allmählich ab oder werden vom Sturm geworfen. Das Kronendach ist heute durch-brochen und auf der halben Fläche entwi-ckelt sich Buchennachwuchs.

Immer noch übertrifft der lebende Holzvorrat mit 567 Festmetern pro Hektar den hiebreifer Wirtschaftsforste. Die verschiedenen Ent-wicklungsphasen treten nebeneinander auf, in hohen Anteilen reife Endstadien und die des Zerfalls, daneben solche der Verjüngung und erneuten Heranwachsens. Totholz hat sich zu einer gewaltigen Menge von über 200 Festmetern pro Hektar angehäuft, 35% der

lebenden Holzmasse entsprechend. Wie in Buchen-Urwäldern üblich stehen ein Drittel der Baumleichen in Form von dicken Hoch-stümpfen, übersät mit Konsolen des Zun-derschwamms, zwei Drittel liegen dahinge-streckt, im modernden Vergehen von viel-fältigem Leben durchdrungen.

Trotz des urtümlichen Eindrucks, den die Heiligen Hallen vermitteln, ist dieser be-rühmte Buchenaltbestand kein »Urwald«. Aus seiner Geschichte ist bekannt, dass hier während des Dreißigjährigen Krieges eine Siedlung zur Wüstung wurde.

Der zweite uralte Bestand, das Naturschutz-gebiet Fauler Ort, ebenfalls seit 150 Jahren ohne Holznutzung, ist hingegen immer Wald gewesen. Trotz der im ursprünglichen Kern-bereich nur 13,6 ha großen Fläche umgibt dieses Totalreservat ein besonderer Hauch des Urigen. Der nach Westen zu einem Tal-grund mit See abfallende Jungmoränenhang ist seit Mitte des 19. Jahrhunderts durch eine Bahnstrecke nach Osten abgeschnitten. Obendrein von unzähligen Hangquellmooren durchzogen, ist der Faule Ort seit 150 Jahren für forstliche Nutzung unzugänglich.

1938 als Naturschutzgebiet ausgewiesen, ist er 1990 auf 77 ha erweitert worden als stren-ges Totalreservat, das grundsätzlich nicht mehr betreten werden darf. Der Vorrat an lebenden Bäumen wie an Totholz ist dem der Heiligen Hallen vergleichbar. Mit einem

Durchmesser von 153 cm wurde die mit Abstand stärkste Buche hier vermessen, und selbst zwei Winterlinden erreichen, für Waldlinden ungewöhnlich, Durchmesser über einem Meter.

Waldmeister-Buchenwälder

Die hier beschriebenen Waldmeister-Buchen-wälder stocken auf den nährstoffreichen Lehmböden der Jungmoränen. Der namen-gebende Waldmeister ist mehr noch als am vierkantigen Stängel, den quirlständigen Blättern und weißen Blütchen an dem bezeichnenden Cumarin-Duft erkennbar, der beim Zerreiben oder Trocknen der Pflanze entsteht. Als Charakterart kommt das Ein-blütige Perlgras hinzu. Das Buschwindrös-chen ist häufig und in allen Flächen sind Flat-tergras und Sauerklee verbreitet. Insgesamt ist die Zahl der Pflanzenarten bescheiden und schwankt zwischen 30 und 60 pro Be-stand.

Dass die Artenzahl der Pflanzen kein Maßstab für Naturnähe sein muss, zeigt ein Experi-ment: Nach Holzeinschlag schnellte in Wirt-schaftwäldern die Zahl der Pflanzenarten um zwei Drittel nach oben! Es waren jedoch nur gewöhnliche Arten des Offenlandes, die sich in den Wald hinein ausbreiteten, wo beim Fällen und Ausziehen der Bäume der Boden

Der Mittelspecht, als Eichenwaldspezialist eingeschätzt, bewohnt auch urwaldartige Buchenwälder in hoher Siedlungsdichte.

Der Eremit oder Juchtenkäfer, anspruchsvoller Bewohner großer Mulmhöhlen in uralten Laubbäumen und prioritäre Art in FFH-Gebieten.

verwundet wird. Dieses Mehr an Arten im Wirtschaftswald gegenüber den Naturwäldern ist alles andere als ein Hinweis auf Naturnähe.

Bei den Holz besiedelnden Großpilzen gab es zwischen Wirtschaftswäldern und unterschiedlich lange ungenutzten Referenzflächen auf den ersten Blick keine auffälligen Unterschiede, weder nach Zahl der Arten noch der Individuen. Die Sonderstellung der alten Buchenreservate wird jedoch durch exklusive Naturnäheweiser wie Ästigem Stachelbart und Igelstachelbart, Gelb- und Schwarzflockigem Dachpilz und den Beringten Schleimrübling unterstrichen. Und nur hier kann sich der Zunderschwamm massenweise mit über 200 Fruchtkörpern pro Hektar verbreiten. Insgesamt wird der Zusammenhang bestätigt, wie stark Holz bewohnende Pilze an Menge, Dimension und Zersetzungsgrad kranker und toter Stämme gebunden sind.

Auch bei den Käfern waren Individuenzahlen, ja sogar die Artenzahlen zwischen Wirtschaftswäldern und Referenzflächen verschiedener »Reifegrade« nicht sehr auffällig verschieden, auch wenn insgesamt in den Heiligen Hallen und insbesondere im Faulen Ort bis zu ein Viertel mehr Arten vorkommen. In Wirtschaftswäldern können einzelne Arten zeitweise massenhaft auftreten, insbesondere der Kleine Holzbohrer im frischen Astmaterial nach Durchforstungen. Seltenheit und Exklusivität der Spezies machen den qualitativen Unterschied aus. 131 Holzinsekten-Arten bevorzugen die naturnahen Flächen oder kommen exklusiv nur hier vor. Es sind die Bewohner der seltenen Nischen, der Naturwaldstrukturen, die im gepflegten Wirtschaftswald Mangelware sind. Der Eremit als anspruchsvoller Bewohner großvolumiger Faulhöhlen uralter Laubbäume wurde in den Heiligen Hallen und im Faulen Ort, aber auch in Serrahn und im Naturschutzgebiet Grumsin nachgewiesen. Von den insgesamt bestimmten 712 Käferarten stehen 45% auf der Roten Liste. Die hochgradig gefährdeten Arten fanden sich deutlich bevorzugt in den Uralt-Reservaten, ebenso die Mehrzahl der 61 Neu- und Wiederfunde. Bekannte Naturnäheweiser wie Kopfhornschröter und Zwerghirschkäfer kommen zwar auch in alten Tiefland-Buchenwäldern vor, in den urwüchsigen Schutz-

gebieten jedoch in vielfach höherer Individuenzahl.

Ein außergewöhnlicher Insektenfund bestätigt die »Urwald«-Qualitäten des Faulen Orts. Der Veilchenblaue Wurzelhals-Schnellkäfer, ein extrem anspruchsvoller Käfer, seltenste Art der Tiefland-Buchenwälder, gilt als »Urwaldrelikt«, das nur in urständigen Laubwäldern mit ungebrochener Faunentradition zu erwarten ist. Auch weitere »Urwaldrelikte« wie Lymexylon navale, eine Werftkäferspezies, der äußerst seltene Bockkäfer Necdydalis major und der Eckfleckige Zahnflügel-Prachtkäfer wurden nur hier gefunden.

Der Mittelspecht als Buchenurwaldart

Bei den vogelkundlichen Untersuchungen erwies sich ein Dutzend Vogelarten als typische Leitarten für die Tiefland-Buchenwälder. Vom Waldlaubsänger abgesehen, handelt es sich ausschließlich um »Holzbewohner«. Eine besondere Überraschung bescherten neue Erkenntnisse über den Mittelspecht, der, seit langem eingehend

Waldmeister ist die namengebende Kennart anspruchsvoller Buchenwälder auf nährstoffkräftigen Lehmböden, z.B. der Jungmoränen.

Seeadler horsten wieder häufiger in alten Wäldern der nordostdeutschen Seengebiete in Kronen mächtiger Buchen und Kiefern.

erforscht, bisher unstrittig als eine streng an Eichen gebundene Spechtart gegolten hatte. Deshalb war es überraschend, als der vermeintliche Eichenspecht in alten Tiefland-Buchenreservaten, zuerst in den Heiligen Hallen, nachgewiesen wurde. Und dies in einer Siedlungsdichte, die selbst der in alten Auwald- und Eichen-Hainbuchen-Beständen nicht nachsteht. Wir können heute davon ausgehen, dass der Mittelspecht einst eine typische »Urwaldart« auch unserer Buchenwälder war. Er kann Buchenwälder allerdings erst in der zweiten Hälfte ihrer Lebenszeit nutzen, wenn aus glattschaftigen Buchensäulen in der Altersphase über 200 Jahre Matronen reifen, deren Oberfläche zunehmend rauer wird.

Serrahn, altes Naturschutzgebiet mit Wald-Totalreservat

Die beiden Kleinodien unter den Tiefland-Buchenwäldern haben einen gemeinsamen Mangel, das ist ihre bescheidene Flächenausdehnung. Die dritte »Referenzfläche«, Serrahn, liegt im 1800 ha großen Naturschutzgebiet Großer Serrahn-Schweingartensee, das bereits 1952 ausgeschieden wurde. Seit 1990 ist Serrahn dem Nationalpark Müritz eingegliedert, liegt jedoch vom Hauptteil westlich der Müritz mit seinen Seen, Mooren und weiten Kiefernforsten, dem Reich der Fisch- und Seeadler, räumlich getrennt.

In Serrahn überlebten die ursprünglichsten Buchenwälder des Nationalparks Müritz auf wuchskräftigen Endmoränenzügen. Ein 200 ha großes Totalreservat wertvoller Buchen-Traubeneichen-Bestände um den kleinen Ort Serrahn ist ein Herzstück des großflächigen Naturschutzgebiets. Soweit es noch alte Kiefernbestände gibt, sind diese wieder von einer vitalen Rotbuchenschicht unterwandert.

Auch hier hatten adelige Jagdinteressen eine intensive Forstwirtschaft verhindert. Nach der 1848er-Revolution wurde um Serrahn ein 2150 ha großes Gebiet als herzogliches Jagdgatter eingezäunt, um dort weiterhin Hochwild zu hegen. Ab 1984 wurde Serrahn Staatsjagdgebiet und zum »Wildforschungsgebiet« erklärt. Die gemästeten Hochwildbestände stiegen unerträglich, doch die Kernbereiche blieben weiter von Holznutzung verschont.

Serrahn wird Spechtwald

Nach 50 Jahren Nutzungsverzicht häufen sich in den inzwischen 200-jährigen Laubwaldbeständen Altbäume mit Sonderstrukturen und Totholz. Zahl und Qualität der Höhlenbäume unterscheiden sich bereits markant von der jüngerer Naturwaldreservate und nähern sich den Verhältnissen der Uraltflächen.

Die Holzbewohner unter den Vögeln reagieren auffällig auf den fortschreitenden Alterungsprozess. Bereits in den 1980er-Jahren standen jedem Specht-Pärchen 50–60 Höhlen zur Verfügung! Auch die Totholznutzer Mittel- und Kleinspecht sind schon da. Und doch sind in den Heiligen Hallen und im Faulen Ort die Brutvogelbestände mit 70–120 Paaren pro 10 ha doppelt bis dreifach höher; Spitzenwerte im Buchenwald, die nur in alten Hartholzauen übertroffen werden.

An einer Vogelart wird offensichtlich, dass die beiden berühmten Referenzflächen doch nur kleine, isolierte »Urwald-Inseln« sind. In den Heiligen Hallen stellt der Star jedes 5. Brutpaar und ist damit die häufigste Vogelart überhaupt. Ähnlich ist es im Faulen Ort und in vielen anderen kleinflächigen höhlenreichen Naturwaldreservaten.

Im großen Waldgebiet Serrahn fehlen Stare als Brutvögel. Sie meiden ausgedehnte geschlossene Wälder, weil dort die Wege zur Futtersuche auf Wiesen und Weiden zu weit sind. Auch im berühmten polnischen Urwald von Bialowieza brüten Stare nur in Waldrandnähe. So kann es für alte Laubwälder ein Merkmal der Naturnähe sein, wenn eine Art wie der Star als Brutvogel fehlt.

Hinweise für Besucher

Die Heiligen Hallen liegen im Naturpark Feldberger Seenlandschaft (Verwaltung Ortsteil Feldberg, 17258 Feldberger Seenlandschaft, Strelitzerstr. 42, Tel. 039831/52780, www.naturpark-feldberg.de). Anfahrt von Neustrelitz über die B198 nach Feldberg, 5 km weiter nach Lüttenhagen. Im Forstamt Lüttenhagen (Dorfstraße 3, 17258 Lüttenhagen, Tel. 039831/59120) sehenswerte Waldausstellung. Am Waldrand vom Parkplatz aus Rundwanderweg mit Informationstafeln durch Heilige Hallen.

Nach Serrahn Anfahrt von Neustrelitz über die B 198 bis Zinow. Von Parkplatz aus Rundwanderweg nach Serrahn (Länge 8 km). Hier Außenstelle der Nationalparkverwaltung (Tel. 039821/40343). Die größten Tiefland-Buchenwälder mit dem Naturschutzgebiet Grumsiner Forst-Rederswalde liegen nördlich von Eberswalde im Choriner und Grumsiner Endmoränenbogen im Biosphärenreservat Schorfheide-Chorin (Verwaltung in 17268 Angermünde, Hoher Steinweg 5–6).

Nationalpark Hainich

8 Ein Urwald mitten in Deutschland; artenreiche Kalk-Buchenwälder; bäuerliche Wald-kultur der Laubgenossen; Blütenträume im Märzwald; Türkenbund; Mittelspechte, Wildkatzen und zahlreiche Fledermausarten.

Im Hainich wurde 1997 der 13. deutsche Nationalpark gegründet. Mit Beendigung des Kalten Krieges waren hier zwei militärische Flächen aufgegeben worden: das Weberstedter Holz mit 5700 ha, seit 1965 von der Nationalen Volksarmee genutzt, südlich angrenzend der 2540 ha große Kindel, ein bereits 1935 eingerichteter, von 1945 bis zu ihrem Abzug von der Sowjetarmee beanspruchter Schieß- und Panzerübungsplatz. An den Hainich hatte man nicht gedacht, als 1990 Ostdeutschland in einer beispiellosen Anstrengung wertvollste Landschaften als Nationalparks in die wiedervereinigte Republik einbrachte.

Im alten Kalk-Buchenwald mehren sich nach Jahrzehnten ohne Holznutzung Naturwald-merkmale wie Hochstrünke und Lagerhölzer.

Ein Urwald im Herzen der Republik

Der Hainich ist die südwestliche Flanke eines bewaldeten Höhenzuges, der das innere Thüringer Becken im Westen und Norden hufeisenförmig umrandet. Seit der Wiedervereinigung liegt hier der geografische Mittelpunkt Deutschlands. Doch vorher war es Grenzgebiet und militärische Sperrzone, über Jahrzehnte unzugängliche »Terra incognita« für Einheimische ebenso wie für naturkundlich Interessierte. Auch landes- und sachkundige Fachleute waren sprachlos, als man 1993 nach Abzug des Militärs im Hainich einen unvorstellbaren Schatz entdeckte. Siegfried Claus, Naturschutzfachmann in Thüringen, beschreibt seine erste Begegnung so: »Was für ein Wald bot sich hier unseren

Augen dar: Riesige Rotbuchen reckten ihre gewaltigen Äste gen Himmel; dazwischen Eschen, Berg- und Spitzahorne von nicht geringeren Dimensionen. Ulmen, die wir sonst vom Ulmensterben betroffen nur als Dürrlinge kannten, lebten hier, verjüngten sich, und einige Exemplare waren fast meterdick. Im Ensemble der Baumarten fehlten selbst Wildkirsche, Feldahorn, Eiche, Hainbuche und Linde nicht, und als Besonderheit waren die stärksten Elsbeerbäume eingestreut, die wir aus Thüringer Wäldern kannten.

In diesem Wald durften Bäume eines natürlichen Todes sterben, und das war für unsere an Wirtschaftsforste gewöhnten Augen das Besondere. (...) Obwohl ganz offensichtlich früher schon hier und da einzelne Bäume der Axt zum Opfer gefallen waren, zeigte dieser Wald urwaldartige Züge: Schiefe, krumme Baumgestalten, Zwillinge, Drillinge und andere Mehrlingsgruppen, die im ordentlichen Forst normalerweise bereits im Jugendalter beseitigt werden, (...) gebrochene Veteranen, die im Sturz ihre Nachbarn gestreift, verletzt oder niedergeworfen hatten. Alte Stämme in unterschiedlichsten Stadien der Zersetzung lagen kreuz und quer, manche

bedeckt mit dicken Mooslagen, wie wir sie in deutschen Laubwäldern bisher nie gesehen hatten. Unvorstellbar reich schien uns die Vegetation am frühsommerlichen Waldboden... Dazwischen überall aufkeimende junge Laubbäume, so reichlich, dass Wildverbiss bisher offenbar für diesen Wald kein ernstes Problem darstellte.«

Auch andere Waldkenner teilten die Meinung der begeisterten Entdecker, dieser unglaubliche Wald sei durchaus mit Bialowieza vergleichbar, dem berühmtesten Urwald Mitteleuropas an der Grenze Polens zu Weißrussland (auch wenn es dort, bedingt durch das kontinentale Klima, keine Rotbuchen gibt).

Dieser unvermutete Schatz war akut bedroht. Er weckte wilde Begehrlichkeiten, vom großflächigen Kalksteinabbau über Fluhafenprojekte bis zum Motocrossgelände sowie Einschlag von Furnierholz.

Nur ein Großschutzgebiet, am besten ein Nationalpark, konnte den einmaligen Waldschatz des Hainichs retten und zugleich dem ländlichen Umfeld, das abseits der üblichen Entwicklung als liebenswert altmodische bäuerliche Kulturlandschaft erhalten blieb, über sanften Naturtourismus eine Perspektive eröffnen.

Dem Hainich fehlen auffällige landschaftliche Attraktionen und alte Naturschutzbereiche, die anderswo Anlass gaben, Nationalparke zu schaffen. Dieser bewaldete Höhenzug fällt von 490 m, von zahlreichen Tälchen zergliedert, zum Thüringer Becken um nahezu 200 m. Nach Südwesten, wo ihn die Werra und ihre Nebenbäche annagen, bricht der Hainich unregelmäßig mit reich gegliedertem Relief ab. Dort gibt es tief eingeschnittene Tälchen, Kuppen und Bergriegel, wo auf Felsen der Uhu brütet.

Der geologische Untergrund besteht aus Muschelkalk. Zentrale Teile sind mit einer geringmächtigen Lössdecke überzogen, die je nach Auflage unterschiedliche Regenmengen speichert. Dies beeinflusst das Waldwachstum entscheidend, denn das Muschelkalkgestein darunter ist verkarstet. Ein erheblicher Teil der mit bis 750 mm nicht geringen Niederschläge versinkt im ausgelaugten Felsuntergrund und tritt am Fuß des Hainichs in starken Karstquellen zu Tage. Stehende Oberflächengewässer sind selten, meist flachgründige, im Sommer manchmal austrocknende Erdfallsenken. Auch die meisten Bächlein führen nur zeitweise Wasser.

Umso mehr überrascht der ehemalige Militärübungsplatz Kindel, wo unzählige Pfützen und Tümpel aus Panzerfahrspuren einen bundesweit bedeutenden Amphibienlaichplatz entstehen ließen. Neben der Gelbbauchunke, deren Bestand man auf 10 000 Tiere schätzt, kommt der Kammmolch massenhaft vor.

Blütenträume im Märzwald

Der Hainich gehört zum Florenreich der Kalk-Buchenwälder, der üppigsten Ausformung der reichen Waldmeister-Buchenwaldverwandtschaft. Der Waldgersten-Buchenwald, der typische bodenfrische, krautreiche Kalk-Buchenwald, herrscht auf dem Höhenzug. Zur Rotbuche, die hier außerordentliche Wuchsleistungen bringt, gesellen sich in der Baumschicht die Edellaubbäume. Aus Lichtmangel ist die Strauchschicht spärlich. Nur im März blüht bereits der Gemeine Seidelbast mit rosaroten, stark duftenden Blüten, ein ständiger Buchen-Begleiter auf Kalk – ebenso wie die Rote Heckenkirsche. Besonders üppig ist die Krautschicht entwickelt, vor allem in alten Beständen. Neben der namengebenden Waldgerste sind es Mull- und Kalkzeiger wie Einblütiges Perlgras, Haselwurz, Goldnessel und an kühl-schattigen Unterhängen gerne dominierend das Wald-Bingelkraut.

Den spektakulären Höhepunkt erreicht die Kalk-Buchenwaldflora im Blütenrausch der Vorfrühlingsgeophyten. An frischen Hangfüßen und in Tälchen breiten sich weite Fluren des rot und weiß blühenden Hohlen Lerchensporns aus. Scharbockskraut, Waldgelbstern, Gelbes Windröschen und Hohe Schlüsselblume überbieten sich in der Farbpalette aus Gelbtönen, durchsetzt mit zarten Tupfern blauer Leberblümchen und Waldveilchen. Später gesellen sich die von Rot ins Blaue sich verfärbenden Frühlings-Platterbsen hinzu.

Bärlauch überdeckt stellenweise üppig den feuchten Waldboden, wo auch der geschützte Märzenbecher ausgedehnte Bestände bildet, der Aronstab dazwischen. Hier wird kleinflächig die Rotbuche vom Schatthangwald aus Esche, Bergahorn und Bergulme abgelöst. Trotz der bescheiden grünen Farbe ihrer Blüten sind die ansehnlichen Stauden der Grünen Nieswurz im Vorfrühlingswald nicht zu übersehen. Später im Sommer zieren stattliche Stauden wie Türkenbund, Akelei und Nesselblättrige Glockenblume den Kalk-Buchenwald.

Verbreitetster Frühblüher ist das weiße Buschwindröschen, viel seltener das anspruchsvolle Gelbe Windröschen.

Orchideen-Buchenwald

Wechselnde Standorteigenschaften spiegeln sich im Kalk-Buchenwald in der artenreichen Bodenvegetation besonders differenziert wider. Auf trocken-warmen Kalkböden ohne Lössüberdeckung ist die Konkurrenzkraft der Buche geschwächt und meist hat frühere Niederwaldwirtschaft sie dort verdrängt. Hier entfaltet sich die Pflanzenvielfalt des Orchideen-Buchenwaldes, der warm-trockensten Variante. Vermehrt können sich die lichtbedürftigen Mischbaumarten Eiche, Mehlbeere und Elsbeere behaupten, in einer reichen Strauchschicht Weißdorn, Hartriegel, Schlehe, Liguster und Hundsrose.

In der Bodenvegetation fällt das wohlriechende Maiglöcken auf, unter den Orchideen das elegante Weiße und das seltenere Rote Waldvögelein sowie die Waldhyazinthe. Die farblich unscheinbare Vogelnestorchis oder Nestwurz verdankt ihren Namen eng nestartig verschlungenen Wurzeln, mit denen sie

Das Weiße Waldvögelein, eine in Buchenwäldern der Kalkgebiete weit verbreitete Orchidee von schlichter Eleganz.

organische Stoffe der Humusschicht mit Hilfe von Pilzen erschließt.

Wo Kalk-Buchenwaldflächen durch Beweidung degradiert wurden wie im Gebiet der Craulaer Heide, entwickelten sich auf Halbtrockenrasen floristisch wertvolle Wacholdergebüsche mit Schillergras, Enzianen, Silberdistel und Katzenpfötchen.

Im Hainich ist der Orchideen-Buchenwald nur kleinflächig auf Kuppen und steilen Oberhängen ausgebildet. Auf den Muschelkalkhöhenzügen um das Thüringer Becken, dem ältesten Siedlungszentrum dieses Landes, sind Orchideen-Buchenwälder weiter verbreitet und in mehreren Gebieten geschützt.

Plenterwälder der Laubgenossenschaften

Im Hainich hat in den »Laubgenossenschaften« eine altrechtliche Form gemeinschaftlichen Eigentums an Wald überdauert, gemäß der dem Einzelnen nur ein ideeller, flächenmäßig nicht abgrenzbarer Anteil zusteht. Die Bauern haben diese hergebrachten Rechte über die Jahrhunderte zäh verteidigt und bewirtschaften bis heute die Wälder des Hainichs gemeinsam.

Mitte des 19. Jahrhunderts hatten die Laubgenossen begonnen, ihre vorwiegend Brennholz liefernden Mittelwälder in Plenterwald zu überführen, wo vermehrt wertvolles Stammholz produziert werden konnte. Die Laubplenterwälder des Hainichs sind in Deutschland einmalig, ja darüber hinaus in Mittel- und Westeuropa ohne Beispiel. Nach der Wiedervereinigung entwickelten sie sich zu einem weit über die Grenzen Deutschlands bekannten forstlichen Wallfahrtsort.

Der Naturschutz hatte bemerkenswert früh den besonderen ökologischen Wert dieser Wälder erkannt. Bereits 1961 wurde der Buchenplenterwald von Keula im Dün, dem Waldgebiet nördlich vom Hainich, auf 305 ha unter Naturschutz gestellt, um das ideale Gefüge des Laubplenterwaldes durch Fortführen der historischen baumweisen Nutzung zu erhalten.

Heute sind die Wälder der Laubgenossen im Norden des Hainich auf der gesamten Fläche von 7000 ha zum »Naturwaldreservat« nach Thüringer Waldgesetz erklärt mit der Vorgabe, die historische Plenterwirtschaft weiter zu betreiben.

Mit dem unmittelbaren Nebeneinander der größten sich selbst überlassenen Buchenwaldfläche Deutschlands und dem historischen Glücksfall einer naturverträglichen, ökonomisch überlegenen Buchen-Plenterwirtschaft ist der Hainich ein Vorbild, wie wir mit unserem nationalen Naturerbe Buchenwald verantwortungsbewusst umgehen können. Nationalpark und Plenterwälder sind eingebettet in einen Naturpark Eichsfeld-Hainich-Werratal.

Die Wurzeln des Hainich-Urwaldes

Die Herkunft der heute so überraschend urwaldartigen Waldbilder im Nationalpark erklärt sich aus historischen Wurzeln. Frühere Mittelwaldwirtschaft hat die Vielfalt der heimischen Laubbaumarten erhalten und gegenüber der Buche noch begünstigt. Die Plenternutzung baute die in der Oberschicht des Mittelwaldes bereits vorhandene ungleichaltrige Struktur weiter aus. Bäuerliche Nutzungsgewohnheiten duldeten manchen krummen oder durch andere aus Sicht der Förster unerwünschte »Naturmerkmale« gezeichneten Baum. Baumveteranen, uralte Hudeeichen wie die Betteleiche, der bekannteste Baum im Hainich, haben aus Gewohnheit und Ehrfurcht vor dem Hergebrachten überlebt.

Der militärische Übungsbetrieb war in den Waldbereichen extensiv. Holz wurde kaum genutzt, abgestorbene Bäume blieben als Totholz stehen und liegen. So konnte aus historischem Nutzwald heraus ein Wald entstehen, der heute Urwaldimpressionen eines mitteleuropäischen Laubwaldes vermittelt.

Die sonst üblichen Probleme mit der Jagd verhinderten die Russen. Sie schossen Rehe ebenso wie wilde Sauen nicht zum Jagdsport, sondern um ihre Fleischrationen aufzubessern. Diesem Handeln sind auch die Vorkommen des attraktiv blühenden Türkenbunds zu verdanken. Rehe haben dessen Blütenknospen zum Fressen gern; man sagt, sie wirkten wie ein Aphrodisiakum auf Rehe. Wo Türkenbund blühen und fruchten kann, dort wachsen auch verbissempfindliche Baumarten ungestört auf.

Neben Rehen und reichlich Schwarzwild gibt es einen kleinen Bestand Rotwild, der auf

Der Sparriger Schüppling wächst als Holzzersetzer in Büscheln an Laub- und Nadelbäumen – wie der Hallimasch, sein Doppelgänger.

zugewanderte Tiere zurückgeht. Und dazu, wie üblich in Ostdeutschland, Damwild, das in den 1970er-Jahren ausgesetzt wurde.

So kehrt der Urwald zurück

Nach anfänglichen Schwierigkeiten mit dem Bundesforst sind seit Herbst 2003 die Eigentumsverhältnisse geklärt. Von den 7610 ha des Nationalparks gehören 93% dem Land Thüringen, den Rest steuert die Stadt Bad Langensalza bei. Der Bund wurde durch Flächentausch abgefunden. Seither ruht im gesamten Wald der Holzeinschlag, 3% Nadelholzforste ausgenommen, die auf Laubwald umgebaut werden. Mit 5400 ha kann der Hainich die größte nutzungsfreie Laubwaldfläche Deutschlands vorzeigen. Insgesamt sind bereits 87% der Nationalparkflächen ohne Nutzung, mehr als in jedem anderen deutschen Nationalpark. Nur das ausgedehnte Offenland im Süden wird auf Teilflächen noch mit Schafen beweidet, bis die Pachtverträge auslaufen. Dann werden auch hier allein natürliche Prozesse zugelassen. Heute bereits ist auf dem Kindel ein in Mitteleuropa in dieser Größenordnung einzigartiger Vorgang zu bestaunen. Wo in den 1980er-

Jahren 600 ha alte Buchenwälder für Schießbahnen kahl abgetrieben wurden, entsteht ohne Zutun des Menschen wieder junger Wald. Nicht, wie man erwarten könnte, nur ein Vorwaldgebüsch aus Pionierbaumarten. Das volle Artenspektrum der früheren Gesellschaft eines reifen Kalk-Buchenwaldes kommt zurück, die Rotbuche eingeschlossen. Auf den von Panzern malträtierten Offen-

landflächen läuft die Wiederbewaldung über Zwischenstadien, vom Halbtrockenrasen über ausgedehnte Fluren des Land-Reitgrases bis zu Gebüsch aus Schlehen und Weißdorn oder Salweiden.

Mittelspecht und Bechsteinfledermaus

Im Hainich werden derzeit Flora und Fauna inventarisiert. Bisher sind 6201 Arten, 3766 Tier-, 1121 Pflanzen- und 1314 Pilzarten registriert. Erstaunliche Zahlen und doch nicht einmal die Hälfte der erwarteten Artenvielfalt. Lediglich die Flora ist bereits weitgehend erfasst. Von der standörtlichen Ausgangslage und dem urwüchsigen Zustand der Wälder her gesehen wird der Artenreichtum wohl größer sein als in jedem anderen deutschen Buchenschutzgebiet. Hinzu kommt derzeit noch der überreiche Artenbestand aus dem bunten Mosaik nutzungsbedingter Offenlandbiotope.

Naturwaldmerkmal: monströse Wucherungen an einer Altbuche. Im Wirtschaftswald werden von Krebs befallene Stämme schon früh entfernt.

Die Bechsteinfledermaus, eine Kennart alter Laubwälder mit Verbreitungsschwerpunkt in Unterfranken, kommt auch in Thüringen vor.

Im Wald richtet sich das Interesse auf die Holz bewohnenden Arten. Glückskinder können um die Mittagsstunde auf Blüten des Hollerstrauchs dem überaus prächtigen seltenen Edelkäfer, genauer: Variabler Edel-Scharrkäfer, begegnen, der sein Larvendasein im Höhlenmulm alter Buchen verbringt. Insektenkundige halten dort auch Ausschau nach dem Marmorierten Rosenkäfer, einem noch rareren Nutzer mulmiger Großhöhlen.

Unter den bisher nachgewiesenen 107 Brutvogelarten interessieren die Holzbewohner, vor allem die Spechte, von denen es sogar 7 Arten gibt. Der Mittelspecht ist mit 60–80 Brutpaaren eine Charakterart der urwüchsigen Laubmischwälder. Im lichten Randbereich vom Wald zum Freiland brütet mit dem merkwürdigen Wendehals die 7. Art, der einzige Zugvogel unter unseren Spechen und der einzige, der keine Höhlen zimmert.

In alten Laubbeständen ist unser häufigster Eulenvogel daheim, der Waldkauz. Dort ruht er tagsüber in der Öffnung kaminartig ausgefaulter Buchenruinen, in deren Abgrund er brütet. In den Randbereichen zum abwechslungsreichen Offenland ist im Hainich die Waldohreule nicht selten. Sie ist kein Waldvogel, brütet in alten Krähennestern am Waldrand sowie in kleinen Feldgehölzen, und jagt draußen im Offenland. Wie bei allen Feld- und Wiesenarten geht der Brutbestand dieser noch vor kurzem gewöhnlichen Eule seit Jahren beängstigend zurück. Dies wurde zunächst nicht erkannt, da ihre Häufigkeit, abhängig vom Vermehrungszyklus der Feldmaus, jahrweise stark schwankt.

Die Säugetiere sind mit 45 Arten wohl vollständig erfasst. Der Hainich ist ein idealer Lebensraum für Fledermäuse, von denen 13 Arten vorkommen. Von allen heimischen Arten nutzt die Bechsteinfledermaus struktur- und altholzreiche Laubwälder am intensivsten. Im langsamen, oft rüttelnden Suchflug liest sie von Blättern und Baumstämmen Insekten, Spinnen und Weberknechte ab. Sie wurde 1818 entdeckt und zu Ehren des Thüringer Forstgelehrten Johann Matthäus Bechstein benannt, der vor 200 Jahren als Erster zum Schutz der Waldfledermäuse aufgerufen hatte. Diese ausgesprochene Waldbewohnerin hat eine europäische Verbreitung mit Schwerpunkt in Deutschland, wo sie als stark gefährdet gilt. Für ihre Erhaltung haben wir eine besondere Verantwortung, deshalb wird ihr bei der Ausweisung der FFH-Gebiete eine besondere Beachtung geschenkt.

Das insektenreiche Offenland des Kindel nutzen viele Fledermausarten als Jagdgebiet. Geeignete Winterquartiere bieten Spalten und Höhlen im Muschelkalk.

Besonderes Interesse gilt der Wildkatze, auch wenn man sie kaum zu Gesicht bekommt. Sie hat im Hainich ein flächendeckend autochthones (ursprüngliches) Vorkommen, das sich weiter ins Werra-Weserbergland und über die bewaldeten Randplatten des Thüringer Beckens bis in den Harz erstreckt. Untersuchungen an eingefangenen und mit Halsbandsendern versehenen Tieren haben Einblicke in das Leben dieser nächtlichen Pirschjäger ermöglicht. So werden bevorzugt die strukturreichen Altwälder ebenso wie die Sukzessionsflächen des Kindel bewohnt. Offenes Kulturland wird dagegen strikt gemieden, selbst Kater wandern bei gelegentlichen weiten Ausflügen nur über Waldbrücken.

Hinweise für Besucher

Anreise mit Bahn, ICE bzw. IC nach Eisenach. Mit Nahverkehrszügen von Kassel und Göttingen sowie aus Erfurt und Gotha nach Bad Langensalza und Mühlhausen. Von hier aus mit Regionalbussen direkt in den Nationalpark.

Mit Pkw von Osten und Westen über die A 4 bis Eisenach-Ost, weiter über die B 84 nach Bad Langensalza. Von Norden über die A 7 bis Ausfahrt Friedland, dann auf Bundesstraßen über Bad Sooden, Eschwege, Wanfried nach Mühlhausen.

Nationalpark-Informationen: Nationalparkverwaltungen in 99947 Bad Langensalza, Bei der Marktkirche 9, Tel. 03603/39 07 28, www.nationalpark-hainich.de; 99826 Berka vor dem Hainich, Hauptstraße 166, Tel. 036924/418 96; 99947 Behringen, Hauptstraße 29, Tel. 036254/78 86 40; 99986 Kammerforst, Tel. 036028/368 93.

Im nahen Seebach sollte man die Wasserburg mit dem historischen Vogelschutzpark besuchen, wo Hans Freiherr von Berlepsch 1908 die erste Vogelschutzwarte eingerichtet hatte, die seit 1990 als staatliche Einrichtung für Thüringen weitergeführt wird. Von Berlepsch wollte den Mangel an Bruthöhlen in sterilen Wirtschaftsforsten mit Nistgeräten beheben, die Spechthöhlen nachgebildet waren, die Geburtsstunde des Nistkasten-Vogelschutzes.

Steigerwald

9 Größtes Buchen-Eichen-Mischwaldgebiet; Naturwaldreservate mit Urwaldqualität; wie Eichen unter Buchen überleben; Faunentradition dank »Schaufelbuchen«; Zwergschnäpper als Urwald-Weiser.

E s gibt Landschaften, wo sich Buchen- und Eichen-Gesellschaften von Natur so durchdringen, dass man sie flächenmäßig kaum trennen kann. Für 11% der ursprünglichen Wälder Deutschlands war ein Gemenge aus Hainsimsen- und Waldmeister-Buchenwäldern mit Labkraut-Eichen-Hainbuchen-Wäldern typisch. Vor allem die bunte Geologie des Keupers in weiten Teilen Frankens und

Unten links: Eine 1990 vom Orkan gebrochene 300-jährige Schaufelbuche als erstes Totholz im Kleinengelein geduldet.

Unten rechts: Heute dick mit Moos bewachsen und bereits von anspruchsvollen Holzpilzarten besiedelt.

Württembergs ermöglicht mit dem Wechsel sandiger bis toniger Schichten dieses Miteinander, noch begünstigt durch subatlantisch-subkontinentales Übergangsklima.

Der wertvollste Komplex dieser Mischgesellschaft ist im nördlichen Steigerwald auf über 10 000 ha in einer Qualität erhalten, die diese Wälder auch aus bundesweiter Sicht für ein Großschutzgebiet qualifiziert. Im 19. Jahrhundert hatte sich hier durch Überhalten schöner Buchen eine ungewöhnliche Starkholzzucht entwickelt, die einen besonderen Markt bediente. Örtliches Kleingewerbe fertigte daraus Getreideschaufeln, die weithin vertrieben wurden. Bis ins 20. Jahrhundert waren die riesigen »Schaufelbuchen« ein Markenzeichen des Steigerwaldes.

Naturwaldreservate Waldhaus und Brunnstube

Im Ebracher Forst überlebten in Kernzonen zweier Naturwaldreservate Reste dieses unvergleichlichen Buchenerbes: das »Waldhaus«, inzwischen auf rund 100 ha erweitert, und die annähernd halb so große »Brunnstube«, beide ursprünglich traditionell extensiv und seit fünf und mehr Jahrzehnten überhaupt nicht mehr bewirtschaftet. Sie weisen inzwischen Urwaldmerkmale auf, die es so in anderen deutschen Buchenwäldern nicht gibt. Wie in Urwäldern der Karpaten repräsentieren nur wenige Uraltbuchen den Löwenanteil des lebenden Holzvorrates. Knapp zwei Dutzend bis zu 300jährige »Schaufelbuchen« machen rund 40% des Vorrats von über 800 Festmetern pro Hektar aus. Eingebettet sind die Giganten in 190-jährige Altbestände, überwiegend aus Buchen.

Doch dazwischen überdauern einzelne hochstämmige Traubeneichen mit vergleichs-

weise kleinen Kronen, obgleich ihnen nie eine Durchforstung geholfen hat. Zweifacher Buchenkonkurrenz waren diese Lebenskünstler über nahezu 200 Jahre ausgesetzt: dem Schirmdruck ausladend bekronter Überhälter und einer Überzahl gleichaltriger Buchen-Mitbewerber.

Die große Zeit dieser Eichen bricht jetzt an. Stirbt eine der Buchenmatronen, nutzen sie die entspannte Konkurrenzsituation und breiten ihre Äste in Lücken im Kronendach aus. Noch Jahrhunderte können solche Traubeneichen wachsen. Dank ihrer überlegenen Lebenserwartung werden sie mit Gelassenheit zwei, drei weitere Generationen der kurzlebigeren Buche überdauern. Umstürzende Uraltbuchen reißen erste Lücken, in denen sich noch vor der Buche prompt Mischbaumarten einstellen, einzelne Edellaubbäume und Hainbuchen, dazu Traubeneichen, die der Häher in solche

Junge Waldschnepfe beim Stechen nach Würmern. Im Steigerwald ein verbreiteter Brutvogel in mehrschichtigen Buchen-Eichen-Wäldern.

Löcher sät. Seit der Kern des Waldhaus-Reservats auf 10 ha gezäunt ist, wachsen diese verbissempfindlichen Baumarten tatsächlich auf.

Urwaldelement Totholz

Außer Baumriesen und Ungleichaltrigkeit bieten die Ebracher Reservate durch hohe Totholzanteile ein weiteres Urwaldmerkmal. Mit weit über 100 Festmetern Totholz pro Hektar sind sie osteuropäischen Buchenurwäldern vergleichbar. Diese Mengen haben sich in nur 3 Jahrzehnten angesammelt, obgleich sich die lebende Vorratsmasse noch nicht verringert hat.

Über 400 Großpilzarten wurden im Waldhaus gefunden, mehr als in jedem anderen bayerischen Waldreservat. Über die Hälfte sind Holzzersetzer mit Besonderheiten wie dem Ästigen Stachelbart und dem Rissigen Gallertporling. Die unendliche Nischenvielfalt im toten Holz nutzen Holzkäfer, die nach Artenzahl und Naturnähe selbst den berühmten Eichenreservaten des Spessarts nahe kommen. Diese Artenfülle ist einer ungebrochenen Tradition zu danken, die auf

dem früheren Buchenüberhalt (und einer nachlässigen Waldpflege) beruht.

Kleinengelein, die Heiligen Hallen der Förster

Ein in Forstkreisen über Deutschland hinaus berühmter Buchenbestand des Steigerwaldes ist »Kleinengelein« im Forstamt Gerolzhofen. Bewunderung erregen Wuchspotenz und bestechende Wertholzqualität makelloser Buchensäulen. Man hat seit 50 Jahren auf weitere Abnutzung dieses forstlichen Renommierbestandes verzichtet. Abgängige Bäume wurden jedoch wie üblich samt Kronenresten säuberlich beseitigt.

Der ungleichaltrige und mehrschichtige Aufbau Kleinengeleins geht ebenfalls auf die Starkholzzucht zurück: ein Hauptbestand aus ca. 80 über 200-jährigen Altbäumen pro Hektar mit einigen bis 330 Jahre alten Überhältern, Schaufelbuchen mit Durchmessern bis 1,3 m, darunter ein geschlossener Nebenbestand aus 80- und 50-jährigen Schichten.

Forstliche Schlamperei sicherte Artenreichtum

Die Steigerwald-Forstämter Gerolzhofen und Eltmann sind seit Förstergenerationen vorbildlich gepflegt. Diese saubere Wirtschaft hat jedoch zur Folge, dass selbst im uralten Kleinengelein Fruchtkörper des Zunderschwamms, dem ersten Anzeiger von Naturnähe, nicht vorkamen. Erst seit 1990 der Orkan Wiebke Altbuchen warf, darf hier Totholz liegen bleiben.

Ganz anders die Ebracher Laubwälder, die wegen einer anderen forstorganisatorischen Zuordnung bis Mitte des 20. Jahrhunderts kaum eine fachgemäße Waldpflege erfahren hatten. Dieses historische Versäumnis kam jedoch der natürlichen Artenvielfalt ungemein zustatten. Inzwischen sind die Ebracher Pflegerückstände zwar behoben, aber wir haben tunlichst Biotopbäume mit Specht- und Faulhöhlen und anderen für die Waldnatur wichtigen Merkmalen stehen lassen.

Derzeit wird erforscht, wie sich diese so unterschiedliche Tradition waldbaulicher Behandlung unmittelbar benachbarter Forstämter auf die Lebensvielfalt ausgewirkt hat. Ein erstes Ergebnis: Einmal mehr zeigt sich, dass Pilze sofort das Angebot an geeignetem Substrat auch in bisher hygienisch steriler Umgebung wie in Kleinengelein nutzen. Anders die Käferarten. In Kleinengelein fehlen, obgleich die Forstämter nur ein Wiesental trennt, in den neu entstandenen Zunderschwämmen charakteristische pilzverzehrende Spezialisten, die im Ebracher Wald auch außerhalb der Reservate allgemein verbreitet sind. Altholz bewohnende In-

Die Vogelnestwurz, eine Orchidee »besserer« Buchenwälder, die fast ohne Blattgrün in Symbiose mit einem Wurzelpilz lebt.

sekten sind wenig mobil. Jetzt soll geklärt werden, unter welchen Bedingungen und in welchem Zeitraum an eine Faunentradition wieder angeknüpft werden kann, die durch allzu sauberes Wirtschaften verloren ging.

Raupe des Buchenrotschwanzes, einer der häufigsten Großschmetterlinge unter den 64 exklusiv an Buche gebundenen Arten.

Zwergschnäpper zeigt Urwaldstrukturen

In den langjährig untersuchten Ebracher Reservaten stieg mit Menge und Art des Totholzes die Zahl der Spechtarten und anderer »Holzbewohner« ebenso deutlich wie deren Siedlungsdichte. Heute brüten selbst Mittel- und Kleinspecht, Trauer- und Halsbandschnäpper in Dichten, die besten Eichenreservaten nicht nachstehen.

Mit steigendem Totholzangebot stellen sich auch in Kleinengelein typische Arten alter Buchen-Naturwälder ein. 2004 hat sogar ein erster Zwergschnäpper gesungen. Hier an der Westgrenze seines riesigen eurasischen Areals ist dieser Winzling ein feiner Indikator urwaldartiger Zustände. Aktuelle Nachweise aus Franken stammen nur aus Buchenreservaten.

Hinweise für Besucher

Den nördlichen Steigerwald durchquert die Höhenstraße von Eltmann (Ausfahrt von der A 70 oder B 26 im Maintal) nach Ebrach (erreichbar auch von der A 3, Ausfahrt Geiselwind, oder über die B 22).

Das Naturwaldreservat Brunnstube liegt direkt an dieser Straße am Waldparkplatz 1,5 km nördlich von Ebrach.

Zum Kleinengelein zweigt man von der Höhenstraße in Untersteinbach nach Obersteinbach ab, weiter durch das Weilersbachtal bis zum Sperrschild an der Forststraße, wo Hinweise zum Waldort führen.

Auf das Waldhaus stößt man von Ebrach aus nach 2,5 km Wanderung auf dem Felsenkellerweg am Ende der Weiherkette im Handthalgrund.

Paterzeller Eibenwald

 10 Deutschlands älteste und stärkste Eiben; uriger Bergmischwald; endlich üppiger Nachwuchs nach einem kinderlosen Jahrhundert.

Eine ursprünglich in Buchenwäldern sehr weit verbreitete Nadelbaumart war die Eibe. Heute sind davon nur Reste vorhanden, die aus meist unbekannten Glücks- und Zufällen, oft nur als einzelne Individuen an abgelegenen Orten überlebten. Die Art steht seit 1936 unter Naturschutz und als gefährdet in der Roten Liste. Die Eibe gilt als urtümlichstes Nadelholzgewächs. Als einziger Nadelbaum bildet sie keine Samenzapfen, sondern rote Scheinbeeren. Ihr Holz hat keine Harzkanäle und sie kann »aus dem Stock ausschlagen« wie sonst nur Laubbäume.

Von allen Baumarten kommt sie mit dem geringsten Lichtangebot zurecht und kann daher selbst in der Unterschicht von Buchenbeständen gedeihen. Sie wächst auf unterschiedlichen Böden, bevorzugt jedoch die tiefgründigen, nährstoffreichen, vor allem kalkreichen, auf nachhaltig frischen Standorten. Im Waldgersten-Buchenwald von Muschelkalk, Zechsteinkalken und Jura kann man sie ebenso antreffen wie in den Alpenheckenkirschen-Tannen-Buchen-Mischwäldern im Alpenvorland oder in Schlucht- und Bergmischwäldern auf Gneis- und Granitstandorten von Schwarzwald, Harz und Bayerischem Wald.

Eiben wachsen langsam und können älter als alle übrigen heimischen Bäume werden. Altersschätzungen sind wegen des schmalen, unregelmäßigen Jahrringbaus schwierig. Die Stärke der Stämme täuscht gerne ein höheres Alter vor, sind doch regelmäßig mehrere stammbürtige Triebe zu »Komplexstämmen« verwachsen. Die meisten Alteiben haben einen hohlen Kern, der jedoch regelmäßig überwallt wird. Als vor einigen Jahren im Oberallgäu eine als 2000-jährig eingeschätzte Alteibe vom Abwind einer Lawine geworfen wurde, ergaben Jahrringzählungen ein Alter von »nur« 563 Jahren.

Eibenholz, seit der Steinzeit begehrt

Das Holz der Eiben ist ungemein schwer, langfaserig und zäh. Seit der Steinzeit bis hinein in die Zeit der Erfindung des Schießpulvers wurden daraus die besten Bogen und Armbrüste gefertigt. Beim sensationellen Fund von »Ötzi« 1991 im Similaungletscher der Ötztaler Alpen, der mumifizierten Leiche eines 3300 Jahre vor unserer Zeitrechnung verstorbenen Menschen der frühen Steinzeit, war unter der vollständig erhaltenen Ausrüstung ein 1,82 m langes Bogenholz ebenso aus Eibe wie der Knieholzschaft des wertvollen Kupferbeils.

Das giftige Samenkorn in der schmackhaften Hülle des Arillus, einer Scheinbeere. Die Eibe bildet als einziger Nadelbaum keine Zapfen.

Die Eibe ist der historisch erste Fall, bei dem an einer heimischen Holzart Raubbau getrieben wurde und die dadurch wohl seltener geworden ist. Der dramatische Rückgang setzte jedoch erst ein, als die moderne Forstwirtschaft vor 200 Jahren begann, die hergebrachten Plenter- und Mittelwälder in Altersklassenforste umzubauen. Für diesen altmodischen, langsamwüchsigen, in der Jugend schattenbedürftigen Baum ist der gleichaltrige schlagweise Hochwald kein geeigneter Lebensraum.

Im 18. Jahrhundert hatten französische Rokokogärtner die vegetativ ungemein regenerationsfähige Eibe als nahezu beliebig verformbares Gartengewächs entdeckt. Seitdem überlebt die weitaus überwiegende Mehrzahl dieser einst häufigen Begleiterin unserer Buchenwälder in Parks, Friedhöfen und Gärten in 80 verschiedenen Zuchtformen.

Unser einziger Giftbaum

Die Eibe ist der einzige heimische Giftbaum. Außer dem korallenroten, gallertartigen Fruchtbecher, der den Samenkern einhüllt, sind alle Teile giftig. Auf Pferde wirkt bereits eine geringe Dosis der Nadeln tödlich. Rehe hingegen, auch die anderen großen Pflanzenfresser des Waldes, fressen junge Eiben mit Nadeln und Stiel gierig, ohne Schaden zu nehmen. Die Folgen für die Naturverjüngung sind dramatisch. Seit über 100 Jahren wachsen in unseren Wäldern allein deshalb keine Eiben mehr nach, weil der Nachwuchs von unnatürlich überhegten Rehbeständen aufgefressen wird.

Die auffällige Fruchthülle um den hochgiftigen Samenkern, der so genannte Arillus, lockt im Herbst Vögel an. Beeren fressende Arten, vor allem Drosseln, verzehren diesen schmackhaften Samenmantel und verschlucken dabei den giftigen Kern. Nach der Passage durch den Darm werden die Kerne unversehrt ausgeschieden und auf diese Weise verbreitet. Der Kernbeißer allerdings zerknackt mit mächtigem Schnabel die giftigen Samenkörner und verspeist sie. Das auch für uns wohlschmeckende Fruchtfleisch lässt er achtlos fallen. Offenbar sind Geschmäcker ebenso verschieden wie die Resistenz gegen Giftstoffe.

Baum der Mythen und Druiden

Bei den germanischen Völkern und den Kelten kam der Eibe als Baum des Todes und Symbol der Ewigkeit in Religion und Mythologie eine außergewöhnliche Bedeutung zu. Sie tränkten ihre Pfeilspitzen im giftigen Eibensud. Bei den Kelten war die Eibe der Baum der Druiden, die ihre Zauberstäbe aus dessen Holz fertigten. In der Volksmedizin war sie als wirksames Abtreibungsmittel bekannt. Heute gewinnt die Pharmazie aus ihrer Rinde ein Krebsheilmittel.

Der wohl bekannteste Eibenwald in Deutschland ist der im bayerischen Voralpenland bei Paterzell. Eine seit 1939 unter Naturschutz stehende Kernfläche von 22 ha wurde 1983 auf 88 ha vergrößert. Dort wachsen 1500 ältere Eiben in einem ungemein artenreichen, urigen Bergmischwald, zur Hälfte aus gewaltigen Fichten, einem Viertel aus Buchen und der Rest aus Bergahornen, Eschen und Roterlen, Weißtannen und einer Reihe weiterer Mischbaumarten bestehend. Der Standort ist außerordentlich begünstigt. Die nährstoffkräftigen Jungmoränenböden sind zusätzlich durchzogen von meterdicken Kalktuffen, die der Eibe besonders zusagen. Der Unterhang wurde aus einem Quellhorizont entlang der Nagelfluhzone am steilen Oberhang mit kalkreichem Wasser berieselt, aus dem sich Kalk in fester Form absetzte. Heute sind die meisten Quellen gefasst und zur Wasserversorgung abgeleitet, sodass neuer Tuff kaum mehr entsteht.

Die Paterzeller sind die stärksten und ältesten Eiben Deutschlands. Jede zehnte ist dicker als einen halben Meter. Die mächtigsten Eibenmethusalems erreichen Stärken bis annähernd 1 m und man vermutet, dass sie bis zu 1000 Jahre alt sind. Nahezu alle alten Stämme sind tief gefurcht, spannrückig und beschädigt, oft hohl und von lebendem Holz umwallt. Vermutlich hatte auch hier der frühere Waldbesitzer, das Kloster Wessobrunn, im Mittelalter die guten Hölzer ver-

Reichliche Verjüngung unter den ältesten Eiben Deutschlands. Mehr als hundert Jahre hatte der Verbiss durch Rehwild jeden Nachwuchs verhindert.

kauft und die schlechten blieben übrig. Die Paterzeller Eiben vermitteln eine ungewohnte Dimension von Zeit, waren sie doch bereits mehrhundertjährige Uraltbäume, als ihre Nachbarn als Bogenhölzer eingeschlagen wurden. Unter einer 4 m mächtigen Tuffschicht fand man sogar ein vor 6000 Jahren eingeschlossenes Steinbeil.

Endlich Eibennachwuchs

Auch hier gab es bis vor 40 Jahren keinen Eibennachwuchs. Man sah es als Rätsel an, dass die alljährlich in großen Mengen auflaufenden Keimlinge immer wieder verschwanden. Wildverbiss hatte man wegen der Giftigkeit der Eibenkeimlinge als Ursache stets ausgeschlossen. Erst der Bau einiger Schutzzäunchen machte die Zusammenhänge offenkundig. Innerhalb von 20 Jahren entwickelten sich in einem wilddichten Kleinzaun von nur 600 m² mehr als 1000 Eiben bis zu 3 m Höhe, dazu noch eine dreifach größere Zahl auch anspruchsvoller Mischbaumarten. Inzwischen wurden nicht nur weitere Zäune gebaut, endlich werden die Rehe mit Nachdruck bejagt. Bei einer Inventur 1998 in einem großen Zaun konnte man bereits 5500 Jungeiben pro Hektar zählen. Derzeit wächst in Deutschlands ältestem Eibenbestand nach einem kinderlosen Jahrhundert auf großer Fläche ein dichter Nachwuchs heran.

Hinweise für Besucher
Von München auf der B 2 nach Weilheim, weiter auf Staatsstraße Richtung Landsberg bis Zellsee, von dort nach Paterzell. Vom Parkplatz am Gasthof Eibenwald führt ein Eibenpfad durch das Reservat (Informationsblatt aus Faltblattspender).

Nirgends in deutschen Wäldern gibt es mehr lebenskräftige Eiben als im artenreichen Buchen-Steilhangwald mit Dolomitfelsen am Wasserberg.

Naturwaldreservat Wasserberg

11 Eibenreichtum im Steilhang-Buchenwald; hohe Vitalität im tiefsten Schatten; noch keine Zeit für Nachwuchs; »Schneckenparadies« in der Fränkischen Schweiz.

In der nördlichen Frankenalb, der romantischen Fränkischen Schweiz, am steilen Nordhang des tief eingeschnittenen, engen Wisenttales gegenüber der Stempfermühle und unterhalb von Gößweinstein, hat sich der eibenreichste Buchenbestand Süddeutschlands erhalten. Die Geschichte, warum gerade hier Eiben so gehäuft vorkommen, ist unbekannt. Etwa 4000 Eiben sind über das langgestreckte Naturwaldreservat auf einer Fläche von 31,8 ha verteilt. Es sind noch jüngere Bäume, durchschnittlich nur 7 m hoch und zwischen 10 und 15 cm dick, der stärkste nicht ganz 30 cm im Durchmesser und 15 m hoch.

Zahlreiche Dolomitfelsen prägen den Steilhang, auf den ein geschlossener 100–150-jähriger Buchenbestand im Stadium voller Vitalität wächst, von Mischbaumarten wie Bergahorn, Spitzahorn und Fichte sowie einzelnen Sommerlinden, Eschen, Hainbuchen und Eichen begleitet. Das Kronendach ist nahezu geschlossen, Totholz noch selten, außer in einigen Lücken, die auf ein Eisbruchereignis 1987 zurückgehen.

Dieser typische eibenreiche Buchen-Steilhangwald ist eine besonders bodenfrische Ausbildung der Waldgersten-Kalk-Buchenwälder. Hier gedeiht auch im tiefen Buchenschatten eine üppige Bodenvegetation mit

Lebhaftes Farbenspiel in Eibenrinde, aus der heute die Pharmazie ein Krebsheilmittel gewinnt.

dem Waldschwingel als Charakterart, einem meterhohen, dichte Horste bildenden Süßgras, mit zahlreichen Sträuchern wie Gemeiner Heckenkirsche, Seidelbast und Berg-Johannisbeere und Hochstauden wie Christophskraut und Gelbem Eisenhut.

Trotz der dichten Beschattung durch den Buchenbestand sind die Eiben von bemerkenswerter Lebenskraft, gut bekront und üppig benadelt. Den Boden überzieht bereits reichlich Verjüngung aus Buchen und Edellaubbäumen. Nach Eibennachwuchs sucht man noch vergeblich. In der tief beschatteten Unterschicht tragen die Eiben nur wenige Früchte und auch im wilddichten Zaun vergehen die Keimlinge alsbald wieder. Noch ist es nicht die Zeit der Eibe. Sie wird gelassen abwarten, bis nach weiteren 100 oder auch 200 Jahren der Buchenbestand altert, sich allmählich aufzulösen beginnt und sie aus düsterem Schattendasein befreit wird.

Fränkisches »Schneckenparadies«

Ausgeglichenes feuchtes Schatthangmilieu in einem engen Flusstälchen, tätiger Kalkverwitterungsboden, eingestreute Partien mit Kalkhangschutt, aus denen Dolomitfelsen ragen, artenreiche Vegetation mit nahrhafter Laubstreu und eine historisch ungebrochene Waldtradition, das sind Bedingungen, unter denen sich die artenreichste Schneckenfauna Nordbayerns entwickeln konnte. Kein anderes Naturwaldreservat kann mit einer ähnlichen Artenvielfalt aufwarten: 65 Schneckenspezies wurden nachgewiesen, davon 41 Waldarten und 19 Vertreter der bayerischen Roten Liste.

Hier überleben auch Arten, die im Laufe der letzten 40 Jahre verbreitet Opfer des »sauren Regens« wurden. So besiedelt die winzige Alpen-Windelschnecke *(Vertigo alpestris)* nur noch an schattigen Felsblöcken die Rasen von Felsmoosen. Frühere Lebensnischen im Moosüberzug von Altbäumen sind verwaist, seitdem das am Stamm abrinnende Regenwasser durch Luftschadstoffe versauert ist. Auch eine nahe Verwandte, Bewohnerin der Randbereiche von Quellbächchen, wird hier noch angetroffen. In den stark versauerten Quellfluren östlich liegender Silikatgebiete wie denen des Fichtelgebirges ist sie längst ausgestorben.

Schließmundschnecken weiden Algen und Flechten auf feuchter Baumrinde. In kalkreichen Wäldern überleben sie den sauren Regen.

Hinweise für Besucher

A 73 Nürnberg–Bamberg, Ausfahrt Forchheim Süd, oder A 9 Nürnberg–Bayreuth, Ausfahrt Pegnitz. Weiter jeweils auf der B 470 in die Fränkische Schweiz nach Behringersdorf/ Gößweinstein. Mit der Bahn von Nürnberg nach Pegnitz oder von Forchheim nach Ebermannstadt; weiter mit dem Bus nach Behringersdorf/Gößweinstein.

Bergmischwälder

Mit zunehmender Höhenlage beteiligen sich im Bergland Nadelbaumarten am Aufbau der Buchenwälder. Es entsteht ein Dreiklang aus Buche, Weißtanne und Fichte, die in verschiedenen Altersstadien mosaikartig einzeln oder gruppenweise nebeneinander wachsen. Hinzu gesellen sich edle Laubhölzer wie Bergahorn, Bergulme oder Esche. Unter dem geschlossenen Kronendach kann Tannennachwuchs über 100 Jahre auf seine Chance warten, ans Licht zu gelangen. Vogelartenreichtum mit Sperlingskauz und Weißrückenspecht sowie dem Auerhuhn als Charaktervogel.

Im hochmontanen Bereich wird es kühler, die Niederschläge nehmen zu und die Vegetationszeit wird kürzer. Die Wuchskraft der gemäßigten Verhältnissen angepassten Buche lässt nach. Dies nutzen ihre Konkurrenten.

Zunächst gesellt sich die Weißtanne hinzu. Sie kehrte nach der letzten Eiszeit zusammen mit der Buche zurück. Heute ist sie innerhalb des Buchenareals verbreitet, jedoch vorwiegend auf den Alpenraum und die höheren Mittelgebirge begrenzt. Im Wuchsverhalten ähnelt sie der Buche. Sie verträgt ein hohes Maß an Beschattung, kann in unterdrückter Stellung Jahrzehnte, ja mehr als 100 Jahre ausharren, um dann nach oben aufzusteigen, wenn sich im Kronendach eine Lücke auftut.

Die Tanne ist die heimische Baumart mit der höchsten Wuchsleistung. Bei einem Alter bis zu 500 Jahren kann sie älter als die Rotbuche werden und mit Durchmessern über 2 m und Höhen bis zu 65 m noch erstaunlichere Dimensionen erreichen. Auch dringt sie mit einem ungemein kräftigen Wurzelwerk, das ihr außergewöhnliches Standvermögen gegen Sturm verleiht, auf tonreiche und vernässende Standorte vor, die von Buchen gemieden werden.

Als Dritte ergänzt die Fichte den klassischen Dreiklang der Baumarten im Bergmischwald. Ihr Anteil nimmt mit Annäherung an die subalpine Höhenstufe ständig zu, wo sie schließlich die Vorherrschaft übernehmen kann, wenn mit zunehmender Höhenlage die Vegetationsperiode für Tanne und Buche zu kurz wird.

Anspruchsvolle Begleiter

Im bayerischen Alpenraum ist, entsprechend der Dominanz von Kalk- und Dolomitgesteinen, der Karbonat-Bergmischwald die Leitgesellschaft auf großen Flächen. Hier kommen wie bereits im Waldmeister-Buchenwald des Berglandes Edellaubbäume hinzu, der Bergahorn vor allem, aber auch Bergulme und Esche, schließlich die Eibe als rares Mischungselement. Die Bodenvegetation ist wie im Kalk-Buchenwald besonders artenreich. Auffälligste Art für Nichtbotaniker ist unsere größte heimische Orchidee, der märchenhafte Frauenschuh. Der Verbreitungsschwerpunkt dieser nach wie vor gefährdeten Rarität liegt in Süddeutschland in den Kalkalpen, entlang der Voralpenflüsse und im Jura.

»Schattenschlaf« der Tanne

Tannenreiche Naturwälder sind überwiegend plenterartig aufgebaut. Das heißt, hier wachsen Bäume der verschiedenen Entwicklungsphasen mosaikartig einzeln und gruppenartig neben und miteinander. Unter Tannenriesen verharrt der Nachwuchs im Unter- und Zwischenstand. Geduldig wartet er, bis einer der Vorherrschenden den Alterstod stirbt oder von Blitzschlag und Sturm zu Boden geworfen wird. Vor allem die Tanne ist für dieses Schattendasein durch Eigenheiten ihrer Nadeln besonders gerüstet. Ihr Nachwuchs kann unter dem geschlossenen Kronendach in einer Art »Schattenschlaf« 100 und mehr Jahre ausdauern. Gut zu beobachten ist ein Fruchtwechsel, wenn Tannennachwuchs bevorzugt unter alten Buchen aufwächst und umgekehrt.

Dieser von Natur ungleichaltrige Waldaufbau des Bergmischwaldes wurde durch eine traditionelle, bäuerliche Wirtschaftsweise, die Plenterung, Jahrhunderte hindurch erhalten. Die flach wurzelnde Fichte, die sich auf die nassesten Stellen vorwagt, fällt am frühesten durch Windwurf und Borkenkäferbefall aus. Am längsten können die zählebigen Tannen ausharren. Im Alter verflacht ihre Kronenform zu so genannten Storchennestern. Erreichen sie die Altersgrenze, dann sterben sie meist stehend und ihre mächtigen Strünke überdauern noch viele Jahrzehnte. Im gleichmäßig luftfeuchten Milieu regen- und nebelreicher Bergmischwälder überziehen sich Baumleichen mit einer dichten Schicht aus Moosen und Flechten, darunter besonders rare Arten.

Vogelartenvielfalt

Zu der an sich schon artenreichen Vogelgemeinschaft der Berg-Buchenwälder kommen im Bergmischwald noch typische Arten aus der nächsthöheren Region der Nadelwälder hinzu, so Tannenhäher und Dreizehenspecht, Raufuß- und Sperlingskauz, Tannen- und Haubenmeise sowie Wintergoldhähnchen. Diese Taigabewohner hatten in den Alpenwäldern und in exponierten Hochlagen einiger Mittelgebirge überlebt, wohin die überlegene Konkurrenz der rückwandernden Laubbäume die letzten borealen Nadelwaldreste abgedrängt hatte.

Als besonderer Charaktervogel der Alters- und Zerfallsphase ausgedehnter, ruhiger Bergwälder gilt das nicht nur bei Jägern populäre Auerhuhn. Anders als das Auerhuhn ist das Haselhuhn, unsere kleinste Raufußhühnerart, eine Art früher Waldentwicklungsphasen.

Nur in buchenreichen urwüchsigen Bergmischwäldern der Alpen und des Bayerischen Waldes lebt der seltene Weißrückenspecht, der größte Vertreter der Gruppe der Buntspechte.

Naturnahe Bergmischwälder um den Totengraben. Nur die Verjüngung der Tanne wird durch Verbiss der zu vielen Gämsen verhindert.

Totengraben: Urwald-relikt in den Alpen

12 Einzigartiges Urwaldrelikt in unbringbarer Lage; 400-jährige Tannenpatriarchen im alten Buchenwald; über ein halbes Jahrhundert in stabiler Alterphase; Gämsen in Überzahl verhindern Verjüngungsdynamik.

Urwaldartigen Bergmischwald erwartet man am ehesten in den Alpen. Ein Münchner Forstwissenschaftler suchte in den 1950er-Jahren den gesamten bayerischen Alpengürtel nach Urwaldresten ab. Unter 19 Objekten, die er schließlich als »Urbilder« ausgelesen und eingehender erfasst hatte, traf auf eines der Ausdruck »Urwaldrest« am ehesten zu. In den westlichen Ausläufern des Mangfallgebirges am Nordhang des Plattenecks (1617 m) hatte er einen Bergwald entdeckt, bei dem alles darauf hindeutete, dass hier noch nie Holz eingeschlagen wurde. Dieses Urwaldrelikt mit 400-jährigen Alttannen liegt unweit des Kurortes Wildbad Kreuth oberhalb des Totengrabens nahe der Grenze zu Österreich inmitten naturnaher Bergwälder.

Reste einer zerfallenen Triftklause am Totengraben weisen darauf hin, dass auch dieser Berghang früher in der Zeit der Salinenwirtschaft großflächig abgeholzt worden war. Nur eine windgeschützte Hangmulde auf 1260 m Meereshöhe oberhalb der schroff abfallenden Felswände war offenbar für die Holzbringung unzugänglich gewesen. Die Mulde mit dem Urwaldrest samt Umfeld umfasst inzwischen 47 ha Naturwaldreservat, das eingehend erforscht werden soll. Man darf gespannt sein, welche Urwaldarten unter den Holzinsekten, Schnecken und anderen konservativen Lebewesen hier überleben.

Tannensämling auf Moderholz. Eine Entwicklung über dieses zarte Stadium hinaus verhindert seit Jahrzehnten der Wildverbiss.

Auch wenn man diesen Bergwald bereits beim Anstieg durchaus als naturnah und frei von neueren forstlichen Eingriffen erlebt, mit dem Betreten des Urwaldes ändern sich die Eindrücke. Jetzt sind deutlich stärkere

Naturwaldreservat Totengraben, das letzte Urwaldrelikt im Bergmischwald der deutschen Alpen. Hier wurde noch nie Holz genutzt.

Bäume versammelt, würdige Patriarchen, in sich ruhend und Ehrfurcht gebietende Stille ausstrahlend. Am Boden liegen verstreut mächtige Baumleichen. Im Moder alter Rannen entwickeln sich erste Ansätze von Fichtenverjüngung. Das Kronendach ist noch weithin ohne Lücken.

Die natürliche Waldgesellschaft bildet die großflächige Leitgesellschaft der Bayerischen Alpen, der Karbonat-Bergmischwald. Namengebende Trennart dieser alpinen Entsprechung zum Waldgersten-Buchenwald ist der Stinkende Hainsalat *(Aposeris foetida),* ein hübsches löwenzahnähnliches Pflänzchen, das keinesfalls stinkt, eher deftig nach Kartoffelsalat riecht.

Im natürlichen Lebenszyklus eines Bergurwaldes durchlebt der Totengraben noch die Alters- oder Terminalphase. Die waldkundlichen Messungen belegen erstaunlich stabile Verhältnisse in den 50 Jahren seit der ersten Erhebung. Der lebende Vorrat mit 520 Festmetern pro Hektar und dessen Struktur, auch die beträchtliche Totholzmenge von 150 Festmetern, ist derzeit so hoch wie damals. Noch halten sich aufbauende und abbauende Prozesse die Waage.

Trotz der beträchtlichen Höhenlage herrscht die Buche mit einem Anteil von gut der Hälfte des Baumbestands. Die Tannen und Fichten sind in den 50 Jahren dicker geworden, die mächtigsten erreichen Durchmesser von nahezu 1 m und überragen bei Baumhöhen bis zu 40 m das Kronendach. Deutlich verringert hat sich die Zahl der Bäume, weil der Unterstand weitgehend ausgedunkelt ist und neuer Nachwuchs ausbleibt.

Die Masse des Totholzes ruht in Form starker Stämme auf dem Boden. Das Holz zersetzt sich, bedingt durch die Höhenlage, stark verzögert. Der markante Stamm eines gestürzten Tannenriesen auf einem ersten Foto von 1955 ist heute noch vorhanden.

Urwalddynamik vom Schalenwild verhindert

Den Boden überzieht heute wie damals eine Grasdecke, vorwiegend aus der Rost-Segge *(Carex ferruginea),* eine Kennart der Höhenform der Karbonat-Bergmischwälder. Bei näherem Hinsehen entdeckt man

Auerhahn. Bundesweit vom Aussterben bedroht, wird dieses einst weit verbreitete Waldhuhn wohl nur in alten Gebirgswäldern überleben.

unzählige Keimlingspflanzen aller Mischbaumarten dieses Bergwaldes. Auffallend überwiegen junge Bergahorne, die von wenigen Altbäumen ausgehend Jahr für Jahr massenweise den Boden besiedeln. Doch wegen des Wildverbisses gelingt es nur Fichten, auf Rannen und in deren unmittelbarer Nähe wurzelnd, über Kniehöhe hinauszuwachsen.

Die Fichte ist im Bergmischwald das konkurrenzschwächste Glied. Sie muss sich bei noch geschlossenem Kronendach rechtzeitig auf Moderholz verjüngen, um sich einen zeitlichen Vorsprung vor der Buche zu sichern, die jetzt bereits knöchelhoch lauert und später flächig dicht aufwachsen wird. Aussichtslos ist die Lage für die Tanne. Selbst ein Totholzanteil in durchaus urwaldähnlicher Größenordnung reicht nicht, den Jungtannen den für ihre Verjüngungsstrategie so bedeutsamen Schattenschlaf

zu sichern. Keine Baumart des Bergmischwaldes wird lieber gefressen als die Tanne mit ihren nährstoffreichen, schmackhaften Nadeln. Besonders lästig sind die allgegenwärtigen Gämsen, die ganzjährig im Bergwald ausdauern. Das Rotwild zieht nach der herbstlichen Brunft in die Täler und wird dort an Fütterungen durch den Winter gebracht. Eine neue Generation waldfreundlicher Gebirgsförster müht sich zwar redlich, endlich das Jahrhundertproblem der überhegten Schalenwildbestände in den Griff zu bekommen. Hier oben im Urwald hat sich im letzten halben Jahrhundert noch nichts zum Besseren gewendet. Da wird wohl erst wie in Slowenien oder in der Schweiz der Luchs in die Gebirgswälder zurückkehren müssen, um als Hüter des Waldes den kreativen Schattenschlaf junger Tannen zu bewachen.

Hinweise für Besucher:

Der Wanderweg ist schwierig zu finden, da Führung nicht eindeutig. Man erkundige sich in Kreuth bei Einheimischen oder der Forstbehörde (derzeit neu organisiert) nach dem »Urwald«. Zufahrt mit Pkw von Rottach-Egern nach Kreuth, Weiterfahrt über Wildbad Kreuth.

Naturwaldreservate in den Chiemgauer Alpen

Das Naturwaldreservat Schlapbach schützt Bergmischwald aus Buchen, Fichten und Tannen, dem noch auffällige Naturwaldmerkmale fehlen.

13 Naturnahe alte Bergmischwälder noch auf großer Fläche; trotz primitiver Salinenwirtschaft wuchs neuer Mischwald nach; Jagdkult ruiniert Gebirgswald.

In den Karbonat-Bergmischwäldern der Alpen sind bis heute, wenn auch keine Urwälder, so doch im großen Umfang bemerkenswert naturnahe Altbestände erhalten. Als ein Beispiel seien die sehenswerten Naturwaldreservate Jagerboden, Geisklamm und Schlapbach aufgeführt, die sich an den steilen Abhängen eines Bergzugs südlich von Oberwössen aneinander reihen. Noch haben die Bäume die für Wirtschaftswälder typischen Dimensionen nicht überschritten. Die Bestände sind erst auf dem Weg zum Urwald von morgen. In der Bodenvegetation kommen zur Vielfalt der Kalk-Buchenwälder noch randalpine Elemente hinzu. Neben dem namengebenden Stinkenden Hainsalat findet man auch bekannte Arten wie die hübsche Alpen-Troddelblume oder die Alpen-Heckenkirsche .

Gut zugänglich über Wanderwege ist das Reservat Schlapbach mit einem typischen Buchen-Tannen-Fichten-Mischbestand. Im steilwandigen Jagerboden stürzt in einem edellaubbaumreichen Bergschluchtwald ein Wasserfall weithin sichtbar über eine Felswand. Die Eibe findet sich nur vereinzelt.

Bergmischwald trotz Salinenwirtschaft

Die Naturnähe der älteren Gebirgswälder verwundert, wenn man deren Geschichte kennt. Von Berchtesgaden bis ins Gebiet von Tegernsee und Schliersee unterstanden Jahrhunderte hindurch die Gebirgswälder auf überwiegender Fläche der Salinenverwaltung. Zur Salzgewinnung wurde die Solelösung in riesigen Sudpfannen eingedampft.

Hierzu wurden unvorstellbare Mengen Holz verbraucht.

Die Salinenwirtschaft nutzte die Bergwälder im rohen Großkahlschlag. Trotzdem sind in dieser Zeit überraschend schöne Mischwaldbestände nachgewachsen. Auf den abgetriebenen Hängen blieb das unverwertbare Material zurück, neben Buchen auch das schwache Tannengestänge. Ein rasch sich entwickelnder Pionierwald schützte den frostempfindlichen Buchennachwuchs ebenso wie die aus ihrem Schattenschlaf geweckten Jungtannen. Selbst die im Gebirge den Sommer über betriebene Waldweide hatte nicht verhindert, dass wieder tannenreiche Bergmischwälder nachwuchsen. Erst durch »geregelte« Forstwirtschaft und Trophäenjagd verkam der Nachwuchs alsbald zu reiner Fichte. Mit Fütterung hielt man das Rotwild vom Abwandern ins Vorland zum Überwintern ab. Nach der Monarchie führten Staatsförster den Trophäenjagdbetrieb zum Verderb des Bergwaldes weiter.

Naturwaldinseln im Fichtenmeer der Oberpfalz

14 Bergwälder im Dienst des Bergbaus; Niedergang zur Kiefernheide durch Schafweide und Streunutzung; letzte Naturwaldperlen überleben im Steingeröll, z.B. Schwarzwihrberg; seltene Gehäuseschnecken; Wiederkehr der Schwarzstörche.

Außerhalb der Alpen kommen Tannen-Buchen-Wälder im montanen bis hochmontanen Bereich im Schwarzwald bis 1400 m, im Nordosten in den herzynischen Grenzgebirgen zu Böhmen bis 1100 m über Meereshöhe vor. In diesen Mittelgebirgen gedeihen Tannenmischwälder vorwiegend auf basenarmen Gesteinen, meist Verwitterungsböden der Silikatgesteine Granit und Gneis. Zur säuretoleranten Bodenflora des Hainsimsen-Buchenwaldes gesellen sich als auffällige Begleitarten der bis mannshohe Purpurrote Hasenlattich *(Prenanthes purpurea)*, die Quirlblättrige Weißwurz *(Polygonatum verticillatum)* und der Grüne Alpenlattich *(Homogynae alpina)*, dazu in den nordöstlichen herzynischen Wäldern das Wollige Reitgras *(Calamagrostis villosa)* und im atlantisch beeinflussten Schwarzwald die immergrüne Stechpalme *(Ilex aquifolium)*.

Wald im Dienst des Bergbaus

Sieht man vom Böhmerwald und Schwarzwald ab, wurden die Bergmischwälder der Mittelgebirge wegen der begehrten Nadelhölzer noch intensiver genutzt und in noch viel stärkerem Ausmaß in Fichtenforste umgewandelt als die Alpenwälder. Den herzynischen Wäldern wurde ihr Reichtum an Erzen zum Verhängnis. Nach ersten

Schwarzwihrberg, ein buchenreicher Bergmischwald mit gewaltigem Holzvorrat auf einem von Granitblöcken überrollten Abhang.

Anfängen schon in der Hallstattzeit, plünderten ab dem 13. Jahrhundert Bergbau, Erzverhüttung und Metallverarbeitung die unerschöpfbar scheinenden Holzschätze.

Schwerpunkt einer Eisenindustrie mit ausgesprochen frühkapitalistischen Zügen war die Oberpfalz, deren Bedeutung als Erzlieferungs- und Verarbeitungsgebiet im Mittelalter der des Ruhrgebiets im späteren Industriezeitalter entsprach.

Bereits in der zweiten Hälfte des 17. Jahrhunderts löste zunehmender Holzmangel eine tiefe wirtschaftliche Krise aus. Die ausgeholzten Wälder verkamen zur Heidelandschaft, beweidet mit über einer Million Schafe. Als die Schafhaltung zurückging und im 18. Jahrhundert vermehrt Rinder in Ställen gehalten wurden, ruinierte die Streunutzung die Böden der ausgeplünderten Wälder.

Auch heute ist die Oberpfalz, trotz langjähriger Bemühungen um Wiedergutmachung durch Bodenmelioration und Anbau von Mischbaumarten, einseitig von Nadelforsten geprägt. Die Kiefer herrscht in den vorgelagerten Becken- und Senkenlandschaften und bildet zusammen mit ausgedehnten Wasserflächen, meist künstlichen Stauseen, die den Eisenhämmern Wasserkraft geliefert hatten, Landschaften, die an Skandinavien erinnern. Den dicht bewaldeten Grenzgebirgskamm zur Tschechischen Republik bedecken fichtenreiche Forste.

Naturwaldreservat Schwarzwihrberg

Nur in vereinzelten Waldresten überlebt die Erinnerung an die untergegangene Pracht der ursprünglichen Bergmischwälder der Oberpfalz. Wertvollste Flächen, stets mit Steinblöcken bedeckt, für eine geregelte Holznutzung so ungeeignet wie für Waldweide und Streunutzung, sind als Naturwaldreservate geschützt und bereits eingehend erforscht.

Das Reservat Schwarzwihrberg liegt landschaftlich hervorgehoben im Schwarzachtal am steilen, von Granitblöcken malerisch übersäten Sonnenhang um die Burgruine Schwarzenburg (706 m). Ein schöner Steig durchquert dieses herrliche 170-jährige Buchenaltholz. Für einen Laubwald ungewöhnlich, hat sich ein gewaltiger Holzvorrat

von nahezu 900 Festmetern pro Hektar aufgebaut. Wo sich Granitblöcke häufen, kann man Mischbaumarten bestaunen, ansehnliche Persönlichkeiten vorwiegend der Edellaubbäume. Auf der Geröllhalde am Fuß der Burgmauer haben Bergulmen überlebt und sorgen für reichlich Nachwuchs unter den gehäuften Skeletten der Opfer des Ulmensterbens. Starke Weißtannen und Fichten sind vereinzelt beigemischt.

Vergleichsuntersuchungen in den Naturwaldreservaten der Oberpfalz bestätigen überzeugend die Überlegenheit der natürlichen Bergmischwälder an Lebenskraft und Wuchsleistung gegenüber forstlichen Kunstprodukten. Die Buche konnte als einzige Baumart ihren Anteil am Vorrat in den letzten zwei Jahrzehnten deutlich anheben, die Fichte erlitt als einzige Verluste, entsprechend überproportional stieg ihr Anteil am Totholz.

In der Verjüngung herrscht auf den sauren Granitböden zwar die Buche vor, aber im Nachwuchs sind Edellaubbäume noch reichlicher beteiligt als in der Oberschicht. Auch Tannen können im Jungwuchs ihren Anteil gut behaupten, stehen weit verstreut und wachsen erfreulich, sogar ohne Zaunschutz, hoch. Weitaus unterrepräsentiert ist allein die Fichte. Wie im Altbestand erweist sich der frühere Förstergünstling als anfälligstes und konkurrenzschwächstes Glied dieser Bergmischwälder

Säureempfindliche Gehäuseschnecken

Mit 36 Arten weist der Schwarzwihrberg eine für bodensaure Verhältnisse erstaunliche Vielzahl an Schnecken auf. Hoch ist die Anzahl anspruchsvoller Waldarten, Offenlandarten und Kulturfolger fehlen gänzlich. Dies belegt eine ununterbrochene Faunentradition. Das Geheimnis, warum hier im sauren Milieu eines Granitgebirges selbst höchst empfindliche und seltene Gehäuseschnecken wie die Alpen-Windelschnecke *(Vertigo alpestris)* und Geradmund-Schließmundschnecke *(Cochlodina orthostoma)* vorkommen, bergen die Gemäuer und Felsen der Burgruine.

Der aus dem Mörtel ausgewaschene Kalk hat den Säureeintrag aus der Luft abgepuffert. Und so konnten hier wie in allen nordostbayerischen Silikatgebirgen die Gesellschaften der Schließmundschnecken, die unter dem Einfluss des gerade in den Grenzgebirgen übermäßigen Säureregens ausgestorben sind, im unmittelbaren Umfeld von Ruinen überleben. Ein Glück für Gehäuseschnecken, dass es entlang der Grenze zu Böhmen mehr Burgruinen als sonstwo in Bayern gibt.

Völlig ausgestorben sind alle Gehäuse tragenden Schnecken, die bei regnerischem oder nebligem Wetter an Baumstämmen kriechen, um den Bewuchs von Algen und Flechten abzuweiden. Nur in Wäldern auf Kalk-, Diabas- und Basaltgestein wurden in den letzten Jahren noch baumbewohnende Gehäuseschnecken gefunden, allerdings bereits mit unübersehbaren Korrosionsschäden an ihren Kalkhäuschen.

Rückkehr der Schwarzstörche

Anders als beim Auerhuhn ist die Entwicklung beim Schwarzstorch insgesamt erfreulich. Klammheimlich kehrten in Bayerns Wälder bereits rund 70 Paare dieses einst verfolgten, Ende des 19. Jahrhunderts aus-

In gewässerreichen weiten Wäldern im Nordosten Bayerns hat der zurückgekehrte Schwarzstorch einen Verbreitungsschwerpunkt.

Blick über das buchenreiche Naturwaldreservat am Großen Waldstein, eine der letzten Bergmischwaldinseln im Fichtenmeer.

Großer Waldstein im Fichtelgebirge

15 Naturwaldrelikt vor grandioser Felskulisse; zwei Kleineulen des Bergwaldes breiten sich aus; der Luchs zurück am Knotenpunkt mitteleuropäischer Waldgebirge.

gerotteten Großvogels zurück. Die weiten Waldgebiete Nordostbayerns mit ihren Bächen und Waldweihern sind der Verbreitungsschwerpunkt des Waldstorchs in Süddeutschland. Die erstaunliche Wiederausbreitung ging zunächst vom Baltikum aus. Sie wurde unterstützt durch positive Entwicklungen in unseren Wäldern. Da werden Bruchwälder wieder vernässt, Bachläufe renaturiert, Tümpel angelegt und der heimgekehrte Biber baut Dämme. In den neuen Waldreservaten findet der Waldstorch ungestörte Horstplätze.

Hinweise für Besucher

A 93, Ausfahrt Schwarzenfeld; weiter durch das Schwarzachtal über Neunburg vorm Wald Richtung Rötz; etwa 4 km vor Rötz ist nach links die Ruine Schwarzenburg ausgeschildert.

Die Kette der Grenzgebirge setzt sich nach Nordwesten fort im Fichtelgebirge, einem weiteren erdaltertümlichen »Urgebirge« am Rande der »Böhmischen Masse«. Spät erst im 12. Jahrhundert besiedelt, bestimmte vom 14. bis 17. Jahrhundert der Bergbau das Schicksal der Bergwälder. Im 17. bis 18. Jahrhundert kamen noch die Holz verzehrenden Glashütten hinzu. Der Bergmischwald aus Buchen und Tannen ist verschwunden. Ein Meer von Fichten herrscht auf über 90 % der Fläche des Waldgebirges. Von Natur war sie nur kleinflächig auf den höchsten Erhebungen oberhalb 1000 m im »tiefsubalpinen Silikat-Fichtenwald« bestandsbildend vorgekommen. Die Rückkehr zum Bergmischwald wird auch hier durch schlimme jagdliche Zustände verhindert.

Naturwaldrest vor grandioser Felsenkulisse

Ursprünglich hatte man im Naturschutzgebiet »Großer Waldsteingipfel« nur die großartigen geologischen Bildungen im Gipfelbereich der mit 877 m höchsten Erhebung des Waldstein-Gebirgszuges geschützt. Eine herausragende Felsmauer mit Burgruine, die sich im Osten in hochragende Türme und Felsblöcke auflöst, »Wollsackverwitterung« des Granits, der das Fichtelgebirge solche grandiosen Felsszenerien verdankt.

Ein Blick vom Aussichtsturm auf dem Waldstein zeigt eindrucksvoll, wie im finsteren Fichtenmeer hier eine letzte grüne Insel des

Der tagaktive Taigavogel Sperlingskauz über-
lebte nach der Eiszeit in den Bergwäldern der
Alpen und herzynischer Gebirge.

Bergmischwaldes von einst überlebt. 22 ha
umfasst das Naturwaldreservat um den Gipfel, ein 200-jähriger Buchen-Fichten-Bestand
mit einigen Bergahornen, wenigen Eschen,
Vogelbeeren und Tannen. Die Wuchsleistung
der Bäume, der Buche vor allem, ist in dieser
exponierten Lage bereits mäßig. Vom Sturm
zerzaust, manche Fichtenkrone von der
Schneelast geknickt und gebrochen, verlichtet der gestufte Bestand und wird südlich
der Felsenmauer von Verjüngung aus Bergahorn, Buche und Fichte unterwandert.
Der starke Besucherverkehr auf diesem
attraktiven Gipfel mit Aussichtsturm und
naher Gaststätte hat stellenweise eutro-
phierende Folgen für die Vegetation. Am
Zugang von der Waldsteinstraße kommt man
an einem historischen Bärenfang vorbei,
mit dem man einst den letzten Königen
der Tiere dieses Waldgebirges nachgestellt
hatte.

Zwei erfolgreiche Taigavögel

Zwei boreo-alpine Eiszeitrelikte kommen mit
den veränderten Waldverhältnissen auch in
Zeiten des Klimawandels gut zurecht. Bis vor
wenigen Jahrzehnten war, neben dem Bayerischen Wald, das Fichtelgebirge außerhalb
der Alpen das einzige Rückzugsgebiet der
Kleineulen Raufußkauz und Sperlingskauz in
Bayern. Inzwischen haben sich beide weit
über das Land ausgebreitet.
Der winzige Sperlingskauz ist ein besonderer
Nutznießer neuerer naturfreundlicher Aus-
richtung des Waldbaus. Angeregt von einigen erfolgreichen Beispielen, auch im Privat-
wald, wurde im Staatsforst auf naturnähere
Verfahren umgestellt. Jetzt entstehen Strukturen wie im Plenterwald, die den Kleineulen
das feinmaschige Lebensraummosaik aus
Deckung vor Feinden und zugleich ausreichend Nahrung an Mäusen und Kleinvögeln
bieten. Inzwischen brütet der Taigavogel
Sperlingskauz sogar in reinen Laubwäldern
Frankens, wenn diese reich strukturiert sind.

Hinweise für Besucher
*Über die A 9, Ausfahrt Münchberg, weiter
über Sparneck Richtung Weißenstadt zum
Großen Waldstein; oder über die B 2
Bayreuth – Bad Berneck bis Gefrees, weiter
über Weißenstadt zum Großen Waldstein.*

Der Luchs zurück an strategisch zentralem Ort

Klammheimlich nach Katzenart ist der Luchs
in das Fichtelgebirge zurückgekehrt. Seit
einigen Jahren mehren sich Beobachtungen
einzelner Tiere, die wohl aus dem Böhmerwald zuwandern. Kann er sich hier erfolgreich niederlassen, könnte dem Fichtelgebirge als zentralem Knoten im System der
mitteleuropäischen Waldgebirge eine stra-
tegische Schlüsselposition für die weitere
Ausbreitung der großen Waldkatze zukom-
men.

Thüringer Wald

16 Die Tanne an der Nordgrenze ihres
Areals am Kleinen Wagenberg; Bu-
chenwälder mit Tannenzeugen im ältesten
Biosphärenreservat Vessertal; Buchen-To-
talreservat Inselsberg mit untermischter
Vogelbeere.

In Thüringer Wald und Erzgebirge erreicht
die Weißtanne die Nordgrenze ihrer
natürlichen Verbreitung. Bis 1600 war diese
langgestreckte Mittelgebirgsschwelle von
schier endlosen urwüchsigen Tannen-Bu-
chen-Wäldern bedeckt. Heute ist die Tanne
dort nahezu ausgestorben, die Buche zur
Minderheit verkommen und düstere Fichtenforste bestimmen das Landschaftsbild.
Nach pollenanalytischen Befunden in Hochmooren war die Tanne ursprünglich im
Thüringer Wald mit beachtlichen 10–15 %

beteiligt. Heute ist sie eine dendrologische Rarität mit einem Anteil landesweit unter 1 Promille. Noch vergleichsweise gut vertreten ist die Buche im spürbar ozeanisch beeinflussten Westteil des Thüringer Waldes.

Vessertal, das älteste deutsche Biosphärenreservat

Im Biosphärenreservat Vessertal, seit 1979 zusammen mit dem an der mittleren Elbe das älteste in Deutschland, wird auf 17 000 ha ein typischer Ausschnitt der sehr stark zertalten Mittelgebirgslandschaft am Südabfall des Thüringer Waldes geschützt. Kernzone ist das Tal der Vesser mit Nebentälchen und bewaldeten Einhängen, bereits 1939 auf 1384 ha als Naturschutzgebiet ausgewiesen. Derzeit werden in diesem Kernbereich kleine Totalreservate beträchtlich auf über 200 ha erweitert.

Verbreitetster natürlicher Waldtyp ist der montane Hainsimsen-Buchenwald. Ausgesprochen atlantische, kühl-feuchte Verhältnisse an der Wetterseite des Gebirgskammes begünstigen auf überwiegend gut mit Nährstoffen versorgten Böden die Buche ganz offensichtlich gegenüber der Fichte. Dies ist gut zu beobachten in einem 140-jährigen Buchen-Fichten-Altbestand eines Totalreservats südöstlich des Ortes Vesser, das bereits seit 1959 sich selbst überlassen ist. Die Weißtanne behauptet hier eines ihrer letzten Vorkommen. Nach langjährigen Misserfolgen wendet man neuerdings mehr Sorgfalt auf, diese wertvolle Baumart zu vermehren und den Nachwuchs vor dem leidigen Wildverbiss besser zu schützen.

Ostdeutschlands höchstgelegener Buchenwald am Inselsberg

Weiter im Nordwesten des Thüringer Waldes überragt der 916 m hohe Große Inselsberg aus hartem Porphyrgestein markant die Umgebung in einem seit 1961 bestehenden 149 ha großen Naturschutzgebiet. Das Gipfelplateau ist ein stark beanspruchtes

Ausflugsziel mit Gebäuden der Gastronomie und einer seit 1882 bestehenden Klimastation, die mit 4,2° C die niedrigste Jahresdurchschnittstemperatur aller Thüringer Messpunkte aufweist.

Trotz der exponierten Lage behauptet sich die Buche bis in den Gipfelbereich. Am steilen Nordostabhang erstreckt sich der höchstgelegene intakte Buchenbestand der früheren DDR mit einem seit über 40 Jahren als Totalreservat gesicherten Kernstück von 17 ha. Wo die Vitalität der Buche nachlässt, gesellt sich die Vogelbeere hinzu. Die Fichte dagegen konnte nicht Fuß fassen. Ihr fehlen flache Geländeformen mit Staunässe, wo sie in vergleichbaren Höhenlagen des Thüringer Waldes natürliche Bergfichtenwälder bildet, oft in der Nähe ausgedehnter Hochmoore. Nur in der Bodenflora sind einige typische Arten der Fichtenwaldgesellschaft vertreten, so der Europäische Siebenstern *(Trientalis europaea)*, der Sprossende Bärlapp *(Lycopodium annotinum)* und das Wollige Reitgras.

Kleiner Wagenberg: Verbreitungsgrenze der Tanne

In der Nähe des Inselsbergs, an der Nordabdachung des Thüringer Waldes birgt das Naturschutzgebiet Kleiner Wagenberg in einem Waldtotalreservat von 23 ha eine geobotanische Besonderheit. Genau hier erreichte die Weißtanne auf der Rückwanderung aus den eiszeitlichen Refugien den äußersten nordwestlichen Punkt ihres weltweiten Areals.

Hinweise für Besucher

Biosphärenreservat Vessertal, Nordstraße 96, 98711 Frauenwald, Tel. 036782/629 47, www.br-vessertal.de. Informations- und Bildungszentrum in Frauenwald. Informationszentrum Naturpark Mittlerer Thüringer Wald in Vesser, Stutenhaus. Anfahrt von Norden über die B 4 Ilmenau–Schleusingen über Stützerbach nach Frauenfeld. Nach Vesser von Stützerbach über Schmiedefeld am Rennsteig. Von Süden auf der B 4 von Schleusingen aus. Wissenswertes über Inselsberg und Kleinen Wagenberg im Informationszentrum in Tabarz. Anfahrt über die B 88 von Eisenach nach Tabarz oder über die A 4, Ausfahrt Waltershausen.

Von einem kleinen Plateau im Süden in 560 m Höhe fällt ein steiler Osthang zum Lauchagrund. Durch das wildbewegte Relief bedingt, variiert das Standortsklima von sommerlich austrocknenden Südeinhängen, wo Eichen wachsen, bis in die kühl-feuchten Schatthänge mit Tannen-Buchenwald. Der Kleine Wagenberg, mit Resten einer bronze- bzw. früheisenzeitlichen Wallanlage, liegt im beliebten Wandergebiet zwischen Tabarz, Friedrichsroda und dem Großen Inselsberg. Touristische Attraktion ist der Torstein im Felsental, ein Naturdenkmal.

Links unten: Toter Tannenstamm mit Fruchtkörpern des Rotrandigen Baumschwamms, einer der 10 häufigsten Pilze in bayerischen Waldreservaten.

Rechts unten: Tannenzapfen stehen am Zweig nach oben und zerfallen Schuppe um Schuppe, die der Fichte hängen und fallen als Ganzes ab.

Schwarzwald

17 Bilderbuchwald mit Tannen; ältester Bannwald Wilder See/Hornisgrinde; Holz-
flößerei und der große Brand; mit dem Borkenkäfer kam der Dreizehenspecht; Zwerі-
bach, ein Bergwald-Klassiker; Bannwald Große Tannen trotzt dem Orkan; aus Katastrophe
lernen am Lotharpfad.

Der Schwarzwald, forstliches Herz Baden-Württembergs, ist berühmt für seine Tannen. Der »Black Forest« gilt weltweit als Vorzeigestück deutschen Bilderbuchwaldes. Zwar hat auch hier die Geschichte die Ausbreitung der Fichte einseitig gefördert. Doch nach wie vor ist Baden-Württemberg bei einem Anteil von landesweit 8% das deutsche Tannenland und der Schwarzwald die tannenreichste Landschaft. Nirgends ist unser Klima für die Tanne günstiger als hier. Deutlich ozeanisch beeinflusst, kühl-feucht mit außergewöhnlich hohen Niederschlägen, ausgewogenen Temperaturen, schneereichen, doch vergleichsweise milden Wintern, das liebt die Tanne. Hinzu kommt die tannenfreundliche Waldbautradition der Schwarzwaldbauern, die unbeirrt an der überkommenen Plenterwirtschaft festhalten. Und noch eine Eigenheit der Baden-Württemberger hat der Tanne entschieden geholfen. In keinem Bundesland hat sich die Landesforstverwaltung so kompromisslos gegen die waldverderb-

Blutmilchpilz auf Moderholz. Fruchtkörper dieses Schleimpilzes entwickeln sich aus einer beweglichen, schleimigen Plasmamasse.

liche jagdliche Schalenwildhege gestellt wie hier – und dabei den Erfolg ihrer Mühen vor allem an den nachwachsenden Jungtannen gemessen.

Ältester Bannwald Wilder See/ Hornisgrinde

Der Schwarzwald bietet in landschaftlich reizvoller Lage eine ganze Reihe großartiger Waldschutzgebiete. Bereits 1911 wurden im Nordschwarzwald von der Forstverwaltung am Ruhestein 84 ha um den Wilden See zum ersten Bannwald erklärt. Ein urtümliches, schönes Landschaftsbild sollte für alle Zeiten unberührt vor jedem menschlichen Eingriff erhalten werden. Seit 1939 besteht das 766 ha große Naturschutzgebiet Wilder See-Hornisgrinde. 1998 wurde der auf 150 ha vergrößerte Bannwald mit Umfeld zu einem 827 ha großen Waldschutzgebiet erweitert. Kernbereich ist ein Gletscherkar aus der letzten Eiszeit, das mit steiler Karwand einen Kessel mit dem »Wilden See« umgibt. Ausgangsgestein ist der Buntsandstein, der im Nordschwarzwald dem Grundgebirge aus Granit und Gneis, dem »Urgestein«, als Deckgebirge aufgelagert ist. Der Bannwald umfasst einen charakteristischen Ausschnitt der hochmontanen Zone. Er reicht von den Grinden der Hochfläche über die bis 144 m hohen Karwände zum See, über zwei vermoorte Nebenkare und über den Karwall bis hinunter in eine tiefe Schlucht.

Grinden sind kahle Hochflächen, durch Holznutzung und Brandrodung entstandene Viehweiden, die bis zur Ablösung der letzten Rechte 1864 intensiv beweidet und dann noch lange zur Heumahd genutzt wurden. Unter dem atlantischen Klima vernässten die Böden zu sauren Feuchtheiden, im Volksmund »Bockser« genannt nach dem

Bocksergras oder Borstgras *Nardus stricta*. Nach Einstellen der Beweidung breitete sich die wohl seit jeher örtlich vorkommende Legföhre, die Strauchform der Bergkiefer, aus. Vom Rand der Grinde bietet sich eine großartige Gesamtsicht auf das Bannwaldgebiet.

Holländerholzschläge und der große Brand

Vor allem im 18. Jahrhundert blühte der Export starker Tannen und Fichten als »Holländerstämme« in die Niederlande. Der Landesherr hatte die Holznutzungsrechte um den Wilden See ab 1763 langjährig an eine Calwer Holländer-Holzkompanie verpachtet. Die Erlöse aus dem Ausverkauf der alten Baumriesen mussten herhalten, verschwenderische Hofhaltung und Bauprunk absolutistischer Barockfürsten zu ermöglichen. Zunächst über Bergbäche zur Murg geflößt, schwammen die »Holländer-Hölzer« zu riesigen Flößen gebunden, 300 m lang, 50 m breit, schließlich den Rhein hinunter bis in die Niederlande, wo ein ständiger Bedarf an Schiffsbauholz zu decken war. Um die Wende vom 18. zum 19. Jahrhundert waren auch die Holzschätze des Schwarzwaldes ausgeplündert, ein Drittel der Waldfläche lag kahl.

Um den Wilden See wurden die waldzerstörenden Holzeinschläge abrupt im Trockenjahr 1800 durch einen Großbrand beendet. Auf 2800 ha wütete das Feuer, verbrannte neben den Resten des Altholzes auf den Kahlschlägen 3000 Holländerstämme und 40 000 Raummeter Scheitholz. In den nächsten Jahren wurden die Brandflächen um den Wilden See mühselig wieder aufgeforstet, meist mit der anspruchslosen Fichte.

Bergwaldrelikt in steiler Karwand

Ursprünglich hatten hier atlantisch-montane Buchen-Tannen-Bergmischwälder die natürliche Waldvegetation gebildet. In den Hochlagen wurden diese vom hochmontanen, beerkrautreichen Tannen-Fichten-Wald abgelöst, dem auch die Höhenform der Waldkiefer beigemischt ist. Von Natur war der Anteil der Fichten bescheiden, begrenzt auf

Oben: Der Dreizehenspecht, ein Borkenkäfer-spezialist, kehrte mit dem fortschreitenden Fichtensterben wieder in den Schwarzwald zurück.

Rechts: Blick über die Wipfel der Alttannen in der Karwand zum Wilden See. Fichten sterben nach Käferbefall flächig ab.

Sonderstandorte wie Moorränder, Blockhalden und Kaltluftsenken.
Die ursprüngliche Vegetation mit alten Tannen und einigen Buchen ist am eindrucksvollsten in der nordöstlichen Karsteilwand und in Blockfeldern und an vermoorten Stellen erhalten. In den fichtenreichen, aus der Wiederaufforstung nach dem Brand entstandenen Teilen sind in der Unterschicht Moorbirken, Vogelbeeren und Mehlbeeren eingestreut. Die Legföhren sind meist von Fichten überwachsen.

Naturprozesse: Der Dreizehenspecht folgt dem Borkenkäfer

Seit Mitte der 1990er-Jahre sind die inzwischen fast 200-jährigen Fichten größtenteils durch eine Massenvermehrung der Borkenkäfer abgestorben. Baden-Württembergs ältester Bannwald bietet heute weithin ein Bild, wie man es aus den Hochlagen des Nationalparks Bayerischer Wald kennt. Beim Begang auf steilem Steig durch die Karwand stößt man überall auf frisches Leben, die natürliche Verjüngung einer neuen Bergmischwaldgeneration. Erstaunlich, wie sich auch die Weißtanne einstellt und zügig hochwächst. Die Gämse, die sich im Südschwarzwald, ausgehend von im Feldberg-

gebiet ausgesetzten Tieren, zur Waldplage vermehrte, gibt es hier nicht.

Die Vogelwelt dieses alten Bannwaldes ist außerordentlich artenreich, die Siedlungsdichte jedoch gering. Zu seltenen Nadelwaldarten wie Sperlingskauz und Raufußkauz gesellen sich typische Bewohner der Hochlagen wie Ringdrossel, Auerhuhn und der Zitronengirlitz, ein endemischer Finkenvogel, der außer in den Alpen nur im Schwarzwald vorkommt.

Das fortschreitende Fichtensterben wirkt sich wie im Bayerischen Wald auf die Tierwelt aus. So kehrte der Dreizehenspecht, der seit dem 19. Jahrhundert im Schwarzwald als verschollen galt, wieder zurück. 1997 gelang ein erster Brutnachweis für den Nordschwarzwald hier im Bannwald Wilder See in einem toten Fichtenstrunk. Dieser auf Borkenkäfer spezialisierte Specht ist eine Leitart autochthoner, totholzreicher, lichter Bergfichtenwälder. Er findet sich wieder in den fichtenreichen Bannwaldgebieten des Schwarzwaldes ein, seitdem der Borkenkäfer sich unkontrolliert vermehrt.

Das Auerhuhn meidet den deckungsarmen entnadelten Bergwald. Noch behauptet dieser Taigavogel in den Hochlagen des Schwarzwaldes, vor allem im Übergangsbereich zwischen Wald und den Latschenfeldern der Grinden, die bedeutendste Population außerhalb der Alpen. Nach einem starken Rückgang hat sich die Lage in den 1980er-Jahren stabilisiert. 1998 konnte man an über 100 Balzplätzen noch 350 Auerhähne zählen.

Bannwald Zweribach

Besonders vielfältig ist die Vegetation des 77 ha großen Bannwaldes Zweribach im mittleren Schwarzwald bei St. Märgen. Eine eiszeitliche Karmulde bietet ein großartiges glaziales Amphitheater, das vom 1000 m hoch gelegenen Hochflächenrand über 375 Höhenmeter hinab nach Nordosten reicht. Die Nordflanke wurde am stärksten vom Gletschereis abgehobelt, bis 30 m hohe Felswände zeugen davon. Zwei Bäche, Zweribach und Hirschbach, überwinden in wilden Wasserfällen die Felszone.

Unterhalb der Felsen häufen sich Blockschutthalden, die dort, wo diese »Steinrasseln« zur Ruhe gekommen sind, auf sonnseitigen Hängen buchenreiche Tannen-

wälder tragen mit Winterlinde, Bergahorn, sogar einigen Traubeneichen. In frischeren Schattenlagen kommt die Bergulme zu Ahorn und Esche hinzu.

Klassische Buchen-Tannen-Bestände, massenreich, wuchskräftig, so wie man es im Bergmischwald auf kräftigen Urgesteinsböden des südlichen Schwarzwalds erwartet, prangen auf den ausgedehnten Berghängen. Nach 3 Jahrzehnten Nutzungsverzicht sind Merkmale des Urwaldes allgegenwärtig; Baumpersönlichkeiten mit individuellen Eigenheiten, pilz- und höhlenreiche Hochstrünke, reichlich liegende, vermooste Totholzstämme.

Die breit gewölbten, üppig schwarzgrün benadelten Kronen der Alttannen erwecken ein Bild von Lebenskraft. Das überrascht, wenn man sich an deren trostlosen Zustand vor 20 Jahren erinnert, als der Schwarzwald unter dem Gifthauch der Immissionen zum »Tännlesfriedhof« zu verkommen drohte. Beim genauen Hinsehen bei den alljährlichen Kontrollen des Kronenzustandes zeigt sich allerdings, dass trotz Verbesserung von allen Baumarten die Tanne weiterhin am stärksten von Kronenverlichtungen betroffen ist.

Der Karboden wurde bis über die Mitte des 20. Jahrhunderts landwirtschaftlich genutzt. Inzwischen ist der Wald zurückgekehrt. Die ersten Pioniere, Sandbirke, Salweide und Aspe, besiedelten die sauren Borstgraswiesen, den Bach entlang folgte die Grünerle. Dann wanderten Bergahorn und Esche ein und wuchsen ohne alles Zutun zu einem ansehnlichen, geschlossenen Jungbestand heran.

Zwei wilde Bergbäche stürzen im Bannwald Zweribach über Felsen. Im Vordergrund gedeiht Tannennachwuchs.

Bannwald Große Tannen, ein Urwald trotzt Orkan Lothar

Der Schwarzwald wurde in den 1990er-Jahren von 2 Sturmereignissen heimgesucht. 1990 hatten die Orkane Vivian und Wiebke in Baden-Württemberg 19 Millionen Kubikmeter Holz geworfen, vorwiegend Fichten. Eine säkulare Katastrophe für die Forstwirtschaft.

Doch bereits 1999 kam es noch schlimmer. Das Orkantief Lothar tobte mit Böen über 200 Stundenkilometer über die Schwarzwaldhöhen und schmiss am zweiten Weihnachtsfeiertag in nur 2 Stunden landesweit 30 Millionen Kubikmeter, die größte Schadholzmasse der regionalen Forstgeschichte. Am schlimmsten betroffen war der Nordschwarzwald. Diesmal wurden selbst tannenreiche Bestände umgefegt und in erschütterndem Ausmaß zerbrochen.

Wie durch ein Wunder blieb im Zentrum des Chaos einer der ältesten Bestände stehen. Im Forstamt Pfalzgrafenweiler hatte Lothar mit 800 000 Kubikmeter das 14fache eines normalen Jahreseinschlags zerstört und Kahlflächen auf 1000 ha hinterlassen. Inmitten des Trümmerfelds der Verwüstung überrascht eine grüne Insel des Überlebens mit bis zu 300-jährigen Tannenriesen, die über das Kronendach eines reich strukturierten Buchenaltholzes ragen.

Nahe Kälberbronn hatte man 1939 diesen uralten Mischbestand als Naturschutzgebiet ausgewiesen und 1989 zum Bannwald erklärt. Geschützt wurden zunächst die Tannen, selbst für den Schwarzwald außergewöhnliche Individuen, die mächtigsten mit Namen bedacht wie Holländertanne, Zwillingstanne oder Gründungstanne. Es waren aber auch die Baumartenmischung mit dem Vorherrschen der Buche und der stufige Bestandesaufbau, die Anlass zur Unterschutzstellung gaben.

Der Verlust der im Naturwald dominanten Buche hat, neben dem Überhandnehmen der Fichte, den ursprünglichen Charakter des Schwarzwaldes tiefgreifend verändert. Nun sollte in diesem seltenen Relikt das Geschehen im Naturwald beobachtet werden. Daher hatte man den wertvollen Bestand auf besonders wüchsigem Standort in gut bringbarer ebener Lage aus der Nutzung genommen.

Der ökonomische Verzicht hat sich gelohnt. Seit dem großen Sturm weiß man, wie Wälder beschaffen sein müssen, um auch in solchen Ausnahmesituationen standzuhalten. Natürlich sind Bäume gestürzt, etwa ein Drittel des hohen Vorrats. Aber der alte Buchen-Tannen-Bestand steht und überlebt, uriger, beeindruckender denn je zuvor. Ein »Urwald«-Denkmal inmitten großflächig weggefegter Wirtschaftsforste.

Lotharpfad: Wo aus Chaos Urwald entsteht

Die Landesforstverwaltung ließ nach dem Orkan Lothar nahe dem Schliffkopf, direkt neben der Schwarzwaldhochstraße, inmitten mehrerer hundert Hektar kahler, nach dem Sturm herkömmlich geräumter Hänge ein 10 ha großes Baum-Trümmerfeld unaufgearbeitet liegen. Durch den chaotischen Verhau aus geworfenen und zerbrochenen Nadelbäumen führt ein Pfad mit Stegen und Hängebrücken, fast 1 km lang. Dieser »Lotharpfad« hat sich zu einer ausgesprochenen Besucherattraktion entwickelt. Bereits nach dem Orkan Wiebke 1990 hatte man größere Sturmflächen im Staatsforst liegen lassen und einzelne, so im Schwarzwald das Teufelsries bei Bad Rippoldsau-Schapbach, zum Bannwald erklärt.

Hinweise für Besucher

Anfahrt auf der Schwarzwaldhochstraße B 500 zwischen Freudenstadt und Baden-Baden zum Ruhestein. Erreichbar mit Bussen des öffentlichen Nahverkehrs von Freudenstadt aus. Zum Bannwald Wilder See/Hornisgrinde vom Parkplatz Ruhestein über die Seekopf-Grinde 40 Minuten Fußweg.
Lotharpfad: Vom Naturschutzzentrum Ruhestein weiter Richtung Schliffkopf, 3 km nach Hotel auf rechter Seite der Lotharpfad. Informationen im Naturschutzzentrum Ruhestein, Schwarzwaldhochstraße 2, 77889 Seebach, Tel. 07449/91 02-0, www.naturschutzzentren-bw.de/ruhestein. Dort Ausstellungen und Totholz-Lehrpfad; Führungen auf dem Lotharpfad, auch zu

weiteren Naturschutzgebieten in der Nähe wie Hornisgrinde-Biberkessel, einem besonders schönen Karsee mit Schonwald, Naturschutzgebiet Schliffkopf (1347 ha mit 423 ha Schonwald).
Bannwald Große Tannen: Anfahrt über die B 28 von Freudenstadt Richtung Pfalzgrafenweiler, bei Durrweiler nach Kälberbronn, im Ort rechts ab Richtung Altensteig bis zum Waldparkplatz mit Info-Tafel am Bannwald.
Bannwald Zweribach: Von St. Märgen auf Wanderweg in 1,5 Stunden. Kürzer ist der Zugang vom Tal der Wildgutach aus; dazu den Waldparkplatz am Franzosenbrunnen benutzen.

Ein Begang auf dem Lotharpfad beschert überraschende Einblicke aus ungewohnter Perspektive in die natürlichen Prozesse nach dem Sturm. Im Schutz des toten Waldes entwickelt sich die erstaunliche Vielfalt neuen, wilden Lebens. Hier entsteht ein neuer Wald, Anfangsphase eines Urwaldes, naturnäher, artenreicher als der geworfene, und das ganz kostenlos. Da könnte bei kommenden Großkalamitäten das Modell des wohldurchdachten Nichtstuns auch die ökonomisch bessere Lösung werden, wenn bei drastisch sinkendem Holzpreis der Erlös die Kosten des Aufarbeitens nicht mehr deckt.

Voll zum Tragen kommt die Überlegenheit einer Wildnislösung, wenn mit der Zeit die Totholzberge zu Waldboden werden. Humusboden aus vermodertem Holz ist anders, fruchtbarer, kann das Doppelte an Wasser speichern, ist von mehr Leben erfüllt als einer, der mit dem üblichen Angebot an Nadel- und Blattabfall auskommen muss. Ein Boden mit »Urwald«-Qualitäten entsteht.

Chaos nach Orkan Lothar Weihnachten 1999. Heute zeigt ein Pfad mit Stegen, wie im Verhau der Naturwald von morgen aufwächst.

Schlucht-, Blockmeer- und Hangschuttwälder

Dort, wo schattige, kühl-feuchte Schluchten ein besonderes Kleinklima schaffen und/oder lockere Schuttböden beziehungsweise Felsblockmeere schwierige Standortbedingungen, dort hat es auch unsere sonst natürlicherweise vorherrschende Buche schwer. Derartige Lebensräume werden von Arten wie Esche, Bergahorn, Bergulme oder Sommerlinde erobert. Man bezeichnet die von ihnen gebildeten Gesellschaften mit üppigem Unterwuchs als Edellaubbaum-Wälder.

Unsere nationale Vorzeigeart Buche hat es am liebsten gemäßigt, ob das die klimatischen Verhältnisse oder die Bedingungen des Boden angeht. Wo es extrem wird, muss sie anderen Baumarten den Wald überlassen. So meidet sie schattige, kühl-feuchte Gebirgsschluchten der Alpen und Mittelgebirge ebenso wie austrocknende Steinhalden auf steilen Sonnenhängen. Auf noch nicht zur Ruhe gekommenen Schuttböden, Felsblockmeeren mit Steinschlag und Rutschungen mangelt es an Feinerde in den Klüften und kalte Luft durchströmt die hohlraumreiche Unterwelt. Hier ist unsere auch gegen mechanische Verletzungen so überaus empfindliche Buche im Nachteil.

Anders die Edellaubbäume. Sie verheilen auch schlimme Wunden, selbst umgestürzt treiben sie aus allen Knospen wieder aus, und da sie obendrein wie wild aus dem Stock ausschlagen, sind sie in mancher Hinsicht fast unverwüstlich. Sie fruchten früh und reichlich und ihre geflügelten Samen verbreitet der Wind weithin. Ein hohes Nährstoffangebot in Schluchten können sie in ungemein rasches Jugendwachstum umsetzen.

Wo die Konkurrenz tiefschattender Buchen fehlt, kann sich auch die Bodenvegetation artenreich entfalten. Insbesondere die erst spät im Mai austreibende Esche lässt viel Licht und Wärme durch. So breiten sich unter ihr auf nährstoffreichen Böden die für anspruchsvolle Laubwälder kennzeichnenden Frühblüher vom Lerchensporn bis hin zum Bärlauch ungemein üppig aus.

Auf der Oberfläche von Felsblöcken und Steinschutt finden Großpflanzen nicht genügend Wurzelraum. Dies schafft niedrigen Pflanzen, den Algen, Flechten und Moosen, im gleichmäßig luftfeuchten Milieu der Schluchten eine bevorzugte Nische, die sie in außergewöhnlicher Vielfalt nutzen. Auch die Borke älterer Bäume überziehen sie hier als »Epiphyten«, wie man das sonst aus Regenwäldern kennt.

Wildes Silberblatt, Hirschzunge und Wald-Geißbart

Die besonderen Kennarten des Schluchtwaldes fallen erst ins Auge, wenn der Zauber des Frühlingsflors vorüber ist. Es sind einige Stauden, die mit großen Blättern das spärliche Restlicht zu nutzen verstehen, das jetzt noch durch das dichte Kronendach dringt. Den Luxus großer Blätter kann man sich hier erlauben, ist doch das Wasserangebot im Boden reichlich und die Verdunstung dank der hohen Luftfeuchtigkeit gering.

Die Schluchtwaldpflanze schlechthin ist das Wilde Silberblatt *(Lunaria rediviva)*, auch Mondviole oder Judassilberling genannt. Zwar sind auch ihre rotvioletten, von Nachtfaltern besuchten Blüten durchaus ansehnlich. Doch erst wenn die Samen längst gereift und ausgefallen sind, leuchten an hohen Stängeln die talergroßen, perlmuttfarbenen Fruchtscheidewände silbrig glänzend im herbstlich kahlen Wald. Unbestritten die größten Blätter besitzt die Weiße Pestwurz, die sie erst nach der Blüte entfaltet. Auch Wald-Geißbart und Gelber Eisenhut zählen zu den attraktiven Schluchtwaldarten, kommen jedoch nur unter gewissen Standortbedingungen vor. So auch die ansehnliche Hirschzunge, ein zwar seltener, aber gesellig auftretender besonderer Farn wintermilder, atlantisch beeinflusster Schluchten.

Wilde Schluchten als Besucherattraktionen

Deutschlands große Schluchten ziehen seit 100 Jahren Besucher in Massen an. Klammen im Gebirge, wo ungezähmte Bergbäche zwischen hochragenden Felsen tosen, über spektakuläre Wasserfälle stürzen, gelten als Wildnis schlechthin. Zwei Millionen Besucher suchen jährlich das Bodetal heim. Die meisten lassen sich mit der Schwebebahn auf den Hexentanzplatz befördern oder mit dem Sessellift zur Rosstrappe und begnügen sich mit überwältigenden Ausblicken in die dramatische Landschaft. Selbst das liebliche Wiesental der nahen Selke lockt eine halbe Million Erholungsuchender an.

Doch zur richtigen Zeit auf passenden Pfaden kann der Kenner heute noch urtümlicher Schluchtwaldnatur begegnen. Da wechselt an Regentagen der Feuersalamander im wilden Bodetal über den Weg, zwischen Felsabstürzen an schattigen Unterhängen blüht im Ahorn-Eschen-Wald zwischen von Pilzkonsolen übersäten Baum-

Besucherattraktion Bodetal, die bekannteste Schlucht außerhalb des Hochgebirges mit artenreichen Schlucht- und Hangschuttwäldern.

leichen das Silberblatt, am steilen Hang entdeckt man alte Eiben, während man nach den Wanderfalken Ausschau hält, die hier wieder horsten. Im Selketal durchquert am Habichtsstein der Wanderweg sogar die größte deutsche Brutkolonie baumbrütender Mauersegler, die in höhlenreichen Eichenveteranen eine in mitteleuropäischen Wäldern nahezu erloschene Tradition fortführen.

Schlucht-, Block- und Hangschuttwälder waren einer forstlichen Nutzung schwer zugänglich. Und so konnten sie ihren natürlichen Waldcharakter, ähnlich wie Moor- und Bruchwälder, besonders naturnah bewahren. Man war auch eher bereit, diese als Naturschutzgebiete für die Zukunft unangetastet zu lassen, es sei denn wirtschaftliche Interessen der Nutzer von Wasserenergie standen entgegen.

In den deutschen Naturwaldreservaten und Bannwäldern nehmen die an sich seltenen Wälder der Schluchten, Blockmeere und Steinschutthalden, ähnlich wie die ebenfalls von der Ökonomie her wenig wertvollen Moor- und Bruchwälder, mit 3% einen weit überproportional hohen Anteil ein. Dem Naturinteressierten bietet das die Möglichkeit, in seiner näheren Umgebung sich mit diesem besonderen Naturerbe bekannt zu machen.

Es fällt schwer, aus der überraschenden Fülle der noch vorhandenen Möglichkeiten einige typische Beispiele auszuwählen. Das Angebot ist verlockend, reicht es doch von den Schluchtabhängen an der Kliffküste des Nationalparks Jasmund im Nordosten über die neuen Buchen-Nationalparke in Kellerwald und Eifel in der Mitte und im Westen bis zu den beeindruckenden Klammen in den Alpen, vom grandiosen Durchbruchtal im sächsischen Nationalpark Elbsandsteingebirge bis zu den Granitschluchten im Nationalpark Harz. Wir haben uns für Beispiele aus der zentral gelegenen Rhön entschieden.

Naturwaldreservat Eisgraben im Winter. Wenn auf der Hohen Rhön der Schnee schmilzt, wird der Graben zum reißenden Bergbach.

Eisgraben und Elsbach in der Rhön

18 Naturwaldreservat Eisgraben, ein fantastischer Schluchtwald in kühl-feuchtem Talgrund; Edellaubbäume mit hohem Anteil an Eschen auf Basaltblöcken am Schlossberg; bis 200 Jahre alte Patriarchen in der Optimalphase am Elsbach: Bergulme, Berg- und Spitzahorn; Zahnwurz-Buchenwald; Basaltsäulen.

Drei Bundesländer, Hessen, Thüringen und Bayern, beteiligen sich an dem Biosphärenreservat in der Rhön. Auf der großen Fläche soll der vertraute Charakter einer lieb gewordenen Kulturlandschaft, die Rhön als »Land der offenen Fernen«, erhalten werden. Diesem Ziel dienen die gemeinsamen Anstrengungen, traditionelle Formen der Landnutzung zu pflegen und wieder zu beleben, naturverträglichen Tourismus zu fördern und insgesamt das Verhältnis zwischen Mensch und Natur in Einklang zu bringen. Beispiele fantastischer Schluchtwälder sind die Reservate entlang von Eisgraben und Elsbach. Beide Bäche speisen sich vom überreichen Wasserabfluss aus der weiten Basalthochebene der Langen Rhön. Als liebliches Wiesenbächlein Aschelbach führt der eine den nach Osten drückenden Wasserüberschuss des Schwarzen Moores ab. Sobald es aber aus den Bergwiesen in den bewaldeten Ostabfall eindringt, wird es zum wilden Eisbach. Bis 10 m eingetieft in schwarzes Basaltgestein, wird sein Bachbett

zur kühlen Schlucht, zur Zeit der Schneeschmelze auf der Hohen Rhön von einem
reißenden Bergbach durchströmt. Im Sommer plätschert der Eisbach gemächlich durch
stille Buchenwälder. Der heutige Zustand
seiner wilden Talschlucht geht auf einen
historischen Wolkenbruch am 26. Juli 1834
zurück, der gewaltige Basaltblöcke selbst
bis weit hinunter in das Dorf Hausen ver-
schleppte.

Der bis zu 150 Jahre alte Baumbestand bietet
zunächst das Bild eines herkömmlichen
Buchenhallenwaldes. Auf den nährstoffreichen Basaltböden der Rhön mit ihrem bereits deutlich atlantisch beeinflussten Klima
ist der Zwiebelzahnwurz-Buchenwald die
dominierende natürliche Waldgesellschaft.
Diese reiche Variante der »besseren«
Buchenwald-Verwandtschaft kommt weiter
westlich, nebenan am Vogelsberg über
Habichtswald, Meißner und Westerwald bis
hin zu Eifel und Sauerland in den höheren
Lagen auf nährstoffreichen Standorten
verbreitet vor.

Auf den zweiten Blick entdeckt man die
Edellaubbäume. Je näher dem Bachlauf,
desto stärker treten sie hervor. Die weitaus
stärksten Einzelbäume stellt die Esche,
Bergahorne sind immerhin gleich stark mit
den Buchen. Einzelne Bergulmen hat bisher
das Ulmensterben noch verschont, andere
stehen, vom Bachwasser umflossen, als
dekorative Leichen im werdenden Urwald.
Der Buchenwald dominiert an den Einhängen des 28 ha großen Reservates, doch
die edlen Baumarten der Schluchtwaldge-
sellschaft machen immerhin ein Viertel des
gesamten Holzvorrates aus.

Aus rotfauler Buchenleiche tropft Wasser, braun
verfärbt durch Lignin, und gefriert zur Märchen-
gestalt im Urwald.

Im harten Kontrast zur schmalen, kühl-
feuchten Talschlucht wölbt sich am Abhang
oberhalb einer großen Kehre der im Osten
begrenzenden Forststraße eine waldfreie
Schutthalde aus Basaltblöcken. Sie ist
nahezu vegetationslos, sieht man von
Flechten und Moosen sowie der Umrandung
aus kärglichen Ebereschen und Karpatenbirken ab.

Im Osten des Reservates am Nordabhang zum Eisgraben ist die 1 ha große »Repräsentationsfläche« eingezäunt. Hier hat der Sturm fast 180 Festmeter pro Hektar zu Boden geworfen, überwiegend Buchen. Dennoch ist der lebende Vorrat, wie Vergleichsmessungen aus den letzten 2 Jahrzehnten belegen, immer noch im Steigen und hat inzwischen den erstaunlichen Wert von fast 800 Festmetern pro Hektar erreicht. Auf einer Probefläche wurde der Nachwuchs ausgezählt. Auf den Hektar hochgerechnet entwickeln sich bereits über 20 000 Jungpflanzen, überwiegend Buchen, doch auch Esche und Bergahorn sind mit je einem Zehntel vertreten. Noch ist der vor Lebenskraft strotzende Bestand mit seinen 150 Jahren zu jung, um Spekulationen anzustellen, welche Baumarten später in der Zerfalls- und Verjüngungsphase das Rennen machen werden. Eines ist allerdings heute bereits nicht zu übersehen: Auch hier verzerrt außerhalb der Umzäunung massiver Rehwildverbiss an den Edellaubbäumen die Konkurrenz zugunsten der Buche.

Baumarten-Konkurrenz am Schlossberg

Nur eine kurze Fußwegstrecke entfernt liegt beim Weiler Hillenberg auf der Kuppe eines aus dem Ostabfall der Hochrhön ragenden Bergsporns das nächste Naturwaldreservat am Schlossberg.

Auf dem von Basaltblöcken übersäten Nordostabhang dominieren in einem erst 100-jährigen Bestand Edellaubbäume mit zwei Dritteln. Die Esche erreicht mit einem Drittel den Anteil der Buche, im letzten Drittel ist der Spitzahorn sogar noch etwas stärker vertreten als der Bergahorn, und auch die Sommerlinde ist dabei. Am steilen Abhang einer nach Süden vorspringenden Bergnase ist ein Blockfeld nur von Edellaubbäumen bewachsen, denen, da die Buche überhaupt fehlt, auch Traubeneiche, Feldahorn und Mehlbeere beigemischt sind. Am Südwestabhang dominiert in einem 140-jährigen Bestand wiederum die Buche. Die in nennenswerter Zahl beigemischte Fichte verdankt hier wie ganz allgemein in der Rhön ihre Existenz dem Förster. Bei der nacheiszeitlichen Rückwanderung war ihr der Sprung vom Thüringer Wald hierher nicht gelungen.

Forstkreise interessiert die Frage, ob sich ihre Brotbaumart hier ohne unterstützende

Urwaldprozesse im Eisgraben, örtlich häuft sich Totholz. Die Einhänge zur Schlucht bedeckt der Zwiebelzahnwurz-Buchenwald.

Der Feuersalamander ist Charakterart im Schluchtwald, wo in fischfreien Quellrinnsalen seine 30–60 lebend geborenen Larven aufwachsen.

Hand gegenüber Buche und den Edelbäumen wird behaupten können. Dies wird sich künftig in Naturwaldreservaten wie diesem klären, wo wilde Kräfte ungezähmt walten dürfen. In der reichlichen Naturverjüngung, die durch gezielte forstliche Fällaktionen vor der Stilllegung ausgelöst wurde, ist sie nicht vertreten. Ob sich Ahorne und Eschen gegenüber der Buche behaupten werden, hängt einmal mehr von den Vorlieben der Rehe ab. Derzeit fressen sie mehr als jedes zweite Ahornpflänzchen ab und selbst die Buche beeinträchtigen sie schwer.

Auf dem exponierten Schlossberg stand über Jahrhunderte eine Burg, die Hildenburg, bis sie 1525 wie die meisten im Bauernkrieg zerstört wurde. In der Bodenflora weisen Nährstoffzeiger wie Bärlauch und Ruprechtskraut den von Burg- und Schlosswäldern bekannten Düngeeffekt aus Fäkalien und sonstigen Abfällen bis heute nach.

Glänzenden Kerbel den Aspekt bestimmen. Der Bachlauf bleibt im Westteil die meiste Zeit des Jahres trocken, findet das Wasser hier doch einen Weg tief unter dem Gewirr aus Basaltblöcken. Erst nachdem der Elsbach auf halbem Weg im Reservat einen ergiebigen seitlichen Zufluss aufgenommen hat, fließt er oberirdisch dahin.

Die Bäume der Oberschicht sind bereits über 200 Jahre alt und damit dem Altersrahmen üblicher Wirtschaftsforste längst entwachsen. Doch noch halten sie ihr Kronendach geschlossen. Kein Sterbefall unter den Alten, das wenige Totholz von nur 25 Festmetern pro Hektar rührt von abgestorbenen unterdrückten Unterständern. Um mehr als ein Drittel ist der lebende Vorrat in den letzten 17 Jahren angestiegen, das sind nahezu 9 Festmeter im Jahr auf dem Hektar. Keine Anzeichen von Altersschwäche und Zerfall,

noch stehen die angehenden Ahorn-Patriarchen und Buchen-Matronen im vollen Saft des Optimalstadiums einer natürlichen Waldentwicklung.

Die rüstigen Alten am Elsbach

Wie der Eisbach entwässert auch der Elsbach den Wasserreichtum der Basalthochfläche der Hohen Rhön nach Osten hin zur Streu und Fränkischen Saale. Über nahezu 3 km hat man den wilden Bachlauf mit den beidseitigen Waldeinhängen auf wechselnder Breite zum Reservat gemacht. 1998 hat man das 1978 ausgewiesene Naturwaldreservat beträchtlich auf 56 ha um Hangbereiche am Gangolfsberg erweitert. Seither gehört, unmittelbar am Waldlehrpfad gelegen, auch die weithin berühmte Basaltprismenwand dazu. Dicht an dicht drängen sich regelmäßige fünf- bis sechseckige Basaltsäulen, die von den vulkanischen Vorgängen zeugen, aus denen vor Jahrmillionen im Tertiär der Rhönbasalt hervorgegangen war. An den steilen, steinübersäten Einhängen zum Elsbach hatte man bereits seit 1950 die unrentable Forstwirtschaft aufgegeben. Das Edellaubholz herrscht hier deutlicher als am Eisbach mit einer guten Hälfte Anteil am Vorrat. Der Bergahorn macht ein Viertel aus und sogar die Bergulme kann ihren Anteil von einem Sechstel seit 1978 ungeschmälert behaupten. Einige stattliche Spitzahorne bereichern den Schluchtwald, in dessen opulenter Bodenvegetation das Wilde Silberblatt mit Weißer Pestwurz und dem

Hinweise für Besucher

Das Biosphärenreservat Rhön (www. biosphaerenreservat-rhoen.de), seit 1991 von der UNESCO anerkannt, erstreckt sich über 2190 km² auf drei Bundesländer, eine reichliche Hälfte in Hessen, ein Drittel in Bayern und der Rest in Thüringen

Die beteiligten Bundesländer haben eigene Verwaltungsstellen und Informationszentren. Man sollte diese Angebote unbedingt nutzen, sind doch die im Buch vorgestellten Reservate nur ein Ausschnitt aus der Vielzahl von Waldtotalreservaten der verschiedenen Kernzonen. Im hessischen Teil sind Verwaltung und Infozentrum im Groenhoff-Haus auf der Wasserkuppe untergebracht, 36129 Gersfeld, Tel. 06654/96 12-0 (Ausstellung »Vom Armenhaus zur europäischen Modellregion«).

Landschaftsinformationszentrum Rasdorf (Ausstellung zur Geologie der Rhön u. a.), Gemeindeverwaltung Rasdorf, Am Anger 32, 36169 Rasdorf (Tel. 06651/960 10).

Die Verwaltungsstelle Thüringens befindet sich in der Mittelsdorfer Str. 23, 98634 Kaltensundheim (Tel. 036946/382-0). Informationszentrum Thüringer Rhön Propstei Zella, Goethestr. 1, 36452 Zella/Rhön (Tel. 036964/935 10). Grenzmuseum Rhön »Point Alpha-Haus auf der Grenze«, Hummelsberg 1, 36169 Rasdorf

(Tel. 06651/91 90 30); es bietet neben grenzhistorischen Aspekten auch Naturkundliches zur Rhön.

In Bayern Sitz der Verwaltung in der Oberwaldbehrunger Str. 4, 97656 Oberelsbach (Tel. 09774/910 20); hier auch Managementzentrum des Vereins Naturpark und Biosphärenreservat Bayerische Rhön e. V. (Tel. 09774/91 02 60, www.biosphaere-rhoen.de). Informationszentren: »Haus der Schwarzen Berge«, Rhönstraße 97, 97772 Wildflecken–Oberbach (Tel. 09749-91220); »Haus der Langen Rhön«, Unterelsbacher Str. 4, 97656 Oberelsbach (Tel. 09774/91 02 60).

Zufahrt zum Naturwaldreservat Eisgraben: Hochrhönstraße von Bischofsheim Richtung Fladungen, ca. 1 km nach der Abfahrt Roth/Stetten geht rechts ein asphaltierter Wirtschaftsweg zum Weiler Hillenberg. Der erste nach links abgehende ausgebaute Forstweg führt in das Naturwaldreservat Eisgraben. Südlich davon, direkt am Weiler Hillenberg, liegt das Naturwaldreservat Schlossberg.

Das Naturwaldreservat Elsbach liegt am Südwestrand des Gangolfsbergs auf halbem Weg unmittelbar neben der Straße von Oberelsbach zur Kreuzung an der Hochrhönstraße.

Lösershag: der Urwald in den Schwarzen Bergen

19 Edellaubbaum-Wälder auf Blockhalden an den Abhängen erloschener Vulkanschlote; überwältigender Urwaldeindruck auf ehemaliger Keltenfliehburg; »Urwald-Lehrpfad«; Rotmilane und seltene Schnecken.

Südlich der Langen Rhön ragen die Schwarzen Berge der Kuppenrhön, seit 1993 mit 3000 ha größtes Naturschutzgebiet in Bayern außerhalb der Alpen. Es sind Schlote erloschener Vulkane, deren harte Basaltfüllung langsamer verwittert als ihre Gesteinsumgebung. Jetzt prägen sie diese Landschaft als markante Kuppenberge, auf den Abhängen flächig von Blockschutthalden bedeckt. Zwei Bergkuppen, der Lösershag mit 765 m Höhe und die Platzer Kuppe, 736 m hoch, im Norden und Süden herausragende Eckpunkte dieser Schwarzen Berge, sind renommierte Naturwaldreservate.

»Am Boden vermodern die umgestürzten Baumriesen zwischen den Basaltblöcken und versperren den Weg, dazwischen stehen noch die Stümpfe uralter Eschen und abgestorbener Buchen-Greise, die aus dem Basaltgeröll wie mächtige Säulen, zum Teil mit 4–4,5 m Stammumfang, herausragen, bis zum Gipfel mit fast kopfgroßen Zunderschwämmen besetzt. Man glaubt zwischen den Blockhalden und bizarren Baumgruppen in einem Gespensterwald zu gehen.« So beschrieb der Naturschutzbeauftragte für Unterfranken, Heinrich Mayer, 1960 die Verhältnisse, die »da oben in der winddurchtosten Einsamkeit herrschen«.

Zwar wurde der Lösershag wie die übrigen erst 1978 zum Naturwaldreservat erklärt. Doch hatte man bereits ab 1955 den regelmäßigen Forstbetrieb eingestellt. Seit 1993 ist diese 67,4 ha große Fläche der nordwestlichste Teil des großen Naturschutzgebietes Schwarze Berge. Es liegt dem »Haus der Schwarzen Berge«, einem Informationszentrum des Biosphärenreser-

Vielgestaltige, uralte Bergahorne in der Kampfzone am Rand einer Blockhalde, auf deren Steinen nur Flechten und Moose wachsen.

vates in Oberelsbach, direkt vor der Tür. Seit 1998 führt ein mit EU-Mitteln im Rahmen eines Life-Projektes von der Staatsforstverwaltung vorbildlich gestalteter »Urwald-Lehrpfad« durch das Reservat. Dezent sind vor Ort an Pfählen lediglich Nummern angebracht, die zugehörigen Informationen kann man einem im Zentrum ausliegenden Faltblatt entnehmen.

Schnecken-Schätze

Der urige Lösershag bewies seine besondere Naturnähe in vielerlei Hinsicht, beispielsweise bei der Schneckenfauna. 32 verschiedene Arten fand man hier, jede vierte eine der gefährdeten Spezies der Roten Liste. Einige besonders anspruchsvolle belegen in ihrer konservativen Art, dass die Faunentradition dieses Naturwaldes bis heute ungebrochen ist. Ein Fichtenforst in der Nähe, mit gleicher Methode untersucht, erwies sich dagegen geradezu als Schneckenwüste mit nur 8 Arten, darunter keine der Roten Liste. Im zweiten Naturwaldreservat der Schwarzen Berge, auf der Platzer Kuppe, entdeckte man in einer Waldquelle eine Schnecke, die weltweit nur in der Rhön und am Vogelsberg vorkommt. Es ist die nur 2 mm große Rhön-Quellschnecke, eine Bewohnerin kristallklarer Quellen und Bäche, die bereits bei der geringsten Wasserverunreinigung stirbt. Noch vor 100 Jahren war sie auch in den Wasserläufen des Wiesen- und Ackerlandes weit verbreitet. Überlebt hat sie bis heute nur in naturnahen Laubwäldern. Die Rhön-Quellschnecke wird ein Indikator dafür sein, wie sich die Wassergüte im Biospärenreservat künftig entwickelt.

„Urwald" auf Keltenfliehburg

Auf der bereits seit 1959 als Naturschutzgebiet ausgewiesenen Kuppe ist der Urwaldeindruck überwältigend. 200-jährige Bäume trotzen hier den rauen Winden, starkastig, unregelmäßig bekront, jeder eine Persönlichkeit. Über 80 Festmeter Totholz pro Hektar, angehäuft in einem halben Jahrhundert unbeeinflussten Wirkens der Natur, verstärken die Urwald-Impressionen. Auf steilen Blockschuttfeldern herrscht die Esche, doch auch Bergulme und Bergahorn

sind erheblich beteiligt. Die Buche hat unverkennbar Probleme, kann sie doch in den feinerdearmen Klüften kaum Fuß fassen. Ausgedehnte Gesteinsschutthalden am Westhang sind überhaupt waldfrei. Nur einige Flechtenarten klammern sich ans nackte Gestein. An den Rändern der Steinwüste läuft die Entwicklung an. Traubenholunder, Berg-Johannisbeere, Berg-Weidenröschen und Ruprechtskraut besiedeln von verwehtem Laub gefüllte Spalten und bereiten die Keimstätten für die Pioniere des Waldes. Unterhalb der Gipfelregion werden die Hänge flacher, die Blocküberlagerung wird lückig und der Wald ist um die Hälfte jünger. Sofort hatte die Buche ihre Chance genutzt und heute nimmt sie den Löwenanteil von mehr als der Hälfte vor der Esche in Anspruch. Die mäßig beteiligten Fichten gehen auf frühere Kultur zurück.

Wirklichen Urwald, wie könnte es anders sein, gibt es natürlich auch hier nicht. Genau im urigsten Gipfelbereich deutet ein aus Steinen gesetzter und mit Steinwällen gefasster Weg auf eine Fliehburganlage aus keltischer Zeit hin. Drüben im hessischen Naturschutzgebiet auf dem Stallberg sind die Grundzüge so einer Fluchtburg noch besser erkennbar.

Urwald-Impressionen

Wie intensiv die Naturerfahrungen am Lösershag sein können, mögen folgende Beobachtungen verdeutlichen: An einem lauen Aprilabend sitze ich, voll der Eindrücke einer Tageswanderung durch die Rhön-Urwälder von morgen, hier oben am Steinwall. Zuvor hatte ich noch vorsichtig unter einem vermoderten Baumkadaver nach dem Hellen Schnegel gespäht, den hier kürzlich der kundige Schneckenerforscher bayerischer Naturwaldreservate erstmals für Nordbayern nachweisen konnte. Nur eine dicke Erdkröte schreckte ich, die mich nun aus goldenen Augen verwundert anstarrt. Gleich nebenan auf der Spitze einer von Spechthöhlen durchlöcherten Buchenleiche singt ein Gartenrotschwanz, der Waldrotschwanz unserer Großväter, uns Enkeln ein feiner Weiser für urwaldgleiche Strukturen. Mit dem Fernglas mache ich einen Siebenschläfer aus, der mit großen Nachtaugen aus der Öffnung einer Grauspecht-

Der Siebenschläfer, die größte Bilchart, verbringt den Sommer in Baumhöhlen und klettert nachts zur Nahrungssuche geschickt in Kronen.

höhle glotzt. Zwei Rotmilane schweben zum Horstbaum am Unterhang; es gibt noch an die 50 Brutpaare in der Rhön, sie brüten im Wald, jagen aber über den weiten Wiesen und Bachgründen im Land der offenen Fernen. Dohlen kehren lärmend zur Kolonie in die Schwarzspechthöhlen zweier Altbuchen zurück, wo vorhin noch unentwegt ein Hohltauber ruckerte. Eine Waldschnepfe streicht quorrend und puitzend den Hang entlang. Der Waldkauz meldet sich mit ansteckend lebensfrohem Jauchzen, ehe er zur Mäusejagd abstreicht. Jetzt warte ich noch, bis einer der Dachse seinen Bau verlässt. Ein beglückender Urwald-Tag für mich, auch wenn ich auf einer Keltenmauer hocke.

Hinweise für Besucher

Das Naturwaldreservat Lösershag erreicht man von Bad Brückenau entlang dem Sinntal Richtung Wildflecken nach Oberbach. Oder über die B 79 Bad Gersfeld–Bischofsheim a.d.R., Abzweigung Oberweisenbrunn Richtung Wildflecken– Oberbach. Von Oberbach aus auf der Straße »Am Lösershag« 1 km nach Osten bis zum Parkplatz am Ausgangspunkt des »Urwald-Lehrpfades« (Informationsmaterial im »Haus der Schwarzen Berge« in Oberbach). Weitere Hinweise zum Biosphärenreservat Rhön siehe S. 77.

Eichenwälder

Die Eiche gilt als der Baum der Deutschen. Trauben- und Stieleichen sind nach der Rotbuche die häufigsten Laubgehölze unserer Wälder. Von Natur ist die lichtbedürftige Eiche der schattenverträglichen Buche unterlegen. Eichen können sich nur auf vergleichsweise begrenzten Standorten dort durchsetzen, wo ihnen die Buche nicht folgen kann. Der Mensch hat die Eiche als für ihn wichtigste Baumart gefördert, seitdem er sesshaft wurde. Die fränkischen Mittelwälder sind ebenso anthropogenen Ursprungs wie die weltberühmten Traubeneichen des Spessarts.

Eichen weisen die größte Vielfalt Blätter und Holz fressender Insekten auf. Stattliche Großkäfer wie Großer Eichenbock, Hirschkäfer und Eremit, heute hervorgehobene Zielarten des europäischen Schutzgebietsystems Natura 2000, überlebten an urigen Eichen. Naturnähezeiger und Urwaldreliktarten bezeugen heute noch eine über Jahrtausende ungebrochene Faunentradition.

Eicheln am Stiel oder in Trauben

Von über 500 Eichenarten auf der nördlichen Erdhemispäre sind bei uns die Stiel- und die Traubeneiche verbreitet. Die wärmebedürftige Flaumeiche überlebt nur an wenigen

Die Eicheln der Stieleiche haben einen langen Stiel, bei der Traubeneichen sitzen sie zu mehreren direkt am Zweig.

Sonderstandorten als Relikt der nacheiszeitlichen Wärmezeit. Die Stieleiche, benannt nach dem langen Stiel, an dem die Eicheln sitzen, kommt in den Hartholzauen der Flusstäler vor, steigt von der Ebene über das Hügelland bis in die unteren Berglagen. Sie bevorzugt nährstoffkräftige, frische bis grundfeuchte Standorte, gedeiht von Sandböden bis hin zu schweren Tonböden.

Die Traubeneiche, deren Früchte zu Trauben von 3–7 Stück gehäuft mit kurzem Stielchen dem Zweig aufsitzen, ist in ihren ökologischen Ansprüche buchenähnlicher als die Stieleiche. Sie bevorzugt atlantisches Klima und meidet kontinentale Lagen. Ihr natürliches Areal deckt sich weitgehend mit dem der Buche. In der Jugend benötigt sie weniger Licht als die Stieleiche. Sie heißt auch Wintereiche, weil sie häufig ihre Blätter den Winter über behält im Gegensatz zur Stieleiche, die deshalb auch Sommereiche genannt wird.

Derzeit sind Eichen neben der Rotbuche unsere häufigsten Laubbaumarten mit einem Anteil von 9% an der Waldfläche. Eichen können maximal 800 Jahre alt werden und Durchmesser bis zu 2 m, die Stieleiche sogar bis 3 m erreichen. Beide Eichenarten treiben, wenn man sie abhackt, wieder kräftig aus dem Stock aus, eine Eigenschaft, die der Mensch bei der Niederwald- und Mittelwaldwirtschaft zu nutzen wusste. Mit ihrer sprichwörtlichen Pfahlwurzel dringen Eichen nur in der Jugend tief auch in verfestigte Bodenschichten vor. Später bilden sie ein kräftiges Herzwurzelsystem, das ihnen hohe Standfestigkeit verleiht. Vom Sturm geworfene Alt-

eichen enttäuschen oft durch nur bescheidene Wurzelreste, wenn Fäulnispilze das altersschwache Verankerungssystem zerstörten. Die jungen Eichentriebe werden vor allen übrigen Baumarten bevorzugt von Reh- und Rotwild gefressen. Junge Eichen wachsen deshalb in deutschen Wäldern seit mehr als einem Jahrhundert meist nur hinter wilddichten Zäunen.

Waldlabkraut-Eichen-Hainbuchen-Wälder im Trocken-Warmen

Wälder mit hohem Anteil an Eichen behaupten sich in warm-trockenen Gebieten im Flach- und Hügelland, klimatisch subkontinental getönt, meist im Regenschatten vorgelagerter Bergrücken gelegen, mit schweren lehmig-tonigen Böden, deren Wasserhaushalt stark schwankt zwischen zeitweiser Vernässung und sommerlicher Austrocknung. Ausgangsgesteine bilden Mergelschichten im Muschelkalk und Jura sowie Tone des Unteren Gipskeupers, oft von mächtigen Lösslehmdecken überlagert.

Hier entwickelten sich Waldlabkraut-Eichen-Hainbuchen-Wälder, die ursprünglich etwa 7% der Waldflächen Deutschlands einnahmen. Stiel- und Traubeneichen kommen hier gemeinsam vor. In diesen von Klima und Boden her begünstigten Gebieten hatte der Mensch bereits vor Beginn der mittelalterlichen Ausbauperiode intensiv gerodet und gesiedelt. Es blieben meist nur kleinere ortsnahe Waldinseln in diesen Altsiedelländern übrig, wo das Vieh geweidet und der Holzbedarf gedeckt werden konnte.

Solche eichenreichen Wälder prägen bis heute das mainfränkische Trockengebiet zwischen Spessart, Rhön und dem Steigerwald. In anderen Altsiedelgebieten wie dem inneren Thüringer Becken blieben nur unbedeutende Reste dieses subkontinentalen Eichen-Hainbuchen-Waldes erhalten.

Eichen-Hainbuchen-Wälder weisen die größte Vielfalt an Struktur und Arten auf. Wichtigste Begleitbaumarten sind Winter-

Die meisten Eichenwälder verdanken ihre heutige Verbreitung dem Menschen, so auch die weltberühmten Traubeneichen im Spessart.

linde und Feldahorn, auch die Buche kommt noch vor. Wärmeliebende Arten wie die wegen ihres begehrten Holzes geschätzte Elsbeere und der seltene Speierling, dessen säurehaltige Früchte dem Apfelwein zur Haltbarkeit verhelfen, hat der Mensch seit jeher gefördert. Unter dem lichten Eichenkronenschirm entfaltet sich eine reiche Strauchschicht mit Arten, die auf warm-trockene Verhältnisse weisen wie der Eingriffelige Weißdorn und der Wollige Schneeball, dazu Liguster und oft flächige Horste der Kriechenden Rose mit ihren schlichten weißen Blüten.

Das Waldlabkraut gibt dieser Gesellschaft den Namen. Es ist dem Waldmeister ähnlich, hat aber einen runden Stängel und duftet nicht. Auffällige Arten sind die Pfirsichblättrige Glockenblume, die Echte oder Duftende Schlüsselblume, Maiglöckchen, Immenblatt oder Waldmelisse und die Schwarzwerdende Platterbse. Weniger ins Auge fallend, doch gesellschaftstypisch sind Berg- und Schattensegge und das Nickende Perlgras. Unter den Frühblühern bestimmt

Eichen-Feuerschwamm. Unter seinen unförmigen Fruchtkörpern zimmern Spechte, vor allem der Mittelspecht, bevorzugt ihre Höhlen.

das Buschwindröschen den Vorfrühlingsaspekt.

Sternmieren-Eichen-Hainbuchen-Wald auf feuchtem Grund

Das andere Extrem der von der Rotbuche gemiedenen Standorte sind zeitweise oder dauerhaft feuchte Böden über hoch anstehendem Grundwasser. Hier bildet die Stieleiche mit der Hainbuche die Sternmieren-Eichen-Hainbuchen-Wälder. Schwerpunkte des Vorkommens liegen im nordwestdeutschen Tiefland, doch begleitete diese Gesellschaft auch die Fluss- und Bachauen bis in die Mittelgebirge hinein. In den natürlichen Waldgesellschaften nahm der Sternmieren-Stieleichen-Hainbuchen-Wald wie die Waldlabkraut-Variante ebenfalls rund 7% ein, wurde jedoch so weitgehend gerodet, dass er beispielsweise in Bayern als vom Aussterben bedroht gilt. Übergänge zu den Waldgesellschaften der Hartholzauenwälder sind fließend. Wo das Grundwasser dauerhaft abgesenkt wurde, wandelten sich die primären ulmenreichen Auenwäldern ohnehin zur Sternmieren-Eichen-Hainbuchen-Gesellschaft.

Begleitbaumart ist der Feldahorn, auf feuchteren Standorten gesellen sich Esche, Bergahorn, Feld- und Flatterulme hinzu. Die Strauchschicht ist ähnlich üppig wie im Auenwald: Hasel, Pfaffenhütchen, Zweigriffeliger Weißdorn und Schneeball, Traubenkirsche, Gemeine Heckenkirsche, am Boden die Kriechende Rose und bis in die Bäume rankend die Waldrebe.

In der Krautschicht gibt die Große Sternmiere der Gesellschaft den Namen. Moschuskraut, Hexenkraut, Waldziest, Goldnessel und Goldhahnenfuß weisen ebenso wie die Hohe Schlüsselblume auf die Bodenfeuchtigkeit hin. Staufeuchte Senken und Verebnungen überzieht wie im Auenwald oft die Seegras-Segge massenweise in einer dichten Decke. Deren lange, dreikantige, einseitig überhängende Halme wurden früher gewerblich als Polstermaterial genutzt. Der reiche Flor der Vorfrühlingsblüher ist dem der Hartholzauenwälder ähnlich.

Arme Verwandtschaft: Birken-Eichen-Wälder

Birken und Eichen sind die charakteristischen Baumarten unserer ärmsten natürlichen Laubwaldgesellschaften. In Nordwestdeutschland kommen auf den von Natur geringsten Sandstandorten wenig produktive Traubeneichenbestände mit Hängebirken, Ebereschen, Aspen und einigen Rotbuchen vor. Die Strauchschicht wird vom anspruchslosen, säuretoleranten Besenginster und Wacholder gebildet. Eine besondere Zierde sind das Waldgeißblatt und als Art atlantischer Verbreitung die Stechpalme. In der Bodenschicht weisen Heidelbeere und Heidekraut, der Siebenstern, Nickendes und Kleines Wintergrün, Drahtschmiele und andere auf die ausgesprochen sauren Verhältnisse hin. Auf staunassen Standorten stellt sich zur Stieleiche die Moorbirke ein, und Faulbaum, Pfeifengras und Adlerfarn dominieren dann die Bodenvegetation.

Aus dem kontinentalen Osten ragen artenarme Kiefern-Traubeneichen-Wälder nach Ostdeutschland hinein und in Bayern in die diluvialen Sandgebiete der Oberpfalz und Beckenlandschaft der mittelfränkischen Rezat-Regnitz-Senke. Durch jahrhundertelange Übernutzung degradiert, wurden diese von

Der elegante Halsbandschnäpper, eine bedrohte Urwaldart, belebt in Franken urige Eichenwälder und totholzreiche Buchenaltbestände.

Natur armen Wälder schon früh in nahezu reine Kiefernforste umgewandelt.

Eichenwälder, meist vom Menschen gemacht

Die weitaus meisten heutigen Eichenwälder, die weltberühmten Spessarteichen, so genannte »Urwälder« wie Hasbruch oder Breitefenn gehen ebenso auf historische Nutzungsformen zurück wie die Schälwälder an Mittelrhein und Mosel oder die traditionsreichen Mittelwälder Frankens. Der Mensch hat unentwegt die für ihn so wertvolle Eiche gegen die überlegene Buche gefördert.

Heute bemühen sich Forstleute und Naturschutz um die Erhaltung und Vermehrung der Eichen, aus wirtschaftlichen Überlegungen die einen, aus Sorge um die Sicherung der Artenvielfalt die anderen. Es ist nicht nur die robuste Buche, die der Eiche in der natürlichen Konkurrenz überlegen ist. Seit 100 und mehr Jahren verhindert »the German problem«, die ungelöste Wald-Wild-Frage, den Nachwuchs der Eichen, es sei denn, man schützt sie aufwändig durch Zäune gegen Wildverbiss. Dabei ist die natürliche Ausbreitungspotenz gerade der Eiche ungebrochen.

Europaweites Eichensterben

Seit zwei Jahrzehnten kränkeln und sterben Eichen europaweit an einem Komplex von Ursachen. Das Urbild an Lebenskraft ist inzwischen ein Sorgenkind der Förster, Waldfreunde und Naturschützer. Eichen sind seit den 1990er-Jahren von den Folgen der »neuartigen Waldschäden« auffällig gezeichnet. Vorgeschädigt durch die nach wie vor unverminderte Stickstoffüberdüngung aus der schadstoffbelasteten Luft, ist sie vermehrt dem Angriff von Insekten ausgeliefert. Als Folge der Klimaerwärmung kommt es immer häufiger zu Kahlfraß durch die Kleinschmetterlinge Eichenwickler und Frostspanner. Zwei größere Schmetterlinge, Schwammspinner und Eichenprozessionsspinner, die bisher eher unauffällig besonders warmtrockene, verlichtete Eichenwälder bewohnten, erregen seit den 1990er-Jahren durch spektakuläres Massenauftreten die öffentliche Anteilnahme. In der Oberrheinebene gilt die Eiche in ihrer Existenz als bedroht, wo sie obendrein unter Grundwasserabsenkungen, neuerdings auch wieder am Kahlfraß durch unvorstellbare Maikäfer-Massen leidet.

Eichenmasten

Wichtiger noch als das wertvolle Holz der Eiche war unseren Vorfahren deren Fruchtansatz, die »Mast«. Diese Wertschätzung ist im Spruch »Auf den Eichen wachsen die besten Schinken« bis heute überliefert. In Vollmast-Jahren erzeugt ein älterer Eichenbestand 600–1200 kg Eicheln pro Hektar, bei einer Sprengmast, wenn nur Randbäume und herrschende Hauptbäume Samen tragen, immerhin noch 10–30% dieser gewaltigen Mengen. Bis zur Einführung der Kartoffel Mitte des 18. Jahrhunderts wurden die Hausschweine, die wichtigsten Fleisch- und Fettlieferanten, im Herbst zum Mästen in den Wald eingetrieben. Die Markgenossen durften nach strengen Regeln im gemeinsamen Markwald unentgeltlich hüten. Für die weltlichen und geistlichen Grundherren waren die Einnahmen für das Gewähren des Schweineeintriebs in ihre Wälder höher als die aus Holznutzung. In großen adligen Forsten diente die Eichelmast als Winteräsung von Hirsch und Wildschwein vorrangig der Hege des Wildes.

Häufigkeit und Ergiebigkeit der Eichenmasten beeinflussen das Populationsgeschehen vieler Wildtiere noch mehr als Buchenmasten. Das gilt für Großtiere wie Wildschwein und Hirsch, Reh und Dachs ebenso wie für Kleinsäuger, ob Wald- und Gelbhalsmäuse, Eichhörnchen oder Bilche. Bei den Vögeln fressen so unterschiedliche Arten wie Eichelhäher, Ringeltaube, Stockente und Kranich die begehrten Eicheln.

Nur durch die Strategie massenweiser Samenproduktion im mehrjährigen, unregelmäßigen Abstand kann die Eiche eine für ihre Arterhaltung und Ausbreitung ausreichende Menge ihrer bei Waldtieren so begehrten Samen sichern.

Der in enger Schicksalsgemeinschaft mit ihr verbundene Eichelhäher breitet seit der nacheiszeitlichen Wiederbewaldung bis heute die schweren Eicheln unermüdlich über weite Strecken hin aus.

Vom Menschen seit jeher begünstigt

Ihre heutige weite Verbreitung verdanken Eichen der jahrhundertelangen Förderung durch den Menschen. Die jungsteinzeitlichen Bauernkulturen hatten sich während der nacheiszeitlichen Wärmeperiode in Eichenmischwäldern entwickelt, die einen Großteil ihrer Bedürfnisse durch Viehweide, Mast, Brenn-, Bau- und Werkholz befriedigten. Als die Buche vorzudringen begann, versuchten die Menschen sie gewaltsam mit Feuer und Axt von ihren frühen Siedlungsräumen fern zu halten. Der gemeinschaftlich beweidete Hutanger in Dorfnähe war von Schatten spendenden und Mast tragenden urigen Eichenpersönlichkeiten geprägt.

Bereits im frühen Mittelalter entstanden eichenreiche Niederwälder. Zur Brennholzgewinnung, bis Ende des 19. Jahrhunderts in Schälwäldern auch für Eichenlohrinde als Ledergerbstoff, wurden die Bäume in Perioden von nur 15–25 Jahren abgehackt, wenn sie Armstärke erreicht hatten. Diese rohe Behandlung konnte am wenigsten die Buche vertragen, da sie im Gegensatz zu Eiche und Hainbuche nur schlecht »aus-dem-Stock-ausschlägt«, das heißt, nach dem Abhacken aus schlafenden Augen neue Schösslinge treiben kann.

Eichen-Hainbuchen-Wälder in Mainfranken

20 Eichen-Mittelwälder Mainfrankens, ein lebendiges Freilandmuseum bäuerlich-bürgerlicher Waldkultur; bedeutendstes deutsches Vorkommen der Urwaldvögel Mittelspecht und Halsbandschnäpper; Artenvielfalt wie in ältesten Eichenreservaten; Kronentotholz, ein bisher übersehener Schatz im Eichenwald; Schmetterlings- und Käferparadiese auf sonnigen Schlägen.

In alten Eichen haben Holz bewohnende Insekten aus den nacheiszeitlichen Eichenmischwäldern über Jahrtausende bis in unsere Zeit überlebt. Die meisten alten Eichen, oft letzte Überhälter inmitten der Nadelholzforste, gehen auf die Mittelwaldwirtschaft zurück, die vom Mittelalter bis ins 19. Jahrhundert hinein in den Laubwaldgebieten üblich war. Heute gibt es in Deutschland nur noch rund 36 000 ha dieser historischen Wirtschaftsform, das meiste in Wäldern von Gemeinden und altrechtlichen Genossenschaften.

Die letzte von Mittelwäldern geprägte Landschaft Deutschlands sind die Gaue Mainfrankens. Zwar verdankt Unterfranken seinen Ruf als Eichenregion den Traubeneichen des Hochspessarts. Das weitaus größte Eichengebiet jedoch erstreckt sich im Regenschatten von Spessart und Rhön über die Fränkische Platte bis hin zum Steigerwald-Vorland. Bei hohen Sommertemperaturen und geringen Niederschlägen, bei denen die Rotbuche auf schweren Tonböden nicht mehr zurechtkommt, konnte sich der Labkraut-Eichen-Hainbuchen-Wald behaup-

ten. Weitaus größer sind allerdings die Flächen, die der Waldmeister-Buchenwald durch die Stockausschlagswirtschaft an die Eiche verlor.

Es ist schwer zu beziffern, wie viele der gut 20 000 ha, mehr als die Hälfte deutscher »Mittelwälder«, noch in traditioneller Weise bewirtschaftet werden. Immer mehr der alten Genossenschaften und Rechtlergemeinschaften geben die ausschließlich auf Brennholz ausgerichtete Stockausschlagswirtschaft auf. Wenn der regelmäßige Stockhieb unterbleibt, dann wächst das Unterholz durch, der Mittelwald wird in Eichen-Hochwald »überführt«. Es entstehen baumartenreiche Laubmischwälder, deren großkronige alte Eichen die frühere Wirtschaftsweise bezeugen.

Frühlingsaspekt im Naturwaldreservat Wolfsee, ein seit 100 Jahren »durchwachsender« ehemaliger Mittelwald auf lehmig-tonigem Standort, den Rotbuchen nicht mögen. Buschwindröschen und Scharbockskraut bilden einen dichten Pflanzenteppich.

Waldkultur im Stadtwald Iphofen

Der umfangreiche Waldbesitz des romantischen Weinstädtchens Iphofen ist bekannt dafür, dass weite Flächen noch in einer Betriebsart bewirtschaftet werden, die auf die erste Forstordnung von 1574 des Würzburger Fürstbischofs Julius Echter zurückgeht. Alteingesessenen Bürgerfamilien stehen 205 alte Holzrechte zu, so genannte Holzlauben. Seit 1748 ist der Wald zur Sicherung einer nachhaltigen Holznutzung in 30 etwa gleich große Abteilungen einzuteilen, von denen jährlich auf einer das Unterholz eingeschlagen wird. Von diesem Brennholzhieb verschont wird eine vorgeschriebene Zahl sorgfältig ausgesuchter und gekennzeichneter »Lassreitel« oder »Hegreiser«. Möglichst aus Samen gekeimte Kernwüchse sollen ins Oberholz aufsteigen, um mit der Zeit zu dicken Bau- und Wertholzstämmen heranzuwachsen. Bei dieser Gelegenheit wird das meist aus unterschiedlich alten Eichen bestehende Oberholz durchgemustert und der eine und der andere hiebsreife Altbaum zugunsten der Stadtkasse geerntet. Alte Bräuche überlebten ungebrochen. Die Lauben werden von Vertrauensleuten nach Ruten vermessen, dem vor Einführung des metrischen Systems üblichen Längenmaß, und unter den Berechtigten streng zeremoniell verlost.

Dieser traditionsreiche Mittelwaldbetrieb ist mit dieser Verbindung von flächigem Abhieb im Unterholz in kurzen Zeitabständen und dem baumweisen Plentern im Oberholz die intensivste forstliche Betriebsart. Und doch haben Mittelwälder im deutschen Naturschutz einen ungewöhnlich hohen Stellenwert. Mit kostenaufwändigen Pflegekonzepten versucht man, diese traditionelle Wirtschaft nicht nur aus kulturgeschichtlichen Gründen zu erhalten.

Mittelwaldeichen mit Urwaldqualitäten

Die Meinung ist weit verbreitet, eine Vielzahl seltener und bedrohter Wärme und Licht liebender Pflanzengesellschaften mit ihren Tierarten sei für ihr Überleben auf den Mittelwald angewiesen. Vergleichende Untersuchungen belegen aber überzeugend,

dass es weder in der Flora noch in der Tierwelt spezielle Mittelwaldarten gibt. So können zwar Vögel der lichten Waldphasen und der Waldränder die frischen Hiebsflächen vorübergehend besiedeln, darunter die FFH-Zielart Neuntöter oder der Wendehals. Aber der Mittelwald kann das Überleben dieser Arten nicht sichern.

Das Besondere am Mittelwald sind seine Strukturen, die durch die Art der Bewirtschaftung einige wesentliche Merkmale von Urwäldern aufweisen. Charakteristisch sind seine großkronigen Alteichen, die sich die längste Zeit ihres Lebens unbedrängt von Nachbarn voll in der Sonne stehend entwickeln konnten. Als besonders wertvolles, bisher kaum beachtetes Substrat erwiesen sich die abgestorbenen Kronenäste. Mittelwälder galten als totholzarm. Doch allein diese Totäste bringen Mengen bis zu einem vollen Festmeter pro Baum und summieren sich zu Hektarwerten, die bewirtschaftete Hochwälder um ein Mehrfaches übertreffen.

Von Kronentotholz gehen Astabbruchstellen und Stammrisse aus, Eintrittspforten für Pilze und Holzinsekten. Es ist belebt von unzähligen Insekten, die hier je nach Besonnung, Feuchtigkeit, Grad und Art der Holzzersetzung unterschiedlichste Nischen finden. Auch den besonderen Ansprüchen der Urwaldvogelarten Mittelspecht und Halsbandschnäpper entspricht der totholzreiche Kronenraum alter Mittelwaldeichen. Hier in den Eichenwäldern Mainfrankens haben diese herausragenden Zielarten des modernen Waldnaturschutzes ihr wichtigstes Refugium in Deutschland.

Links: Die Elsbeere – hier ihre Früchte – fördert der Mensch wegen der Holzqualität.

Rechts: Die einem Turban ähnlichen Blüten des Türkenbunds werden von Rehen gerne gefressen. Man sagt, sie wirken als Aphrodisiakum auf sie.

Naturwaldreservat Wolfsee

Das Naturwaldreservat Wolfsee, mit nahezu 79 ha von beachtlicher Größe, entstand nach einem letzten Stockhieb vor 100 Jahren aus Überführung eines Mittelwaldes, dessen Oberholz-Eichen inzwischen zu 200-jährigen ansehnlichen Altbäumen gereift sind, dazwischen eine geschlossene Zwischenschicht vorwiegend aus Hainbuche und reichlich Winterlinden. Seit 25 Jahren unterbleibt jede Nutzung.

Die Gesellschaft der Brutvögel und die der Holz bewohnenden Käfer hier und in einem weiteren Naturwaldreservat aus durchgewachsenem Mittelwald ist bereits ähnlich reich an Arten, besonders an Naturnähezeigern und Raritäten, wie die des 400-jährigen Spessart-Eichenreservates Eichhall. Wichtiger als das Alter der Eichen ist demnach deren Struktur. Im vollen Lichtgenuss erwachsene großkronige Oberholzbäume des Mittelwaldes können die ökologischen Qualitäten reifer Baumindividuen der Altersphase im dichten Schluss stehender Bäume des Urwaldes oder naturnahen Hochwaldes bereits in der halben Zeit erreichen.

Der an anbrüchige Altaspen gebundene
Espenbock weist auf naturnahe Wälder hin.

So wurde der äußerst seltene und vom
Aussterben bedrohte Kurzschröter (Aesalus
scarabaeoides) in den Mittelwäldern Ipho-
fens und einer mittelfränkischen Gemeinde
gefunden, 2 der insgesamt nur 3 Fundorte in
Bayern. Im Totholz 200-jähriger Mittelwaldeichen lebt die seltene Vierpunkt-Ameise
(Dolichoderus quadripunctatus) ebenso wie
in den 400-jährigen Eichengiganten im Eichhall des Spessarts.

Wegen ihrer ungewöhnlichen Wuchsdyna-
mik wird das Alter dicker Mittelwaldeichen
stets weit überschätzt. Ein Blick auf den
Jahrringbau zeigt, dass sie im Vergleich
zu den im dichten Bestandesschluss ge-
wachsenen Spessarteichen ein Mehrfaches
an jährlichem Stärkenzuwachs zulegen. Der
Mittelwald erbringt sozusagen im Schnell-
verfahren Stamm- und Kronendimensionen
von Urwaldqualität, bleibt dafür im Höhen-
wachstum aber um fast die Hälfte zurück.

Kontinuität wie im Urwald

Ein weiteres Merkmal hat der Mittelwald mit
Lauburwäldern gemein: die ungebrochene
Kontinuität des Vorhandenseins alter Baumindividuen. So einschneidend sich die Verhältnisse in der Unterschicht durch die wieder-
kehrenden radikalen Stockhiebe verändern,
in der Oberschicht bleibt über den gesamten
Mittelwald hin stets ein Netz alter Eichen mit
ausladenden Kronen und reichlich Totholz-
ästen stehen. In dieser wesentlichen Eigenschaft ähnelt der bäuerliche Mittelwald dem

Naturwald. Und genau hier unterscheidet er
sich grundsätzlich vom schlagweisen, gleichaltrigen Hochwald, dem Försterwald, der
selbst bei natürlicher Baumartenmischung
aus Eiche und ihren Gesellschaftern ein
Kunstgebilde »wissenschaftlicher« Wald-
baulehren bleibt.

Ernsthaft gefährdet ist inzwischen die
Nachhaltigkeit des Charakterbaums dieser
Landschaft. Wie die Untersuchungen zeigen,
wachsen in den fränkischen Mittelwäldern
seit einem halben Jahrhundert keine Eichen
mehr nach. Es sind – wir kennen das
inzwischen – die von Jägern in unvorstellbaren Massen gehegten Rehe, die den nach
Mastjahren immer wieder massenweise
sich einstellenden »Aufschlag« junger
Eichenpflanzen auffressen. Vor allem den
Winter über konzentrieren sich die Rehe der
reichen Weizen- und Zuckerrübengaue in
den wenigen Waldinseln, die einst bei
der fränkischen Landnahme die Rodung
in diesem bevorzugten Siedlungsgebiet
ausgespart hatte.

Zwar entwickeln sich weiter Laubmischwälder. Doch keine der anderen Baumarten
kann die für Charakter und ökologische
Qualität dieser Wälder unverzichtbare Eiche
ersetzen.

Schmetterlingseldorado

Als besonders wertvolle Mischbaumart hat
sich neben den Eichen die Zitterpappel oder
Aspe erwiesen. So wurde in der Waldabteilung »Aspenwald« der Zweihöckerige
Aspen-Borkenkäfer (Trypophloeus aspera-
tus) entdeckt, der seit über 100 Jahren in
Bayern als verschollen oder ausgestorben
gegolten hatte. Einer unserer größten und
prächtigsten Tagfalter, der Große Eisvogel
(Limenites populi), legt seine Eier ebenso
auf Zitterpappeln ab wie der Kleine Schil-
lerfalter (Apadura ilia). Der Große Schiller-
falter (Apadura iris), der gerne als der
schönste heimische Edelfalter bezeichnet
wird, benötigt für seine Larven die Salweide,
die in Mittelwaldschlägen ebenfalls verbreitet vorkommt.

Wo in Mittelwäldern die Rotbuche fehlt,
nutzt der Schwarzspecht alte Aspen zum
Höhlenbau. Auch der seltene Kleinspecht,
eine Kennart des Mittelwaldes, ist ein Freund
dieser Weichholzbäume. Da Schwarzspechthöhlen hier insgesamt knapp sind, kommen
Hohltauben selten vor. Dafür ist die zierliche
Turteltaube ein charakteristischer Bewohner
frischer Mittelwaldschläge und der reich
strukturierten Säume.

Das warm-trockene Klima, die ungemeine
Vielfalt unterschiedlichster Kleinstandorte
und der Reichtum an Futterpflanzen begünstigt Artenvielfalt und Individuenreich-
tum der Insekten in diesen Eichen-Hain-
buchen-Wäldern. Ein bekanntes Naturschutzgebiet in der Nähe am Kehrenberg,
das noch weitgehend als Niederwald be-
handelte Gräfholz, gilt gar als einer der

»The German problem« im Schmetterlings-
reservat Gräfholz: Plastikhüllen schützen Baumnachwuchs vor dem Verbiss unzähliger Rehe.

herausragendsten Schmetterlingslebens-räume Mitteleuropas. Über 1000 Nacht-schmetterlingsarten, rund 70% der ge-samten deutschen Nachtfalterfauna, wurden hier nachgewiesen und 90% aller Tagfal-terarten Bayerns.

Ein vom Aussterben bedrohter Tagfalter, der extrem seltene Maivogel *(Euphydryas maturna)*, soll hier sein bedeutendstes mitteleuropäisches Vorkommen haben.

Urwald-Zerfallsphasen ersetzt durch Lichtlücken

In der Alters- und Zerfallsphase der Urwäl-der reißen stürzende altersschwache Groß-bäume Lichtlücken in das geschlossene Kronendach. Im Mittelwald besorgen dies die periodischen Unterholzhiebe im (über-)reichen Maß. Jetzt können sich vorüber-gehend sonnenliebende Kräuter und Sträu-cher ansiedeln, deren Blüten Insekten als Nahrungsquelle dienen. Neben den Schmet-terlingen, Hautflüglern und anderen Blu-menbesuchern benötigen auch viele Holz-bewohner wie Bockkäfer und Blatthornkäfer Blüten als Nahrungsquelle und Rendezvous-platz, an dem sich die Geschlechtspartner finden.

Wichtig ist ein kontinuierliches Blütenange-bot vom Vorfrühling bis in den Sommer hinein. Rasch entfaltet sich der flächige Blütenzauber der Vorfrühlingsblüher im März auf den noch winterfeuchten Tonbö-den. Dann folgen Schlehe und als Misch-baumarten der insektenbestäubte Spitz-ahorn, Vogelkirsche und Elsbeere. Nach einem weiteren Höhepunkt einer Blüten-folge der Sträucher von Weißdorn und Schneeball bis zum Liguster klingt das Blütenjahr mit den Wildrosen, darunter die seltene Essigrose *(Rosa gallica)*, im Juni aus. Die verstärkte Licht- und Wärmeeinwirkung im lichten Mittelwald hat auf der anderen Seite zur Folge, dass bei den Schatten und Feuchtigkeit liebenden Schnecken sel-tene laubwaldtypische Arten fehlen. Ihrer besonders »konservativen« Natur entspre-chend sind sie auch 100 Jahre nach Einstellen der Stockausschlagwirtschaft noch nicht alle in die beiden Naturwaldreservate zurückge-kehrt.

Raupen des Eichenprozessionsspinners pilgern geordnet in die Eichenkrone. Ihre Gifthaare lösen allergische Hautreaktionen aus.

Schwammspinner und andere Probleme

Dieses ungewöhnlich insektenfreundliche Mittelwaldmilieu hat allerdings auch zur Folge, dass einige Arten periodisch sich mas-senhaft vermehren und dann zum Problem werden. Die oft lang anhaltenden Grada-tionen des Grünen Eichenwicklers und des Großen und Gemeinen Frostspanners, deren Männchen nach den ersten Nachtfrösten bis in den Dezember hinein schwärmen, führen häufig zum auffälligen Kahlfraß ganzer Eichenregionen. Die Bäume werden dadurch zwar geschwächt, treiben danach jedoch rasch wieder aus.

Ernstlich bedroht werden Eichen, seit als Folge der Klimaerwärmung der zwar weit verbreitete, aber gewöhnlich unauffällige Schwammspinner *(Lymantria dispar)* sich Aufsehen erregend vermehrt. So wurden in Mainfranken 1993/94 nicht weniger als 10 000 ha wegen des Schwammspinner-fraßes begiftet.

Die Öffentlichkeit reagiert verständnislos, gelten Eichenmischwälder doch als beson-ders naturnahe. Die Giftaktionen mit einem häutungshemmenden Wirkstoff töten die Raupenstadien aller Insekten und treffen ein hochkompliziertes Ökosystem in der emp-findlichsten Zeit. So werden den Insekten fressenden Vogelarten, dem vom Ausster-ben bedrohten Halsbandschnäpper ebenso wie der Leitart Mittelspecht, die wichtigsten Futtertiere zur Jungenaufzucht weggespritzt. 2004 wurden erneut 3000 ha bekämpft, für Folgejahre sind Großeinsätze noch über der Dimension von 1994 geplant.

Ein Verwandter des Schwammspinners, der Eichenprozessionsspinner *(Thaumatopoea processionea)*, der, einseitig auf Eichen spezialisiert, ebenfalls Kahlfraß auslösen kann, wird mehr noch wegen der beim Men-schen allergieauslösenden Giftwirkung sei-ner Raupenhaare gefürchtet und deshalb bekämpft.

Chemische Großeinsätze in Eichenwäldern gegen Insekten haben eine fragwürdige Tradition seit einem halben Jahrhundert. Die Eiche hängt in manchen Gebieten am Tropf der Chemie. Inzwischen setzt sich in Mainfranken die Einsicht durch, dass dem bedrohlichen Insektenfraß nur ein gezielter Umbau zum Laubmischwald ein Ende berei-ten kann.

Und es rächt sich einmal mehr das ungelöste »German problem«. Die Rehbestände sind derart überhegt, dass neben der Eiche auch die Hainbuche und andere Schattbaumarten keine Chance haben, den manchmal steppen-artig vergrasten Waldboden wieder zu besiedeln.

Selbst im Naturschutzgebiet am Kehrenberg muss der Nachwuchs mit Tausenden von Plastikhüllen vor gefräßigen Rehen ge-schützt werden. Angeblich ein Kompromiss zwischen Jagd, Forstwirtschaft und Natur-schutz, in Wirklichkeit eine Bankrotterklä-rung gegenüber der Lobby der Freizeitwaid-werker.

Hinweise für Besucher

Durch landschaftlich reizvolle Bereiche des Stadtwalds Iphofen führt ein Mittelwald-Lehrpfad. Ausgangspunkt ist der Wald-parkplatz an der Bildeiche an der Straße von Iphofen nach Birklingen. Anfahrt nach Iphofen über die B 8 oder A 3 (Ausfahrt Wiesentheid).

Das nahe gelegene Naturwaldreservat Wolfsee im Limpurger Forst ist erreichbar von der B 8 aus über Hellmitzheim, Dornheim. Weiterfahrt Richtung Forsthaus, vom Park-platz am Waldeingang aus zu Fuß zum westlich des Forsthauses gelegenen Reservat.

Ein Besuch im Fränkischen Freilandmuseum Bad Windsheim kann das Verständnis für die Lebensumstände unserer bäuerlich-handwerklichen Vorfahren und ihrer Abhän-gigkeit vom Wald vertiefen.

Eichenreservate im Spessart

21 Die berühmtesten Traubeneichen der Welt; Feudaljagd sichert Eichen im Buchenareal; einzigartige »Urwald«-Vogelwelt mit baumbrütenden Mauerseglern; höchste Artenvielfalt an Holzinsekten; letzter Rest eines Eichenlichtwaldes; Heimkehr von Wildkatze und Kolkrabe.

D er Spessart ist für seine Eichen so berühmt wie kein zweites deutsches Waldgebiet. Die Alteichenbestände um Rohrbrunn sind Wallfahrtsstätten von Forstleuten und Waldkennern aus ganz Europa und darüber hinaus. Noch in den 1950er-Jahren konnte man bei der Begegnung mit diesen schier endlosen Laubwaldbergen die Gefühle nachempfinden, die uns Märchen der Gebrüder Grimm überliefern: »Er zog weiter, und als er drei Tage gegangen war, so kam er in einen Wald, der noch größer war als die vorigen und gar kein Ende nehmen wollte; und da er nichts zu essen und zu trinken fand, so war er nahe daran zu verschmachten. Da stieg er auf einen hohen Baum, ob er da oben des Waldes Ende sehen möchte, aber so weit sein Auge reichte, sah er nichts als die Gipfel der Bäume.«

Jetzt durchschneidet die Autobahn Frankfurt–Nürnberg den Hochspessart brutal mitten durch sein sagenumwobenes Herzstück. Das einsame Forstamtsanwesen in Rohrbrunn musste ebenso wie das durch Wilhelm Hauffs Erzählung und den gleichnamigen Film von Kurt Hoffmann bekannte »Wirtshaus im Spessart« der Autobahnraststätte weichen. Nur am Waldrand südlich der Rodungsinsel erinnert das zierliche, 1890 gebaute Jagdschlösschen des Prinzregenten Luitpold an alte Zeiten.

Noch ist der Spessart eines der größten Laubwaldgebiete Deutschlands. Über 200 000 ha erstreckt sich der Naturpark Spessart, auf drei Seiten vom Main umflossen, im Norden durch die Kinzig und im Nordosten durch die Sinn begrenzt. 70% dieser Region sind Wald, wo man tagelang wandern kann, unberührt von der Hektik unserer Zeit. Zwei Drittel der Fläche gehören zu Bayern, das hier 1961 seinen ersten Naturpark einrichtete. Nahezu 43000 ha umfassen die geschlossenen bayerischen Staatsforste des Spessarts. Vier Fünftel aller älteren Eichen bayerischer Staatswälder wachsen in Unterfranken; die meisten und wertvollsten hier im Spessart. Nur eine halbe Stunde Fußweg vom Trubel der Rohrbrunner Raststätte entfernt gibt es noch Eichenwälder, die einen Rest des alten Spessartzaubers bewahren.

Bannforst und Wildpark

Wer den heutigen Zustand der Spessartwälder und das Geheimnis seiner legendären Eichen verstehen will, muss in die Geschichte zurückblicken. Über 1000 Jahre bestimmte die Jagd das Geschehen im südlichen Teil, dem Hochspessart. Und es waren allein die Interessen der feudalen Jagd, die den Schutz der für die Wildhege so wertvollen Alteichen bewirkten.

Bereits Mitte des 8. Jahrhunderts hatten die Karolinger dieses riesige Waldgebirge zu ihrem Bannforst erklärt und damit Rodung und Besiedlung verhindert. Königen und Kaisern diente der Spessart als exklusives Jagdgebiet. 982 ging er an das Erzbistum und spätere Kurfürstentum Mainz über.

An Siedlungen gab es lediglich um das Kurmainzer Jagdschloss aus dem Jahre 1318 das Walddorf Rothenbuch, dessen kleinbäuerliche Bewohner man zur Leistung von Jagdfrondiensten benötigte. Erst gegen Ende des 17. Jahrhunderts kam im Innern des Hochspessarts als zweite Siedlung Weibersbrunn mit einer Spiegelglashütte hinzu.

Der Nordspessart dagegen entwickelte sich unter der Herrschaft der Grafen von Rieneck zum dicht besiedelten Zentrum der Glasmacherei, dessen durch Übernutzung und Streurechen ruinierte Wälder im 19. Jahrhundert mit Nadelhölzern aufgeforstet wurden.

Als in der Barockzeit die Wildschäden in den angrenzenden Fluren unerträglich anstiegen,

Wildschweine brechen nach Eicheln. Heute gibt es in freier Wildbahn weit mehr Schweine als einst im Saupark des Königshauses.

wurde ein Gebiet von 11 000 ha eingezäunt. Die Dörfer im Wildpark mussten ihre Fluren mit Steinmauern schützen, die jedoch nur die Sauen, nicht die edlen Hirsche abhalten durften.

Bei eingestellten Jagden, einer besonders pervertierten Sonderform deutschen Waidwerks, trieben Tausende von Treibern wochenlang das Wild zusammen, damit es auf einem besonders eingerichteten Abschussplatz von edlen Waidwerkern in Massen exekutiert werden konnte. Noch kurz vor der Französischen Revolution, die nicht zuletzt durch die Exzesse adliger Jagdprivilegien ausgelöst wurde, erlegten bei solchem Anlass der König von Neapel und die österreichischen Erzherzöge als kurfürstbischöfliche Gäste 236 Stück Rotwild und Sauen.

Nach der Säkularisation wurde der Park in den Übergangsjahren von 1804–1814 unter Großherzog Dalberg, mehr Waldfreund als Waidmann, aufgelöst und das Zaunmaterial dazu benutzt, neu begründete Eichenkulturen zu schützen. Doch als 1814 Bayern den Spessart übernimmt, bestimmen weiterhin feudale Jagdinteressen das Schicksal dieser Wälder. Das Kerngebiet von 9000 ha wird zum Jagdvergnügen des bayerischen Kronprinzen mit einem massiven Zaun aus gespaltenen Eichen als Wildpark gezäunt.

Die unerträglichen Verbiss- und Schälschäden am Baumnachwuchs veranlassen die Forstaufsicht wiederholt, eine Auflösung des Parkes oder zumindest dessen Verkleinerung zu fordern. Doch der Park überlebt, auf die Hälfte reduziert, die Revolutionen von 1848 und 1918/19. Auch nach Ende des Feudalsystems bleibt er erhalten, nunmehr als jagdliche Freudenstätte der Staatsförster. Erst im Frühjahr 1945 beim Einmarsch der Amerikaner zerstört die Bevölkerung den anstößigen Zaun, dessen Reste im Notwinter 1945/46 der Stadt Aschaffenburg als Brennholz dienen.

Wo Baumriesen stürzen und als Totholz im Wald verbleiben, kehren Ungeheuer und Sagengestalten, Märchen und Mythen zurück.

Traubeneichen im Hainsimsen- Buchenwald

Der Spessart ist seiner Natur nach ein Buchengebiet. Montane Höhenlage bis über 500 m, ein – für Bayern einzigartig – deutlich ozeanisch getöntes Klima bei Niederschlägen bis über 1000 mm, milde, nebelreiche Winter und vergleichsweise kühle Sommer. Das einheitliche Ausgangsgestein, Buntsandstein, das sich nach Süden jenseits des Mains im Odenwald und im Nordosten in der Rhön fortsetzt, verwittert zu sandigen, sauren, tiefgründigen Böden. Dies ist das Areal

Der Grauspecht, der Charaktervogel des »Spechtshardts«, bewohnt als zuverlässiger Naturnäheweiser totholzreiche alte Laubwälder.

des typischen bodensauren Hainsimsen-Buchenwaldes, wo von Natur allein die Rotbuche als Hauptbaumart dominiert.

Doch genau hier im Bergland-Hainsimsen-Buchenwald im Vorfeld des Geiersbergs, mit 585 m höchste Erhebung, wachsen die weltweit berühmtesten Traubeneichen. Im »Heisterblock«, ein ursprünglich 500 ha großer Komplex, waren die prächtigsten Traubeneichen versammelt, deren Holz seit weit über 100 Jahren als wertvollstes Furnier Weltruf genießt. (Als »Heister« bezeichnet man eigentlich große, bis mannshohe Laubpflanzen. Seit wann und warum dieser außergewöhnliche Alteichenkomplex so benannt wurde, verliert sich im Grau der Geschichte.)

Eichhall im legendären Heisterblock

Erst 2003 wurde in der Abteilung »Eichhall« ein Teilstück von 67 ha als Naturwaldreservat durch den Forstminister vorgestellt. Es ist der letzte geschlossene Restbestand, der vom »Heisterblock« übrig blieb. Ein Erinnerungsstück an ein Waldwunder von

Weltgeltung, das jetzt vor den Motorsägen gerettet ist.

Hochauf bis über 40 m ragen Säulen makelloser Stämme, weit hinauf auf 20 und mehr Meter astfrei. Kronen von meist recht bescheidenem Umfang weisen auf ein Heranwachsen im dichten Schluss hin. Heute stehen noch ca. 50 Alteichen pro Hektar unregelmäßig verteilt, oft eng in Gruppen. Vor 25 Jahren waren es noch doppelt so viele. Inzwischen wurde die reifere Hälfte Zug um Zug einzeln als Furnierholz genutzt. Die meisten der 400-Jährigen sind nur bis 1 m dick, nur wenige deutlich stärker. Das überaus langsame Dickenwachstum mit nur knapp 1 mm schmalen, ungemein gleichmäßigen Jahresringen macht die besondere, »milde« Holzqualität der Furniere aus. Eine geschlossene Buchen-Unterschicht ist mit 200 Jahren deutlich jünger.

Wie konnte der »Heisterblock«, der bis heute den Ruf des Spessarts als Eichengebiet begründet, inmitten einer wuchsüberlegenen Buchenumwelt heranwachsen? Zwei Hypothesen versuchen dies zu deuten. Die eine besagt, dass zum Bau des kolossalen

Kurmainzer Schlosses in Aschaffenburg von 1604–1614 gewaltige Mengen Bauholz eingeschlagen wurden. Dabei hätte man nur die besten Eichenstämme entnommen, die geringwertigen blieben stehen, die Buchen wurden als Brennholz genutzt. Reiche Eichelmasten hätten dann die riesige Schlagfläche aus einem Guss verjüngt.

Die andere besagt, im Dreißigjährigen Krieg sei die bedrängte Bevölkerung aus dem Maintal in diese abgelegene Gegend geflohen und hätte den Buchen-Eichen-Wald zum Hutewald aufgelichtet. Nach Kriegsende habe man den Wald wieder verlassen, und eine Vollmast der Huteeichen habe die Verjüngung besorgt. Denkbar ist ein Zusammenwirken beider Ereignisse. Erst in bayerischer Zeit wurden dann die inzwischen 200-jährigen Eichenflächen mit Rotbuchen untersät und unterpflanzt.

Wie auch immer der monumentale 400-jährige Eichen-Heisterblock entstanden sein mag, der Mensch hatte Pate gestanden. Eine unmittelbar nördlich an das Naturwaldreservat Eichhall angrenzende Waldabteilung heißt »Urwald« und ganz in der Nähe gibt es eine »Urwaldstraße«. Doch dies sind Benennungen aus sehr viel späterer Zeit.

Urwaldrelikte in der Tier- und Pflanzenwelt

Näher an die Realität führt uns der Name der Nachbarabteilung »Spechtruf«. Erstmals 839 wurde der Spessart als »Spechtshardt«, der Spechtwald, urkundlich erwähnt. Sein auffälligster Charaktervogel ist der Grauspecht, dessen melancholisches Gelächter im zeitigen Frühjahr weithin durch die kahlen Buchen-Eichen-Wälder hallt.

Erste waldökologische Untersuchungen im Naturwaldreservat Eichhall brachten erstaunliche Ergebnisse. Bei den Holz bewohnenden Arten der Pilze, der Käfer und Vögel fand sich eine überraschend hohe Zahl von Naturnähe-Indikatoren, ja selbst echter »Urwaldrelikte«. So barg eine tiefe Mulmhöhle bis zu 400 Larven des Eremiten, einer prioritären Zielart für FFH-Gebiete. Auch der allgemein bekanntere und stark gefährdete Hirschkäfer kommt noch vor und dazu, bisher erstmalig in einem bayerischen Naturwaldreservat, alle übrigen heimischen Hirschkäferarten. Neben dem noch ungefährdeten Zwerghirschkäfer oder Balkenschröter *(Dorcus parallelipedus)* und dem Rehschröter *(Platycerus caprea)* überleben im mulmigen Holz von Eichenveteranen auch die Arten der Roten Liste: der in Bayern gefährdete Kopfhornschröter *(Sinodendron cylindricum)*, der bundesweit stark gefährdete Rindenschröter *(Ceruchus chrysomelinus)* und sogar der vom Aussterben bedrohte Kurzschröter *(Aesalus scarabaeoides).*

Einzigartige »Urwald«-Vogelwelt

Obgleich erst ein Jahr unter Schutz stehend, lässt die Vogelwelt im Eichhall bereits Vergleiche zu den berühmten Eichen-Hainbuchen-Urwäldern im ostpolnischen Nationalpark Bialowieza zu. Zwar mangelt es noch am augenfälligen Totholzangebot mächtiger modriger Baumleichen. Doch die Kronen alter Eichen bieten reichlich tote Äste auch starker Dimensionen, unterschiedlich besonnt und verschieden zersetzt. Von allen bayerischen Eichenreservaten ist hier die Artenvielfalt der Vögel am höchsten.

Der Mittelspecht brütet mit 2,6 Paaren pro 10 ha, ein Spitzenwert. Vom Spessartvogel Grauspecht, der heute als hervorragender Indikator für naturnahe, totholzreiche alte Laubwälder gilt, überschneiden sich im Reservat nicht weniger als 3 Reviere.

Der Halsbandschnäpper, in Deutschland vom Aussterben bedroht, ist eine Charakterart der Buchen-Eichen-Urwälder. Er brütet im Spessart an der Nordgrenze seines Areals neben seiner häufigeren Zwillingsart, dem Trauerschnäpper. 2003 wurden hier 63 Schnäpper-Paare gezählt, das sind 9,4 pro 10 ha, ein Wert, der wiederum den Verhältnissen in Bialowieza gleicht. Beide brüten im Kronenraum, wo ein reiches Angebot von einem Dutzend Höhlen pro Hektar lockt.

Unauffällig, doch unverwechselbar: der seltene Mosaikschichtpilz, spezialisiert auf das Zersetzen von Kernholz uralter Eichen.

Schwefelporling, der größte Feind uralter Eichen. Da er Lignin nicht abbauen kann, bleiben vom Stamm große Massen rotbraunen Mulms übrig.

Selbst der Grauschnäpper brütet hier im geschlossenen Wald.

Einer Sensation kam es gleich, als 1998 hoch oben in besonnten Kronenästen alter Eichen die letzte Kolonie baumbrütender Mauersegler Süddeutschlands entdeckt wurde. Noch zu Beginn des 20. Jahrhunderts sollen in den Spessartdörfern an Gebäuden brütende Segler unbekannt gewesen sein. Ich erinnere mich gut an von Mauerseglern umschwirrte Alteichen, als ich 1957 bei waldkundlichen Untersuchungen hier unterwegs war. Sie bewohnen oft über Jahrzehnte hin geräumige Buntspechthöhlen in besonnten Kronenästen uralter Eichen, wo sie die zur Jungenaufzucht nötige Wärme finden.

In Deutschland waren bisher aktuelle Baumbruten von Mauerseglern nur aus dem Ostharz in Uralteichen im Selketal bekannt. Ansonsten ist diese Tradition aus Mangel an geeigneten Brutbäumen erloschen. Nur in Waldortsnamen wie »Schwalbenholz« lebt hier und da die Erinnerung fort.

Mosaikschichtpilz

Der zwar unauffällige, doch unverkennbare Mosaikschichtpilz ist eine Besonderheit des Hochspessarts. Hier ist er an Resten mächtiger Eichenstämme, meist bei der Aushal-

tung von Furnierstämmen abgesägte faule Endstücke, regelmäßig zu finden.

Der würdige Igelstachelbart entwickelt sich an noch stehenden sterbenden oder toten Altbuchen.

Eichenlichtwälder am Rohrberg

Die Existenz von Urwald-Reliktarten weist auf eine ungebrochene Tradition hin, die zurückreicht bis zum nacheiszeitlichen Eichenmischwald. Ein ganz in der Nähe gelegenes berühmtes Naturschutzgebiet, der »Rohrberg«, gibt Hinweise, wie die Traubeneiche im Hochspessart wohl überleben konnte.

»Keine eng sich drängende Gesellschaft junger schlanker Hölzer, wie wir sie heute allüberall sehen bis zum Überdruss – sondern Baumriesen von ungeheuren Ausmaßen, Hunderte in lockerem Verband, zwischen denen der Nachwuchs so gut wie fehlt – Lichtwaldungen. Die Eichen sind 350–500 Jahre alt, Stämme von außerordentlichem Umfang und bedeutender Höhe, ihre Kronen weitausladend und vielerorts wipfeldürr – Bäume in der ganzen unvergleichlichen Schönheit, die dem Baum nicht die Jugend, sondern erst das hohe Alter verleiht.«

So beschrieb Dr. Hans Stadler, Arzt und herausragender Naturkenner, solche Spessartwälder, als er 1925 beim denkwürdigen ersten Deutschen Naturschutztag in München einen Antrag stellte, mindestens 400 ha der alten Eichen-Buchen-Wälder Unterfrankens unter Naturschutz zu stellen.

Tatsächlich wurden 1928 nach endlosen Verhandlungen durch Parlamentsbeschluss der Rohrberg mit 10 ha und eine weitere Fläche aus der Abteilung »Metzger« mit 8 ha unter Naturschutz gestellt. Dies war ein erster, wenn auch bescheidener Erfolg der jungen Naturschutzbewegung, letzte Reste uralter Wälder vor einer Forstwirtschaft zu retten, die in der Zeit der Bodenreinertragslehre einseitig auf maximalen Geldgewinn ausgerichtet war.

Der Rohrberg ist heute der letzte Rest der einst im Spessart weit verbreiteten Eichenlichtwälder. Noch 1837 beschreibt eine erste gründliche Forstinventur 5000 ha solcher Lichtwaldungen. Seit der Bannlegung in der Karolingerzeit hatte man aus jagdlichen Gründen Eichen streng geschützt und konkurrierende Buchen durch Auf-den-Stock-Setzen beseitigt. Dieser »absolute Eichenüberhalt« hat dem Spessart die Lichtbaumart Traubeneiche auch durch die Jahrhunderte der Vorherrschaft der Buche in hohen Anteilen erhalten.

Es ist denkbar, dass die ältesten Eichen des Rohrbergs noch dem mittelalterlichen Klimaoptimum von 1000–1250 n. Chr. zu verdanken sind, als höhere Sommertemperaturen und urkundlich belegte häufige Dürrezeiten die Eiche gegenüber der Buche begünstigt hatten. Die Eichen-Methusalems dieses Schutzgebietes könnten demnach ein letzter Rest ursprünglicher Natur sein, echte Urwald-Zeugen. Die überhöhten Wildbestände zwingen seit 200 Jahren dazu, junge Eichen nur hinter Zäunen nachzuziehen. Ausgedehnte »Bretter« gleichaltriger, oft reiner Eichenkulturen, Dickungen und Jungbestände, von keinem Altbaum überstellt, prägen weithin das Bild der Spessartwälder.

Terminalphase

Der Rohrberg hat den Charakter eines Lichtwaldes schon lange verloren. Nur ein Teil der Traubeneichen, die älteste bis 800 Jahre alte Generation, weist mit knorrigen, bis 1,5 m dicken Stämmen und ausladenden Kronen

Der ehemalige Eichenlichtwald Rohrberg verdankt seinen Schutz einer Initiative des 1. Deutschen Naturschutztags 1925.

Wunderbare »Urwald-Sehenswürdigkeiten« im Kleinen: die Holzstrukturen an einem toten Eichenast.

auf den einstigen Lichtstand hin. Eine weitere Generation bis 350-jähriger Eichen gleicht, hochstämmig und schmalkronig, den Elitebäumen aus dem »Heisterblock« nebenan. Dazwischen drängen unterschiedlich alte Buchen, die ältesten 250 Jahre und bereits über meterdick, zum Licht und zwängen die Eichen ein.

Der lebende Holzvorrat mit immer noch beachtlichen 500 Festmetern pro Hektar wird bereits zur Hälfte von Buchen gebildet. Von 500 zum Zeitpunkt der Unterschutzstellung vorhandenen Eichen haben bis heute nicht einmal 40% überlebt. Einige verleihen der großartigen Waldszene als monumentale Baumleichen urwaldartigen Charakter. Durchlöchert von den Larvenbohrgängen der Holzkäfer, übersät von Hackspuren der Spechte, geziert von imposanten Fruchtkörpern des Schwefelporlings und Leberreischlings. Um den bedrängten Alteichen zu helfen, fällte man bis in die 1980er-Jahre auch Buchen. Ganz im Sinne des klassischen Naturschutzes versuchte man, abgestimmt zwischen Naturschutz und Forst gegen die natürliche Dynamik die letzten Urwaldeichen zu konservieren. Zugleich wurde örtlich aufgelichtet und eingezäunt in der vagen Hoffnung, dem natürlichen Eichenwuchs eine Chance zu geben.

Naturschutzgebiet Metzger

Im Hafenlohrtal auf dem Südhang westlich der Steinmühle liegt das zweite alte Waldreservat des Spessarts, der »Metzger«, der wie der Rohrberg dem ersten Deutschen Naturschutztag sein Überleben verdankt. Trotz der mit 8 ha ebenfalls viel zu kleinen Fläche vermittelt der Metzger einen großartigen Eindruck von »Urwald«. Einzelne, bis 500 Jahre alte Eichengiganten sind eingebunden in hochragende Buchen, deren älteste Individuen mit 300 Jahren jetzt ihre natürliche Altersgrenze erreichen. Örtlich häufen sich die Kadaver umgestürzter Buchen-Matronen (siehe Foto S. 11 unten).

Durch Lücken im Kronendach gelangt erstmals nach Jahrhunderten etwas Licht, mehr Wärme und Regen auf den Boden und die dicke Moderauflage zersetzt sich. Schlagpflanzen wie das Schmalblättrige Weidenröschen, Gruppen von Himbeeren und Rotem Holunder stellen sich ein, wo bisher nur die Weiße Hainsimse und einige Dornfarnwedel die kärgliche Bodenvegetation bildeten. Jetzt beginnt die Zerfallsphase, die endlich Buchen und Eichen eine Chance zum Keimen bietet, nachdem sie Mastjahr für Mastjahr tonnenweise ihre Samen vergeblich auf den schattigen Waldboden geschüttet hatten. Was die zahllosen, im Spessart allgegenwärtigen Sauenrotten an Eicheln übersehen, wird nachher als Jungpflanze selektiv von den naschhaften Rehen abgenagt. So wird eine neue Generation ausschließlich aus Rotbuchen nachwachsen.

Heimkehr von Wildkatze und Kolkrabe

Die Staatswälder des Spessarts sind heute eines der größten Natura-2000-Gebiete. Zusätzlich wurden im Forstamt Rothenbuch 2 Naturwaldreservate im »Hohen Knuck« südlich von Lichtenau mit immerhin 110 ha und im »Hermannsbuckel« südlich von Waldaschaff auf 70 ha ausgewiesen, wo zumindest auf nennenswerter Fläche älterer Buchenhallenwald sich selbst überlassen ist. Spessartförster haben zusammen mit dem Bund Naturschutz die Anfang des 20. Jahrhunderts ausgerottete Wildkatze in Gehegen gezüchtet und wieder eingebürgert. Telemetrische Untersuchungen beweisen, dass

diese heimlichen Tiere sich erfolgreich bis hinauf in den hessischen Spessart ausbreiten. Zurückgekehrt ist inzwischen auch der Kolkrabe. Kolonien baumbrütender Dohlen sind Nutznießer eines erfreulichen Totholz- und Biotopbaumkonzepts des Forstamts Rothenbuch, dem der Großteil der Altwälder des Spessarts anvertraut ist.

Hinweise für Besucher

Wer bei der Anfahrt mit dem Auto die Bundesstraßen B 8 oder B 26 wählt, wird Charakter und Dimensionen dieser Wälder besser erleben als beim Durchqueren auf der Autobahn A 3.

Das Naturwaldreservat Eichhall liegt nördlich der Autobahnraststätte Rohrbrunn und ist von einem Wanderparkplatz an der B 8 Richtung Marktheidenfeld, nur 1 km von der Ausfahrt Rohrbrunn entfernt, über einen mit rotem Querstrich markierten Wanderweg erreichbar. Nur 2 km auf der B 8 weiter nach Osten ist der Ausgangspunkt des Zugangs zum Naturschutzgebiet Rohrberg.

Das Naturschutzgebiet Metzger liegt im Hafenlohrtal (mündet bei Marktheidenfeld in den Main) zwischen Rothenbuch und Lichtenau am Südhang westlich der Steinmühle.

Auskünfte über diese Waldschutzgebiete erteilt das Staatliche Forstamt Rothenbuch, Schlossplatz 3, 63860 Rothenbuch (Tel. 06094/97 17-0).

Empfehlenswert ist ein Besuch des Spessartmuseums in Lohr a. Main, Schlossplatz 1, 97816 Lohr a. Main (Tel. 09352/20 61, www.spessartmuseum.de).

Urwald Sababurg

22 Morbide Schönheit uralter Hutebäume und toten Holzes; Pilz-Raritäten und Adler-
farn-Wildnisse; märchenhaftes »Dornröschenschloss«; Wildkatzenpopulation und
Schwarzstörche; eingewanderte Waschbären.

Es gibt in Deutschland Waldbestände,
die seit rund 150 Jahren als »Urwälder«
bezeichnet werden und als solche bekannt,
ja sogar berühmt geworden sind. Mehrhundertjährige kolossale Laubbäume, vorwiegend Alteichen, die früher gerne als
»Tausendjährige« mit der Welt germanischer
Mythen verwoben wurden, sind ihre Kennzeichen. In Wirklichkeit sind dies museale

Überreste einer historischen Waldnutzungs-
form, des Hutewaldes, der vom Mittelalter
bis in die ersten Jahrzehnte des 19. Jahrhunderts die Landschaften im Flach- und
Hügelland weithin prägte. Unter mächtigen
Hutebäumen, vorwiegend Stieleichen, im
Bergland auch Rotbuchen, weideten unvorstellbare Haustierherden der Bauern aus den
umliegenden Dörfern.

Im gemeinschaftlichen Markwald durften
die Markgenossen unentgeltlich hüten, im
Wald der Grundherren war dafür ein
Naturalzins in Form von Weidekorn oder
Forsthühnern zu entrichten, der später in
Geldzahlungen umgewandelt wurde. Die
Einnahmen aus den Weiderechten übertra-
fen die aus Holznutzung um ein Vielfaches.
Der Landschaftscharakter Deutschlands ver-
änderte sich grundlegend, als im 19.
Jahrhundert immer mehr Huteflächen mit
Kiefern und Fichten aufgeforstet wurden. Es
war die deutsche Romantik, die den Reiz
dieser vom Untergang bedrohten Hirten-
landschaften entdeckte. Die alten, knorrigen Baumgestalten wurden ein bevorzugtes Motiv der Landschaftsmalerei und
geradezu zum Ideal des »deutschen Waldes«
verklärt. Vom Interesse der Künstler angeregt, stellten Landesherren einige letzte
Reste malerischer Hutewälder unter Schutz.
Der bekannteste der so genannten »Urwälder« liegt im Reinhardswald in der Nähe
der Sababurg, ein Hutewaldrest von 92 ha,
der seit 100 Jahren ohne forstliche Nutzung
ist. Der Reinhardswald, mit 200 km² eines
der größten geschlossenen Waldgebiete im
waldreichen Hessen, war durch Beweidung
in außerordentlichem Umfang belastet.
Nach einem Reglement von 1630 wurden
20 000 Schafe, 6000 Schweine, 6000 Rinder, 3000 Pferde, 700 Ziegen und 50 Pack-
esel geweidet.
Der heutige »Urwald« wurde 1907 von der
Landesforstverwaltung auf Anregung aus
Künstlerkreisen unter Schutz gestellt. Keine
anderen Baummotive werden bis heute
in Deutschland häufiger abgebildet als
die märchenhaften Eichengestalten dieses
Reservates. Beim staunenden Betrachten
wettergebleichter Baumgerippe und dahin-
gestreckter, Ehrfurcht einflößender Baumleichen erschließt sich die besondere
morbide Ästhetik toten Holzes selbst für
Besucher, die beim sonntäglichen Wald-
spaziergang Totholz im Wirtschaftsforst
noch als Zeichen von Unordnung und
Schlamperei bemängeln.

Urwald Sababurg, der bekannteste der so
genannten »Urwälder«, die Mitte des
19. Jahrhunderts unter Schutz gestellt wurden.

Pilz-Raritäten und Aderfarn-Wildnisse

Dieser »Urwald« fasziniert seit jeher auch Insektenkundler und Pilzkenner.

Zwei Holzpilze gelten als exquisite mykologische Kostbarkeiten: Der Safrangelbe Weichporling *(Hapalopilus croceus)* und der Eichen-Zungenporling *(Buglossoporus (Piptoperus) quercinus)* sind zwei stattliche Großporlinge, die an mächtigen, meist seit Jahrzehnten abgestorbenen, aber noch wenig zersetzten Eichenstämmen vorkommen. Die ansehnlichen Fruchtkörper erscheinen bereits im Sommer und vergehen im Herbst bereits wieder. Beide Arten sind vom Aussterben bedroht. Erste Funde des Safrangelben Weichporlings im Sababurger Urwald und im Urwald Hasbruch waren Sensationen in Fachkreisen.

Selbst unkundige Laien sind beeindruckt von gewaltigen Fruchtkörpern zweier Holzpilze, von Schwefelporling und Leberreischling, die stets bei der Zersetzung riesiger Eichenstämme beteiligt sind. Märchenhaft auch die Matronen und Ruinen der oft von Zunderschwammkonsolen übersäten Hutebuchen, in deren mulmigen Großhöhlen der Waldkauz brütet und tagsüber der hier weit verbreitete Waschbär ruht.

In der Unterschicht erwecken übermannshohe Bestände des Adlerfarns Vorstellungen geradezu tropischer Vegetationsüppigkeit. Doch sind dies lästige Weideunkräuter, die vom Wild und Weidevieh verschmäht sich dort breit machen, wo die übrige Bodenvegetation mit Stumpf und Stiel aufgefressen ist. Von dieser Giftpflanze ist nur der stärkereiche kräftige Wurzelstock genießbar, den die überaus häufigen Wildschweine tief aus dem Boden wühlen. Durchschneidet man den unteren Farnblattstiel quer, dann bilden die dunklen Leitbündel die Form eines Doppeladlers; daher der Name.

Märchenambiente und Wildschutzgebiet

Die »Deutsche Märchenstraße«, eine der wenigen, die den Reinhardswald durchquert, führt zur sagenumwobenen Sababurg, dem »Dornröschenschloss«, das durch Jahrhunderte hessischen Landgrafen als Jagdschloss gedient hatte. Auf diese jagdliche Vergangenheit geht auch der ummauerte ausgedehnte Wildpark zurück, in dem man heute heimische Wildtiere und Rückzüchtungen der ausgerotteten Großtiere Auerochse und Wildpferd hält und in Ausstellungen den Besuchern Wissenswertes über Wald und Forstgeschichtliches bietet.

Die südliche Hälfte des Reinhardswaldes war hochadliger Wildpark und seit 1867 mit einem Zaun umgeben. Bis heute ist der Reinhardswald auf über 9000 ha als »Wildschutzgebiet« eingezäunt und für den Bürger nur unter Einschränkungen zugänglich.

Seine Vergangenheit als Hutewald hat im Reinhardswald verbreitet Spuren hinterlassen. Kilometerlange Eichenalleen entlang einsamer Straßen, verlorene alte Hutebäume selbst im eintönigsten Fichtenforst. Nach Einstellen der Waldweide wurden die verödeten Huteflächen nach den Regeln »moderner« Forstwirtschaft großflächig aufgeforstet, meist mit Fichten. Wildverbiss, Rotfäule nach Rindenschälen durch Rotwild, Sturmwurf, Borkenkäferfraß und Kahlflächen bestimmten seither das forstliche Geschehen. Wegen der viel zu hohen Wilddichte konnte keine Naturverjüngung aufkommen.

Als erfreulicher Nebeneffekt dieses ausgedehnten staatlichen »Wildschutzgebietes« blieb eine stabile Population autochthoner Wildkatzen erhalten. Der Kolkrabe siedelte sich wieder flächig an, und 1996 erreichte auch der Schwarzstorch bei seiner erstaunlichen Ausbreitung nach Westen den Reinhardswald.

Ganz oben: Innenansicht einer durch Schwefelporling, Leberreischling und Holzinsekten ausgehöhlten Uralteiche.

Oben: Der »geweihte Drache«, eine der monströsen Baumgestalten aus dem Naturalienkabinett.

Hinweise für Besucher

Anfahrt von Kassel nach Münden, weserabwärts die B 80 über Reinhardshagen, Veckerhagen bis zur Abzweigung der landschaftlich besonders reizvollen Auffahrt durch die Wesereinhänge in den Reinhardswald zur Sababurg (mit Wildpark). Unmittelbar neben der Kreisstraße nach Hofgeismar liegt der »Urwald«. Oder von Westen her über die B 83 nach Hofgeismar; weiter auf der »Deutschen Märchenstraße« Richtung Sababurg.

»Urwälder« im nordwestdeutschen Tiefland

23 Hasbruch, seit 150 Jahren ohne Holznutzung; Feuersalamander und andere wander-unlustige Waldarten in den letzten historisch alten Wäldern; Neuenburger »Urwald« als malerisches Reservat für seltene Moose und Farne; Stechpalme, die immergrüne Buchenwaldbegleiterin im Unterholz; zahlreiche Epiphyten (auf Ästen wachsende Pflanzen); Eichenkrüppelwuchs auf ruiniertem Sandboden im »Urwald« Baumweg.

Berühmte »Urwälder« gibt es im wald-armen nordwestdeutschen Tiefland zwischen Weser und Ems. Hier waren die Wälder bereits früh durch Rodung auf geringe Reste zurückgedrängt worden und die verbliebenen Flächen im extremen Ausmaß übernutzt und durch Waldweide belastet. Als besonderes Übel kam in Norddeutschland noch das »Plaggenhauen« hinzu. Da wurde die Bodendecke samt humosem Oberboden ausgeharkt und in die Ställe eingestreut.

Der Hasbruch war bis Ende des 18. Jahrhunderts regellos geplentert worden. Hainbuchen wurden im Kopfholzbetrieb geschneitelt. Als im 19. Jahrhundert die verlichteten Hutewälder planmäßig abgetrieben und durch Eichenpflanzungen ersetzt wurden, ordnete der Großherzog von Oldenburg auf Vorschlag von Forstleuten an, einige Be-

stände mit besonders markanten Baumpersönlichkeiten »aus Pietät und ästhetischen Gründen« als »Ausschlussholzungen« in ihrem bisherigen Zustand zu belassen. Auffällige Baumgiganten wurden nach den herzoglichen Töchtern Amalien-, Charlotten- und Friederikeneiche benannt.

Die Friederikeneiche lebt heute noch. Ihr Alter wird mit 1200 Jahren angegeben, doch sind Eichenalter über 800 Jahre unbewiesen. »Tausendjährige« Baumveteranen sind im Inneren stets hohl und Jahrringzählungen müssen daher unvollständig bleiben. Als am 10. Februar 1982 die Amalieneiche zusammenstürzte, fanden sich am folgenden Tag über 1000 Besucher ein und demonstrierten so die enge Verbundenheit der Bevölkerung mit diesen urigen Bäumen.

1938 wurden 38 ha als Naturschutzgebiet ausgewiesen, von dem allerdings die Hälfte im Notwinter 1945/46 als Brennholz eingeschlagen wurde. Inzwischen auf 55,5 ha ver-

Hainbuchen, einst zur Futtergewinnung ständig geköpft, »geschneitelt«, haben sich im Hasbruch zu Gespensterbäumen entwickelt.

Oben links: Stechpalme, eine Begleiterin des Buchenwaldes im atlantisch beeinflussten Klima.

Oben rechts: Der Orangerote Kammpilz erscheint vom Herbst bis Winter flächig auf toten oder geschwächten Laubhölzern.

größert, sind knapp 40 ha sich selbst überlassen. Im Kernbereich kann sich der Wald bereits seit 150 Jahren ohne menschlichen Einfluss entwickeln. Der Hasbruch ist damit einer der ältesten »Naturwälder« Deutschlands, wie solche Flächen in Niedersachsen heißen.

In dieser langen Zeit einer ungelenkten Entwicklung hat sich Einschneidendes verändert. Die inzwischen 200–300 Jahre alten ehemaligen Kopfhainbuchen bestimmen das Bild dieses Reservates, wegen ihrer grotesken Formen »Gespensterbäume« genannt. Die Oberschicht aus Hainbuchen und Eichen ist großflächig von einer vitalen Buchenunterschicht unterwandert. Unter deren Konkurrenzdruck starben die meisten altersschwachen Eichen. Zusammen mit toten Hainbuchen häuft sich eine gewaltige Totholzmasse von annähernd 100 Kubikmetern pro Hektar.

Auch in den bewirtschafteten Eichen-Hainbuchen-Beständen des Hasbruchs, die eigentlich in der Altersphase höchster Lebenskraft stehen, nehmen akute Ausfälle durch das »Eichensterben« in erschreckendem Ausmaß zu.

Hasbruch, größter »historisch alter Wald« im Nordwesten

Das Waldgebiet Hasbruch mit insgesamt 630 ha naturnaher Eichen-Hainbuchen-Bestände ist im nordwestdeutschen Flachland der größte Rest eines »historisch alten Waldes«, eine Rarität, die nur auf einem Promille der Landesfläche erhalten blieb. Die weitaus meisten heutigen Wälder entstanden erst im 19. Jahrhundert durch die Wiederaufforstung von Heideflächen mit der bedürfnislosen Kiefer.

Besonders kennzeichnend für historisch alte Wälder sind wenig wanderfreudige Pflanzen- und Tierarten ohne besondere Ausbreitungstendenz. Auf Standorten mit

ungebrochener Waldtradition siedeln Bodenpflanzen wie die Einbeere, deren Samen durch Schnecken verbreitet wird, oder der Waldsanikel, bei dem dies Ameisen besorgen. Der Schwarze Schnegel *(Limax cinereoniger)*, die größte heimische Nacktschnecke, ist eng an ein luftfeuchtes Laubwaldklima und eine dicke Laubstreuschicht mit reichlich Moderholz gebunden, ebenso Laufkäferarten wie *Abax parallelus,* eine Waldart mit degenerierter Flugmuskulatur.

Bemerkenswerteste und bekannteste Charakterart dieses historisch alten Waldes ist der Feuersalamander, dessen Population im Hasbruchwald eine der bedeutendsten im niedersächsischen Tiefland ist.

Diese letzten historisch alten Wälder bergen einen erheblichen Teil des natürlichen Artenarsenals. Dies macht solche Wälder auch aus europäischer Sicht höchst wertvoll. Daher ist der Hasbruch insgesamt unter Naturschutz gestellt und als FFH-Gebiet gemeldet. Die niedersächsische Landesforstverwaltung stellt bei der Behandlung dieser Relikte ökologische Ziele und die Wohlfahrtswirkungen eindeutig vor Wirtschaftlichkeit.

Üppige Vegetation

Im Hasbruch herrschen derzeit Geißblatt-Stieleichen-Hainbuchen-Wälder vor. Sie sind im 19. Jahrhundert nach Beseitigung der Hutewälder durch Heisterpflanzung, zum Teil auch aus Naturverjüngung, entstanden. Wie die vom Menschen unbeeinflusste Dynamik im Totalreservat zeigt, sind das vom Menschen geschaffene Ersatzgesellschaften natürlicher Buchenwälder. Von besonders nassen Sonderstandorten abgesehen, ist auf den besseren lehm- und

tonreichen Böden der Grundmoräne der Flattergras-Buchenwald, in kleineren nährstoffärmeren Bereichen auch der artenarme Drahtschmielen-Buchenwald die naturgegebene Vegetationsform. Großräumige Entwässerungsmaßnahmen haben die »Buchenfähigkeit« dieser Standorte noch zusätzlich begünstigt.

Im Vorfrühling zieht das Blütenmeer der Buschwindröschen Naturfreunde in Scharen in den ohnehin viel besuchten Hasbruch. Unter den anspruchslosen natürlichen Begleitpflanzen sind das Flattergras, die »Waldhirse«, die Große Sternmiere, das zierliche Zweiblatt und das von Nachtschwärmern aufgesuchte Waldgeißblatt zu nennen.

Zu jeder Jahreszeit fällt neben dem Efeu die immergrüne Stechpalme auf. Im Unterholz kann sie sich zum ansehnlichen, bis 10 m hohen Großstrauch entwickeln und 100 und mehr Jahre alt werden. Diese auch Hülse genannte typische Begleiterin der Rotbuche schätzt das atlantische Seeklima, sie wird uns aber auch in luftfeuchten Gebirgslagen im Weißtannen-Buchen-Wald begegnen.

Alte Hutewaldreste des Tieflandes sind auch Reservate seltener, gefährdeter Moos- und Flechtenarten. Im Hasbruch-Urwald werden von 42 an den Eichen wachsenden Flechtenarten 22 in der Roten Liste geführt. Bereits vor 100 Jahren beschreibt ein Forstmeister den »Urwald« im Hasbruch bewundernd: »So grünt und blüht, rankt und schlingt alles durcheinander. Der Mensch, der sonst das Wachstum der Pflanzen leitet, um sie seinem Zwecke dienstbar zu machen, lässt hier der Natur ihren Lauf, und sie belohnt ihn durch Schöpfungen von so ergreifender Wirkung, wie sie keine Kunst des Forstmanns oder Gärtners zu erzielen vermöchte.«

Freie Jagd und Wald-entwicklungsziele

Die Neubegründung der Eichen-Hainbuchen-Wälder wurde durch einen ungewöhnlichen Sonderfall in der Geschichte des deutschen Jagdwesens sehr begünstigt. Nur im Großherzogtum Oldenburg behaupteten die Bauern und Bürger ihr in der Revolution 1848 errungenes Recht der Jagd auf eigenem Grund und Boden, unabhängig von der Flächengröße, bis 1934. Dann brachte das Reichsjagdgesetz des Reichsjägermeisters Hermann Göring reichseinheitlich jägerfreundliche und waldschädliche Regelungen, die heute noch gelten.

Als eine Folge der freien Jagd wurde im und um den Hasbruch das Rotwild ausgerottet und Rehwild auf einen für den Wald unschädlichen Restbestand vermindert. Hirsche, auch Damwild und Wildschweine, gibt es seither im Hasbruch nicht.

Im Naturwald, dem alten »Urwald«, gilt auch künftig der Grundsatz Natur Natur sein lassen. Auf mehr als der Hälfte des Hasbruchs sind lichte Eichen-Wirtschaftswälder mit Hainbuche vorgesehen, um die ungebrochene Habitatkontinuität für die Lebensgemeinschaft des Eichen-Hainbuchen-Waldes zu ermöglichen. Auch wenn man neben den Mischbaumarten Esche, Flatterulme und Feldahorn einige Rotbuchen duldet, die natürliche Dynamik hin zum Buchenwald wird hier unterbunden. Auf einem Fünftel der Fläche soll eine natürliche Entwicklung dort zugelassen werden, wo sie langfristig zur potenziell natürlichen bodensauren Buchengesellschaft führt, entlang der beiden das Gebiet durchfließenden Bäche auch zum Roterlen-Eschen- Wald. Auf einer Teilfläche von 15 ha lebt in einem älteren Eichenhochwald mit angrenzendem Grünland seit einigen Jahren die Tradition des Hutewaldes wieder auf. Im Herbst weiden für mehrere Wochen Rinder.

Neuenburger Urwald

Das Naturschutzgebiet Neuenburger Urwald im Neuenburger Holz in der ostfriesischen Geest, einem der wenigen großen Laubwaldgebiete des westlichen Tieflands, ist mit dem Hasbruch vergleichbar. Sowohl die natürlichen Gegebenheiten als auch die Geschichte dieses historischen Hutewaldrestes stimmen überein. Die Grafen von Oldenburg hatten den einstigen Almendewald einer Dorfgemeinschaft, ein Rest des alten Friesenwaldes, der Wehde, für sich beansprucht. 1850 verordneten sie dem Zeitgeist entsprechend auf einer Teilfläche den Verzicht auf weitere Holznutzung. Die Waldweide wurde nach der Wende zum 19. Jahrhundert eingestellt.

Der »Neuenburger Urwald«, ein ehemaliger Hutewald, der seit 1850 nicht mehr genutzt wird, ist berühmt für seine uralten Stieleichen.

Von der 1938 unter Naturschutz gestellten Fläche fiel auch hier im ersten Nachkriegswinter die Hälfte der Brennholznot zum Opfer. Heute umfasst das Naturschutzgebiet 48,5 ha, die Hälfte davon ist der eigentliche »Urwald«.

Der Neuenburger Urwald wird gerühmt für die malerische Schönheit seiner 500–600-jährigen Stieleichen und der aus Kopfbäumen hervorgegangenen, von armdickem Efeu umrankten Hainbuchen und Buchen. Durch die Nähe zum Meer begünstigt, bilden Stechpalmen ein überaus dichtes, vom Geißblatt durchsponnenes Unterholz. Ein üppiger Behang aus Epiphyten überzieht starke Äste: Flechten, Moose, Farne, die ohne eigene Bodenbindung Wasser und Nährstoffe aus der Atmosphäre beziehen.

»Urwald« Baumweg

Vor dem Hintergrund jahrhundertelanger Missnutzung durch Überweidung, Kopfholzbetrieb und Plaggenhauen überrascht die ungebrochene Wuchskraft der Urwälder Hasbruch und Neuenburg. Es ist die Gunst der nährstoffreichen Grundmoränenstandorte, die zusammen mit reichlicher Wasserversorgung dieses Regenerationswunder möglich macht.

Im Oldenburgischen Münsterland zwischen Wildenhausen und Cloppenburg bietet der »Urwald« im Baumweg das drastische Gegenbeispiel, wie verheerend historische Weidenutzung auf mageren Sandböden der Geest, dem trockeneren, weniger fruchtbaren Land im Küstenbereich, den Wald zugerichtet hat. Der Baumweg, ein heute 2000 ha großer Staatsforst, war einst Bauernwald, wo Heidschnucken in unvorstellbaren Mengen gehütet und der Plaggenhieb in intensivster Weise betrieben wurde. Schafkot mit Plaggen vermengt lieferte den Dünger für die kargen Ackerböden.

Der »Urwald« ist ein 200–300-jähriger Eichenbestand, für das Tiefland ungewöhnlich vorwiegend aus Traubeneichen, mit eingesprengten Buchen, Sandbirken und Erlen. Es gibt keine mächtigen Baumgestalten, wie man sie in Hutewäldern erwartet. Von Jugend an von Wildtieren und Weidevieh ständig verbissen, auf einem von Natur armen Sandboden vegetierend, den Plaggenhieb und Streurechen rücksichtslos ausgebeutet hatten, konnten sich nur krüppelwüchsige, gewundene und verkrümmte Kümmergestalten entwickeln. Der Baumweg ist das extreme Gegenstück eines »Urwaldes«, ein wildromantisches Monstrum aus dem Schreckenskabinett historischen Landschaftsmissbrauchs, abschreckendes Mahnmal dafür, was man Wäldern nicht antun darf.

Aber von solchen »Urwäldern« leiten sich bis heute völlig falsche Vorstellungen vom Aussehen ohne menschlichen Einfluss »wild« aufwachsender Bäume und Wälder ab. Je unregelmäßiger Stamm und Krone eines alten Baumes, je geringer sein Holznutzwert, als desto »uriger« wird er von Laien empfunden. In Wirklichkeit ist für Baumweg: Seine durch historischen Waldmissbrauch verkrüppelten Baumgestalten vermitteln ein falsches Bild von »Urwald«.

Bäume, die unter Urwaldbedingungen aufwuchsen, der hochragende, säulenförmige, astfreie Schaft und eine vergleichsweise hoch angesetzte schmale Krone typisch.

Hinweise für Besucher

Die Urwälder Baumweg und Hasbruch liegen im bzw. am Naturpark Wildeshauser Geest:
Delmenhorster Straße 6,
27793 Wildeshausen, Tel. 04431/85 35 1,
www.naturparkwildeshausergeest.de.
Der Baumweg grenzt direkt an die B 213 Wildeshausen–Cloppenburg westlich der A-29-Ausfahrt Ahlhorn; Parkplatz mit Informationstafel.
Urwald Hasbruch über A 28 Delmenhorst–Oldenburg bis Abfahrt Hude; Weiterfahrt Richtung Hude. Parkplatz am Forsthaus: Staatliche Revierförsterei Hasbruch, Am Forsthaus 4, 27798 Hude, Tel. und Fax 04408/67 31.
Der Neuenburger Urwald liegt bei Neuenburg (südlich Wilhelmshaven) an der B 437 nach Bockhorn.
Die gesamte Region ist ein Paradies für Radfahrer. Es werden attraktive, auch mehrtägige Touren zum Erleben der landschaftlichen Schönheiten angeboten, die »Urwälder« eingeschlossen.

Eichen-Inseln im Nürnberger Reichswald

 Irrhain des Pegnesischen Blumenordens und Schmausenbuck; alte Erholungshaine als Asyl für seltenste Großkäfer im ältesten Kiefernkunstforst.

Der Irrhain, seit über 300 Jahren ein Erholungs-hain, ist letztes Asyl seltenster Großkäfer im ersten »man-made forest« der Welt.

Urwald-Reliktarten der Eichenwälder konnten als Bewohner geräumiger Mulmhöhlen meist nur außerhalb oder am Rande der Wirtschaftswälder in Alteichen überleben. Diese verdanken ihre Existenz der früheren Hochschätzung als Hutebäume, manchmal aber auch besonderen ge-schichtlichen Glücksumständen. Bereits zu Beginn des 20. Jahrhunderts in der Frühzeit des Naturschutzes wurden solche Einzel-bäume, Gruppen und Kleinbestände als Naturdenkmale amtlich unter Schutz ge-stellt. Der Nürnberger Reichswald gilt welt-weit als der älteste Kunstforst. Obwohl seit dem Mittelalter als Kiefernmonokultur be-wirtschaftet, haben hier bis heute im Asyl zufällig erhaltener Eicheninseln seltenste Mulmhöhlenbewohner unter den Blatthorn-käfern überlebt.

Der Irrhain des Pegnesischen Blumenordens

Am Westrand des Sebalder Reichswaldes, dem nördlich der Pegnitz gelegenen Teil des Nürnberger Reichswaldes, nahe Kraftshof mit seiner bekannten Wehrkirche und dem Neunhofer Patrizierschlösschen liegt der

Irrhain. Mächtige bis 300-jährige Stiel-eichen und alte Winterlinden, dazwischen Hainbuchen und Spitzahorne, überwölben den ehemaligen Wandelgarten des Peg-nesischen Blumenordens. Diese altnürn-berger Dichtervereinigung hat den Wald seit 1681 von der Stadt Nürnberg gepachtet. Der Vertrag wurde nach der Mediatisierung von der bayerischen Forstverwaltung übernom-men und besteht bis heute.

Der Irrhain ist eine von 4 winzigen Eichen-Inseln, wo seltenste Mulmhöhlen bewoh-nende Großkäfer überleben. Unter den 22 kürzlich nachgewiesenen Mulmhöhlenbe-siedlern, davon 19 Arten der Roten Liste, steht einmal mehr der Eremit als anspruchs-voller Bewohner uralter Laubbäume im Vor-dergrund des Interesses. Der Große Gold-käfer (Protaetia aeruginosa), in Deutschland vom Aussterben bedroht und attraktivster Blatthornkäfer, hat ausgerechnet hier im Reichswald derzeit sein bedeutendstes Vor-kommen in Bayern.

Auch andere Vertreter der elitären Gesell-schaft der Mulmbewohner wie der Marmo-rierte Rosenkäfer (Protaetia lugubris) und Fiebers Goldkäfer (Protaetia fieberi), der Variable Edel-Scharrkäfer (Gnorimus nobilis) und selbst der vom Aussterben bedrohte Schwarze Edel-Scharrkäfer (Gnorimus va-riabilis) konnten in den letzten Uralteichen des Reichswaldes bis heute überdauern.

Schmausenbuck

Neben dem Irrhain sind die Alteichen am Schmausenbuck die wertvollsten Refugien für Eremit und die übrige »Megafauna« unter den Käfern. Ähnlich dem Irrhain war auch der Schmausenbuck bereits seit dem Mit-

Der Marmorierte Rosenkäfer bewohnt Mulm-höhlen in den letzten Reichswald-Alteichen.

telalter ein bevorzugtes Erholungsgebiet der Bewohner der Freien Reichsstadt Nürnberg. Stadtrechnungen belegen zurück bis 1378, dass dem Rat der Stadt die Erhaltung dieses beliebtesten Ausflugszieles ein besonderes Anliegen war. Selbst Albrecht Dürer hatte hier gezeichnet und gemalt. Vor dem Zweiten Weltkrieg pachtete die Stadt den Großteil dieses ältesten Erholungswaldes der Forst-geschichte und errichtete den landschaftlich schönsten Tiergarten Deutschlands.

Als besondere Zierde dieser frühen Wald-erholungsstätte überlebten alte Eichen und mit ihnen die Tradition der Insektenwelt der Eichenurwälder. Der Heldbock ist allerdings inzwischen ausgestorben. Nur an einzelnen Eichenveteranen erinnern historische Fraß-gänge seiner Larven an den imposantesten aller Bockkäfer.

Nach 600 Jahren Kiefernwirtschaft wächst heute auf bereits 3500 ha eine neue, reich ge-mischte Generation von Laubbäumen heran. Als künftige Hauptbaumart des Nürnberger Reichswaldes ist die Eiche mit nahezu der Hälfte daran beteiligt.

Hinweise für Besucher

Der Irrhain liegt wenige Gehminuten östlich von Kraftshof am Waldrand. Zufahrt über die A3, Ausfahrt Erlangen-Tennenlohe; weiter über die B4 Richtung Nürnberg bis Abzwei-gung Boxdorf; weiter nach Kraftshof.

Ludwigshain bei Kelheim

25 Naturwaldfläche mit 400-jährigen Eichen und 300-jährigen Buchen; seit 1912 nicht mehr genutzt, seit 1939 Naturschutzgebiet; seltene Käfer und Pilze, z.B. Leberreischling und Mosaikschichtpilz.

Der Ludwigshain bei Kelheim liegt unweit der Befreiungshalle auf der Jurahochfläche zwischen Donau und Altmühl. Dieser nur 2,4 ha große Bestand mit über 400-jährigen Traubeneichen und 300-jährigen Buchen wurde bereits 1912 aus der Nutzung genommen und 1939 als Naturschutzgebiet ausgewiesen. Für W. Schoenichen entsprach er damals »so recht unserer Vorstellung vom Bilde des deutschen Märchenwaldes«.

Die Eichen haben die Altersphase erreicht, viele sterben ab oder stürzen. Die Buche übernimmt die Herrschaft und ist gerade dabei, die Eiche für immer zu verdrängen. Dieses renommierte Kleinreservat ist das Glanzstück des 480 ha großen FFH-Gebietes »Hienheimer Wald mit Ludwigshain und Hangkante Altmühltal«.

Ein winziger Hain als Naturwald-Referenzfläche

Wie kläglich es um Reste uriger Wälder in Deutschland bestellt ist, wurde einmal mehr offensichtlich, als der kleine Ludwigshain für eine groß angelegte wissenschaftliche Untersuchung unterschiedlich naturnaher Waldobjekte im Hienheimer Forst als »Naturwald«-Referenzfläche herhalten musste. Einmal mehr bestätigte sich, dass im Ludwigshain, ähnlich in einem erst seit 20 Jahren ungenutzten Naturwaldreservat nebenan, die auf Altholz- und Totholz-Strukturen angewiesenen Organismengruppen, vor allem Käfer und Pilze, den Wirtschaftsforsten weit überlegen sind. Andere Gruppen wie krautige Pflanzen oder Spinnen und Weberknechte können in Wirtschaftswäldern ähnlich hohe, zum Teil sogar höhere Artenvielfalt und Individuenzahlen erreichen.

Man weiß bereits durch Untersuchungen in Tiefland-Buchenwäldern, dass durch Holzeinschlag und Holzrücken in der Bodenvegetation und Insektenwelt gewisse Arten hinzukommen. Solche »Biodiversität«, eine beliebige Vermehrung meist walduntypischer Allerweltsarten, wird der Verpflichtung zur Wahrung unseres nationalen Naturerbes nach der 1992 unterzeichneten UN-Biodiversitätsresolution nicht gerecht.

Doch bedienen sich Repräsentanten deutscher Forstpolitik gerne dieser Argumente. So versicherte der letzte Bundeslandwirtschaftsminister in einer heute noch umlaufenden bunten Broschüre seines Hauses: »Nach neueren Studien gibt es zwischen naturnah bewirtschafteten Mischwäldern und unbewirtschaftetem Naturwald praktisch keinen Unterschied hinsichtlich der Artenvielfalt. Die größeren Wildtiere wie Hirsche, Rehe und Wildschweine haben trotz der dichten Besiedlung unseres Landes im Wald noch immer einen gesicherten Lebensraum.«

Natürlicher Pilzartenreichtum

Im Ludwigshain besitzt der Eremit ein winziges Verbreitungsgebiet. Die nächsten Vorkommen finden sich in den Auenwäldern des Donautales. Seine Überlebenschancen schwinden, wenn sich diese Alteicheninsel weiter auflöst. Ist die Population einmal erloschen, ist eine Wiederbesiedelung unwahrscheinlich, selbst wenn entsprechende Lebensräume wieder angeboten werden.

Pilze, die mit ihren allgegenwärtigen Sporen sehr viel ausbreitungsstärker sind als die wenig mobilen Totholzinsekten, können sich alsbald einstellen, wo geeignetes Substrat sich anbietet. So findet man den Mosaikschichtpilz, der als mykologische Besonderheit nur sehr altes Eichenstarkholz besiedelt, im Ludwigshain ebenso wie in den Alteichenflächen des über 200 km entfernten Hochspessarts. Die auffälligen Fruchtkörper des Leberreischlings, auch Ochsenzunge genannt, entwickeln sich auf den unteren Metern mächtiger, noch lebender Eichenstämme.

Insgesamt wurden 291 Pilzarten beschrieben, doppelt so viele wie in einem benachbarten älteren Buchen-Eichen-Wirtschaftswald.

Hinweise für Besucher
Zufahrt von Essing im Altmühltal auf der Kreisstraße KEH 15 Richtung Hienheim. Nach 2,5 km abzweigen Richtung Kelheim/ Befreiungshalle, nach 1,5 km Parkplatz; auf der linken Straßenseite führt ein Waldweg nach einigen hundert Metern zum Ludwigshain.

Der Igelstachelbart, ein Juwel unter den Holzpilzen an alten Buchen und Eichen, weist auf besondere Naturnähe hin.

Auenwälder

Auenwälder sind im natürlichen Zustand Laubwälder entlang der Flüsse und Bäche, die regelmäßig überflutet werden. Ursprünglich waren rund 7% der festen Landfläche Deutschlands davon bedeckt. Kein natürlicher Lebensraum ist so von vielfältigem Leben erfüllt wie dieser, keine anderen Waldgesellschaften sind ähnlich produktiv, keine erwecken im Betrachter so häufig Assoziationen von »Wildnis«, »Urwald« bis hin zum »tropischen Regenwald«.

Trotz tief greifender Veränderungen sind die verbliebenen Auenwälder auch heute noch faszinierende Zeugnisse ursprünglicher Waldnatur. Zwei Drittel aller Pflanzengesellschaften Deutschlands finden wir in den Auen. Hier ist die Vielfalt der Lebensräume, der Pflanzen und Tiere am üppigsten. Auen sind die unersetzbaren Rückzugs- und Überlebensräume bedrohter Arten und obendrein bedeutende Zugleitlinien und Raststätten für Vögel, Fledermäuse und wandernde Insekten.

Flussdynamik

Nirgends ist das Naturgeschehen so auffällig ständigem Wechsel bis hin zu katastrophalen Ereignissen unterworfen wie im Einflussbereich strömenden Wassers. Die Dynamik von Hochfluten im Frühling bis hin zum zeitweisen Trockenfallen im Winter gestaltet immer neue Lebensbedingungen für Pflanzen und Tiere. Da können am Prallhang Uferbereiche mit altem Baumbestand von den Fluten abgerissen, weggeführt und anderswo angelandet werden. Gewaltige Eichenstämme, so genannte Mooreichen, die heute beim Ausbaggern von Kiesgruben frei gelegt werden, künden von dramatischen Geschehnissen früherer Jahrhunderte. Durch Anschwemmungen entstehen neue Schotterkegel, Kiesbänke, Sand- und Schlickinseln. Der Fluss verändert ständig seinen Lauf, sucht sich ein neues Bett, zweigt sich auf, mäandriert oder durchschneidet alte Schlingen, die dann zu Altwässern werden.

Kilometerbreit sind die Talräume, in denen sich größere Flüsse entfalten konnten. Der Wald reagiert auf die ständigen Veränderungen. Ein geradezu tropisch anmutender Artenreichtum von Bäumen, Sträuchern, lianenartigen Rankgewächsen und Bodenpflanzen bildet eine Vielzahl von Gesellschaften.

Weichholzauen

Frische Bodenanschwemmungen werden zunächst vor allem von Weiden als ersten Pionieren besiedelt, deren winzige Flugsamen nur kurze Zeit keimfähig sind und offenen Rohboden benötigen. Unmittelbar entlang dem strömenden Wasser bildet sich ein Ufergebüschsaum aus Mandelweiden und Korbweiden, der extrem schwankenden Wasserhöhen ebenso standhalten kann wie mechanischen Belastungen durch Flutwellen und Treibeis. Schwer verletzte und abgebrochene Weiden können aus Strünken und Wurzeln regenerieren. Ja, selbst Aststücke bewurzeln sich, wo sie Kontakt zum Boden finden.

Unmittelbar hinter dem Weidensaum entwickelt sich der Silberweiden-Auenwald, dem Schwarzpappeln beigemischt sind. Im Donauraum entlang der Zuflüsse aus den Alpen bildet weithin der Weißerlen-Auenwald die flussbegleitende Waldgesellschaft. Ufernahe Standorte werden regelmäßig überschwemmt, doch Weiden und Erlen können unbeschadet bis zu einem halben Jahr im Wasser stehen. Weidengebüsch und Silberweiden-Auwald zusammen mit dem Weißerlen-Auenwald bezeichnet man als Weichholzauwald.

Weichholzaue entlang eines Altwasserarms im Rheintal bei Rastatt. Die Arten des flussnahen Weidengebüschsaumes sind unempfindlich gegen extreme Schwankungen des Wasserspiegels und überleben selbst langanhaltende Überschwemmungen ohne Schaden.

Der Fluss verlässt beim Frühjahrshochwasser sein Bett und setzt die Weichholzaue mit niedrigem Weidengebüsch und hohen Silberweiden unter Wasser.

Wo Flussregulierung und Deichbau die natürliche Dynamik mit regelmäßigen Überschwemmungen ausschließt, wurde allein mehr als die Hälfte der Auwaldflächen im 19. und 20. Jahrhundert in naturwidrige Nadelholzforste umgewandelt. Die reiche, vielschichtige Auwaldstruktur versuchte man nach dem üblichen forstlichen Einheitsmodell zum gleichaltrigen »Normalwald«, dem überschaubaren und einfach zu manipulierenden Altersklassenwald, umzubauen. In gleichaltrigen Monokulturen aus Kulturpappeln ist diese Fehlentwicklung am deutlichsten ausgeprägt.

Haben Auenwälder wieder Zukunft?

Seit den 1990er-Jahren häufen sich Flutereignisse in bedrohlichem Ausmaß. Die Sicherheit des Lebens in Flussniederungen hinter Dämmen und Stauwehren erweist sich als trügerisch. Die Flüsse brechen aus dem Zwangskorsett, das ihnen die Technik verpasste, aus. Spätestens seit der verheerenden Elbeflut im August 2002 wächst die Einsicht, dass vor derartigen Katastrophen auf Dauer Deiche allein nicht retten können.
Vordringlich muss den Flüssen wieder die Möglichkeit eingeräumt werden, bei Hochwasser auf größere Flächen ihrer ursprünglichen Auen auszuweichen. Ein Mehr an überschwemmbaren Freiräumen, an »Retentionsflächen«, benötigen unsere Fließgewässer. So könnten der Abfluss entschleunigt, die Sedimente in der Aue zurückgehalten und zugleich der Grundwasservorrat angehoben werden. Dazu muss Ackerland im Überflutungsbereich in Grünland, besser wieder in Auenwald umgewandelt und naturferne Baumbestockung in auengerechten Laubmischwald umgebaut werden, der Überschwemmungen erträgt. Mit der Wiederherstellung des natürlichen Wasserregimes werden sich die Auenwälder alsbald regenerieren. So könnte aus den Ängsten vor künftigen Hochwasserkatastrophen zugleich die Hoffnung auf eine bessere Zukunft der Auenwälder erwachsen.

Hartholzauen

Auf den höher gelegenen und seltener überfluteten Anschwemmungen entstehen die Hartholzauenwälder, geprägt von Feldulme, Esche und Stieleiche mit einer Vielzahl an Begleitarten sowohl in der Baum- wie in der Strauchschicht. Kein anderer heimischer Wald ist ähnlich reich gemischt und von vergleichbarer Wuchskraft. Je nach Mächtigkeit der Auelehmdecke, nach Nährstoffangebot, Reifegrad der Böden sowie der durchschnittlichen Höhe des Grundwasserstandes, Häufigkeit und Dauer der Überschwemmungen wechseln die Wuchsbedingungen kleinflächig.

Hartholzauenwälder gliedern sich in mehrere Vegetationsetagen. Unter dem lichten Kronendach mächtiger Altbäume entfaltet sich eine vielschichtige Vegetation von Baumarten geringerer Höhe, darunter eine artenreiche Strauchschicht. Dazwischen ranken Lianen wie Waldrebe und Efeu, die den Eindruck tropischer Üppigkeit verstärken. In der Bodenschicht überraschen bereits im Vorfrühling die Osterspaziergänger im sonst noch winterkahlen Auenwald farbenprächtige Blütenteppiche der so genannten Geophyten, die im Boden überdauernden Pflanzen wie Märzenbecher, Buschwindröschen und Lerchensporn.

Auenrealität

Wer Flüsse und Auwälder allerdings heute in dieser vollen ursprünglichen Dynamik erleben will, muss dazu weit reisen. Die meisten Flüsse Mitteleuropas sind seit 200 Jahren gezähmt, begradigt, eingetieft, in ein künstliches Korsett von Deichen und Stauwerken gezwängt. Als bemerkenswerte Ausnahme konnten bei Wien 11 000 ha seit 1996 sogar als Nationalpark Donau-Auen gesichert werden. Von den ursprünglichen Auwäldern ist nur knapp ein Sechstel übrig geblieben. Auf weiten Strecken säumen lediglich schmale Ufergebüschstreifen oder Zeilen aus Baumweiden, Pappeln und Roterlen die Ufer der Fließgewässer. Baumkulissen, geduldet zur Uferbefestigung, wo einst kilometerbreit unabsehbare Auenwälder die Talräume füllten. Die verbliebenen Auwaldreste wurden zudem im Laufe der Zeit in ihrem Charakter meist tief greifend verändert. Heimische Baumarten wie die Schwarzpappel wurden durch gezüchtete Kulturpappeln, Kreuzungen mit der nordamerikanischen Schwesternart, und Balsampappeln, ebenfalls aus Nordamerika, verdrängt. Wertholz versprechende Edellaubbaumarten wie Esche und Bergahorn begünstigte man einseitig, selbst exotische Laubbäume wie die nordamerikanische Schwarznuss wurden kultiviert.

Biosphärenreservat Mittlere Elbe

26 Hier überleben Mitteleuropas größte Hartholzauenwälder und die Biber; zahlreiches Wildobst, vor allem Wildbirnen; Bockkäfer in uralten Eichen; Rotmilane, Seeadler und Schwarzstörche.

An der mittleren Elbe nahe Dessau blieben die ansehnlichsten Hartholzauenwälder Mitteleuropas erhalten. Die Elbe, unser drittgrößter Strom, wurde zwar schiffbar ausgestaltet, aber vom intensiven Ausbau mit Staustufen blieb sie bis heute verschont und ihre Ufer sind vergleichsweise naturnah. So kann die ursprüngliche Flussdynamik heute noch in den Auenwäldern wirken. Ein Drittel des 43 000 ha großen Biosphärenreservates Mittlere Elbe wird nach wie vor regelmäßig überschwemmt. Kernstück sind 400 ha Totalreservate, alte Naturschutzgebiete, die schon vor langer Zeit vor allem zur Rettung der letzten deutschen Biber ausgewiesen wurden.

Biosphärenreservat der ersten Stunde

Das seit 1979 bestehende Biosphärenreservat Mittlere Elbe ist zusammen mit dem Vessertal eines der beiden ersten in Deutschland. Ausgehend vom Steckby-Lödderitzer Forst, einem alten Vogelschutzgebiet mit einigen bereits seit den 1920er-Jahren zur Erhaltung der letzten Elbe-Biber ausgewiesenen geschützten Flächen, wurde 1988 das Dessau-Wörlitzer Gartenreich einbezogen. Das Reservat Mittlere Elbe erstreckt sich auf über 43 000 ha entlang 78 Flusskilometern und dem Unterlauf der linken Seitenflüsse Mulde und Saale bis in die Dornburger Aue. Wälder bedecken 27% des Biosphärenreservates, überwiegend naturnahe Hartholzauenwälder. Zusammen mit diesen Wäldern prägen 20% Grünland und nahezu 7% Gewässer den Charakter der Elblandschaft von Wittenberg bis Magdeburg.

Inzwischen hat die UNESCO 1997 das Elbtal auf rund 40% der deutschen Flussstrecke bis hinunter nach Geesthacht auf 400 km Länge länderübergreifend als Biosphärenreservat anerkannt, mit 350 000 ha eines der größten in Europa. Hier sollen künftig Fluss und Auen beispielhaft auch für andere Stromgebiete renaturiert werden.

Die Elbe im Bereich des Biosphärenreservats wurde zwar schiffbar ausgebaut, doch mit naturnahen Ufern und regelmäßigen Überschwemmungen.

Alte Totalreservate als Kernzone

Auenlebensräume sind vielfältig. Die Spanne reicht von den Auenwäldern über Auenwiesen, Altwässer, Flutrinnen bis hin zu Magerrasen auf Sanddünen. Den naturnähesten Eindruck vermitteln einige alte Naturschutzgebiete, inzwischen als Kernzone ausgewiesene Totalreservate zwischen Aken und Tochau im Lödderitzer Forst und auf der gegenüberliegenden Flussseite bei Steckby. Mächtige, bis 500 Jahre alte Stieleichen überragen das vielschichtige Kronendach des Hartholzauenwaldes. Typisch ist hier in einer wärmebegünstigten und niederschlagsarmen Gegend der feldahornreiche Feldulmen-Stieleichen-Auenwald, den eine Reihe von Mischbaumarten begleiten: Flatterulme, Esche, Hainbuche, Winterlinde, Wildbirne und Wildapfel.

Die Blütenpracht der Wildobstbäume setzt den Elbauen noch ein Glanzlicht auf, wenn im Vorfrühling vor Laubausbruch der nährstoffkräftige Boden, auf dem das letzte Hochwasser seine Spuren hinterließ, sich mit der festlich reichen Decke von Frühblühern überzieht. Weiße Blütenteppiche aus Buschwindröschen mit gelben Tupfern von Scharbockskraut und Waldgelbstern, dazwischen als Kostbarkeiten nicht nur für Botaniker Märzenbecher und Zweiblättriger Blaustern. Nach der Attraktion der Vorfrühlingsflora erschwert eine üppige Strauch- und Kraut-

Die mehr als fingerbreiten Fraßgänge der Larven des Großen Eichenbocks oder Heldbocks im Holz mächtiger Alteichen.

schicht Besuchern Einblick und Eindringen und schützt zugleich, unterstützt von Myriaden von Stechmücken, die Tierwelt vor Störungen in ihrer empfindlichsten Phase des Jahreszyklus.

Vom Weichholzauenwald sind nur entlang der Elbufer und Altwasserarme, dazu an über tausend Flutrinnen und Kleingewässern schmale Säume erhalten. Das Gebüsch aus Mandel-, Korb- und Purpurweiden wird überragt von hochstämmigen Silberweiden. Tiefer eindringen in die Geheimnisse der verwirrend artenreichen Gattung der Weidengewächse kann man bei einem Besuch eines eigenen Weidenlehrpfads bei der Kapenmühle.

Ulmensterben

Die namengebende Feldulme ist heute aus der Kronenschicht der europäischen Hartholzauenwälder nahezu verschwunden. Diese wärmeliebende, mitteleuropäisch-submediterran verbreitete Baumart der großen Stromniederungen hatte mit eindrucksvollen, bis 1 m dicken und bis zu 400 Jahre alten Exemplaren den Charakter dieser Waldgesellschaft geprägt. Doch der im Ersten Weltkrieg aus Ostasien eingeschleppte Pilz *Ceratocystis ulmi* löste ein verheerendes Ulmensterben aus.

Heute sind die alten Feldulmen nahezu ausgestorben. Der todbringende Pilz breitet sich in den befallenen Bäumen über deren Wasserleitungssystem aus. Verbreitet wird der Pilz durch zwei Insektenarten, den Großen und den Kleinen Ulmensplintkäfer, deren Larven unter der Rinde ein unverwechselbares Fraßbild nagen.

Bereits in den 1960/70er-Jahren war der größte Teil der Feldulmen in den Elbauen abgestorben. Inzwischen sind zwar neue Bäumchen in großer Zahl nachgewachsen, aber sie sterben bereits im Jugendalter von nur 20–40 Jahren. Die Feldulme ist deshalb derzeit als Baum der Kronenschicht bedeutungslos. Sie wird jedoch als Art überleben, bildet sie doch bereits in früher Jugend massenweise Samen und erneuert sich überdies durch Austriebe aus dem Wurzelwerk, der so genannten Wurzelbrut.

Weniger betroffen vom Ulmensterben ist die dritte heimische Art, die Flatterulme. Sie ist im Elb-Auenwald auch in der Oberschicht mit

Der Moschusbock, eine Charakterart der Weichholzaue, ist unverwechselbar durch seine Färbung und den durchdringenden Moschusduft.

ansehnlichen Altbäumen vertreten, erkennbar auch an den auffällig brettartigen Wurzelanläufen (siehe Foto S. 118).

Großinsekten in Eichenveteranen

Die auffälligsten Baumgestalten der Elbauen sind ihre alten Stieleichen. Sie stammen noch aus der Zeit der Mittelwaldwirtschaft. In den Elb-Auenwäldern überleben deshalb Alteichen und Holzmulm bewohnende rare Käferarten noch in beachtlichen Populationen. Auch die prächtigen Großkäfer Eremit, Heldbock und Hirschkäfer, die derzeit bei der Ausweisung des europaweiten Schutzgebietsystems Natura 2000 das besondere Interesse des Naturschutzes finden, sind hier beheimatet. Der vom Aussterben bedrohte Heldbock oder Große Eichenbock hat hier sein bedeutendstes Vorkommen in Deutschland. Seine ungemein großlumigen Larvenbohrgänge kann man besonders an frei stehenden, besonnten Eichenpersönlichkeiten, die zu kränkeln beginnen, entlang der Gewässerufer oder in den weiten Auwiesen des Dessau-Wörlitzer Gartenreiches entdecken.

Kleinere Mulm bewohnende Verwandte des mächtigen Hirschkäfers wie Zwerghirschkäfer und Kopfhornschröter findet man noch verbreitet. Aus der Verwandtschaft des Großen Eichenbocks, den Cerambyciden, sind nicht weniger als 70 Arten im Biosphärenreservat nachgewiesen. Der Kleine Eichenbock, auch Buchenbock oder Runzelbock genannt, zählt dazu. Ebenso der oberseits metallisch grüne Moschusbock, der nach Moschus riecht und sich manchmal in großer Zahl an alten, anbrüchigen Weiden versammelt, um ausfließenden Baumsaft zu saugen.

Wenn Weißdorn, Heckenrose und Holunder blühen, ist eine gute Zeit, dort interessanten Insekten des Auenwaldes nachzuspüren. Neben verschiedenen Arten von Bockkäfern trifft man prächtige Gestalten wie den sonst so seltenen grün-golden leuchtenden Großen Rosenkäfer dort an. Nach einem Larvendasein im feuchten Moderholz alter Laubbäume entpuppen diese sich zu überaus prächtigen Goldkäfern, die sich jetzt im besonnten Meer der Frühlingsblüten verköstigen. Sein naher Verwandter, der nicht weniger ansehnliche Gewöhnliche Rosenkäfer, ist noch bis in die Hausgärten hinein weit verbreitet. Ihm ist es gelungen, sich vom anspruchsvollen Bewohner der seltenen Baummulmhöhlen zum Kulturfolger in Komposthaufen zu entwickeln.

Auch ein weiteres attraktives Großinsekt, der unverwechselbare Nashornkäfer, hat den erstaunlichen Entwicklungssprung vom bedrohten Bewohner anbrüchiger Alteichen zum Kulturfolger in Sägewerksrestdeponien bereits hinter sich, nachdem der erste Schritt aus dem Wald im 19. Jahrhundert über die Eichenlohrindenhaufen der Gerbereien gegangen war. Hier an der Elbe lebt dieser gehörnte Riesenkäfer noch in seinem ursprünglichen Lebensraum, den Mulmhöhlen von Eichenveteranen.

Wilde Birnbäume

Eine Besonderheit der Hartholzauen an der mittleren Elbe sind die außerordentlich zahlreichen Wildobstbäume. Mehr noch als die von Stammausmaßen und Kronendimension bescheidenen Wildapfelbäume beeindrucken urige, hochragende Wildbirnbäume, wenn sie im April aus dem ersten Blattgrün der zaghaft austreibenden Aue mit überschwänglicher Blütenfülle prahlen. Im Spätsommer geben sie sich durch zahllose kleine, kugelrunde Birnenfrüchtchen an langem Stiel zu erkennen, den Holzbirnen.

Wildobstbäume hatte der Mensch in früheren Jahrhunderten hoch geschätzt. Wie bei den Masteichen hat man einen Teil als besonderes Vermächtnis der Mittelwaldvergangenheit aus Gründen der Waldästhetik und des Naturschutzes in unsere Zeit gerettet. Der wilde Birnbaum hat zudem ein wertvolles Holz, welches Drechsler oder Instrumentenbauer für Holzblasinstrumente suchen. Im Tal der Elbe ist der mittlere Abschnitt der sommerwärmste und regenärmste. Dies begünstigt nicht nur Baumarten wie Wildbirne und Feldahorn. Auch unter den Bodenpflanzen findet man wärmeliebende Arten. Hier gedeihen die seltene Aufrechte Waldrebe und das Stattliche Knabenkraut, wegen der Hodenform seiner Knollen auch Männliches Knabenkraut genannt.

In einigen Altwässern hat sogar die merkwürdige Wassernuss *(Trapa natans)* überlebt, die an Deutschlands Flüssen weithin ausgestorben ist. Noch im 19. Jahrhundert wurden hier Wassernüsse auf den örtlichen Märkten als Nahrungsmittel gehandelt, wie das heute noch in einigen Balkanländern der Fall ist. Die Biosphärenverwaltung bemüht sich, diese besondere Pflanze zu erhalten und in den Auen weiter zu verbreiten.

Auch die Elbe wird gezähmt

Auch die so naturnah aussehenden Auenwälder an der mittleren Elbe sind durch jahrhundertelange menschliche Nutzungen geprägt. Je intensiver die Auwälder zur Gewinnung von Siedlungs- und Ackerland gerodet wurden, desto stärker verlagerte sich der Nutzungsdruck durch Holzeinschlag und Beweidung auf die verbleibenden Bestände. Rodung und Ackerbau verschärften die Bodenerosion bei Hochwasser und verstärkten zugleich die Auelehmbildung. 2–3 m mächtig ist inzwischen die Auelehmschicht

Blühende Wildbirnbäume am Rand der Hartholzaue zum buschgesäumten Elbufer; rechts der Eingang zu einem Biberbau in der Uferböschung.

Nur hier an der Elbe überlebten die letzten Biber, als sie im übrigen Deutschland Ende des 19. Jahrhunderts bereits ausgerottet waren.

auf den nacheiszeitlichen Schotterdecken, wo sich dann die anspruchsvollen Baumarten des Hartholzauwaldes ausbreiten konnten. Stark verlichtet, mit weitständigen alten Masteichen und zahlreichen Wildobstbäumen wurde der Auwald zur Hutelandschaft, aus deren Elementen heraus der Landesfürst in der zweiten Hälfte des 18. Jahrhunderts sein Gartenreich um Dessau und Wörlitz gestaltete.

Verstärkt wurden jetzt Deiche gebaut, um die ausgedehnten Ackerflächen vor Hochwasser zu schützen. Zwischen 1840 und 1860 engte der Bau von Buhnen die Elbe zur Schifffahrtsrinne ein. Seither hat sie sich durch Grunderosion um rund 2 m eingetieft. Der Grundwasserspiegel in den durchlässigen Talschottern sank entsprechend ab. Die Altwässer wurden vom Strom abgetrennt. In den 1930er-Jahren war der Bau der Autobahn von Nürnberg nach Berlin und mehr noch eines Großkraftwerks bei Vockerode mit schwer wiegenden Eingriffen ins Auensystem verbunden.

Nach dem Zweiten Weltkrieg ballten sich entlang der Ufer neue Siedlungen. Die Landwirtschaft wurde nach agroindustriellen Zielen intensiviert. Elbe, Mulde und Saale sind samt ihrer Auen durch Industrieabwässer und Rückstände aus der Landwirtschaft stark belastet. In weiten Teilen der regelmäßig überfluteten Wiesen an unterer Mulde und an der Elbe wurde deshalb die Grünlandnutzung zur Nahrungsmittelproduktion verboten.

Trotz dieser Entwicklungen funktioniert heute noch entlang der mittleren Elbe die Auendynamik besser als an anderen deutschen Strömen. Noch gibt es den Wechsel von Hoch- und Niedrigwasser, noch wird ein Drittel des Biosphärenreservates Mittlere Elbe im Frühjahr unter Wasser gesetzt. Die Hartholzauenwälder haben auf erstaunlichen Flächen eine naturnahe Verfassung bewahrt. Bereits seit Beginn der 1970er-Jahre gab es bewährte Richtlinien für die waldbauliche Behandlung von 7300 ha Auenwald in 20 Naturschutzgebieten der ehemaligen DDR.

Noch ist alles im Fluss: Der Strom, das Grundwasser und die Hochwasserfluten. Die totale Degradierung zu einer Abfolge von Stauseen blieb der Elbe auf deutschem Gebiet erspart, anders als am Oberlauf in der Tschechischen Republik, wo nicht weniger als 21 Staudämme dem freien Wasserfluss im Wege stehen. Auch wenn sie von ihren Altwässern abgeschnitten sind, die Ufer der Elbe wirken natürlicher als die anderer Flüsse. Da in die Buhnen während der DDR-Jahre wenig investiert wurde, konnte der Fluss sich in den Zwischenstrecken entwickeln. Offene Sand- und Schlickflächen entstanden, wo Flussuferläufer und Flussregenpfeifer brüten, in den Zugzeiten große Scharen von Ufer- und Wasservögeln rasten und im Schlamm sich die Spuren der Elbe-Biber abzeichnen.

Der Biberretter von Steckby

Am Anfang aller Naturschutzbemühungen an der mittleren Elbe stand die Sorge um den Biber. Hier hatten die letzten Vertreter seiner zentraleuropäischen Unterart *Castor fiber albiens* überlebt, als der Biber im 19. Jahrhundert in Deutschland ausgerottet worden war. Der Biberschutz ist eng mit dem Namen eines verdienstvollen Mannes verbunden, Max Behr aus dem kleinen rechtselbischen Dorf Steckby, der bereits 1913 und 1919 den verbliebenen Restbestand der Elbe-Biber säuberlich kartiert und insgesamt noch 188 Tiere gezählt hatte. Er leitete erste Schutzmaßnahmen ein und bemühte sich um ein gesetzliches Abschuss- und Fangverbot. Der Steckby-Lödderitzer Forst wurde 1929 Naturschutzgebiet für den Biber und zugleich als Vogelreservat (Schutzgebiet Behr) ausgewiesen, auch um eine der letzten Brutkolo-

nien des damals unerbittlich verfolgten Graureihers zu retten. Trotz der Schutzbemühungen stagnierte der Bestand. Erst ab den 1970er-Jahren setzte eine erstaunliche Entwicklung ein, sodass heute wieder 6000 Biber an der Elbe leben, allein 1200 im Gebiet des Biosphärenreservates Mittlere Elbe.

Von Flussbibern und ihren Vettern

Biber wohnen an der Elbe in unterschiedlichsten Lebensräumen. Viele Familienreviere erstrecken sich entlang der Elbufer, die durch ihre naturfreundliche Form auch dem Biber eine Nische sichern. Die Baue werden dort als einfache Erdröhren in der Uferböschung angelegt. Als Nahrung dienen überwiegend die Weiden am Ufersaum.

Die Lebensweise der Bewohner von Altwässern, Bachläufen und Flutrinnen unterscheidet sich deutlich von der dieser Flussbiber. Sie bauen regelmäßig richtiggehende Knüppelburgen aus Ästen, Zweigen, abgedichtet mit Pflanzenresten und Schlamm, mit einem Eingang stets unter Wasser und einem geräumigen, trockenen Wohnkessel. Und sie bauen Dämme, um den Wasserstand ihrer Baueingänge und Kanäle zu sichern. Flussbaumeister Biber hält Wasser im Auenwald zurück und gestaltet nebenbei Lebensraum für zahllose Pflanzen und Tiere.

Biber sind die größten europäischen Nagetiere, die bis zu 25 Jahre alt werden können, ausgewachsen ein Gewicht bis 35 kg erreichen bei einer Körperlänge bis 1,4 m. Dem Leben im Wasser sind sie ideal angepasst. Ihr begehrter Pelz, dazu das Bibergeil, ein Drüsensekret, mit dem sie ihre Reviere markieren und das als vermeintliches Wundermittel heiß begehrt war, waren die Gründe, diese noch im 17. Jahrhundert weit verbreiteten Wasserbewohner gnadenlos zu verfolgen und schließlich in Deutschland bis auf den kläglichen Rest an der Elbe völlig auszurotten.

Die Wiederkehr der Biber ist eine der Erfolgsgeschichten im Naturschutz, die hier an der mittleren Elbe vor fast 100 Jahren begonnen hatte. Wer ganz sicher gehen will, Biber zu beobachten, der besucht die großzügige Biberfreianlage bei der Kapenmühle, wo sogar der Blick in die Intimsphäre einer Biberwohnstube möglich ist.

Vogeleldorado Auenwald

Auengebiete sind Vogeleldorados. Das Naturschutzgebiet Lödderitzer-Steckbyer Forst ist auch nach internationalen Kriterien als wichtiges und besonders geschütztes europäisches Vogelreservat anerkannt. 150 Arten wurden hier als Brutvögel nachgewiesen, weitere 100 Arten rasten zur Zugzeit oder verbringen hier den Winter. In urigen alten Eschen-Ulmen-Auenwäldern mit reichlich Uraltbäumen und Totholz werden die höchsten Brutsiedlungsdichten gezählt, durchschnittlich 210 Brutpaare je 10 ha (die Standardfläche für Brutvogelkartierungen) von 35 verschiedenen Arten, in Extremfällen noch deutlich mehr.

Auffallendster Charaktervogel des Biosphärenreservates ist der prächtige Rotmilan. Unentwegt kontrolliert er entlang der Elbufer, über Wiesen und Äckern der Stromniederung. Seinen Horst baut er auf alten, großkronigen Stieleichen in ungestörten Überschwemmungsauen. Spätestens seit 2000, als der Rotmilan Vogel des Jahres war, ist die Einsicht verbreitet, welche außerordentliche Verantwortung Deutschland für die Erhaltung gerade dieser Vogelart zukommt. Der Rotmilan hat weltweit nur ein äußerst eingeschränktes Brutareal mit einem eindeutigen Schwerpunkt in Mitteldeutschland. 60% der Weltpopulation leben bei uns, etwas über 10 000 Brutpaare, davon in den Börden- und Auenlandschaften von Sachsen-Anhalt 2000–2800.

Im Winter rasten entlang der Elbe unübersehbare Vogelschwärme, Saat- und Blessgänse und Gänsesäger als Wintergäste aus dem hohen Norden, dazu die allgegenwärtigen Stockenten und Blessrallen. Solche Wasservogelkonzentrationen ziehen den mächtigen Seeadler an, zeitweise bis zu 10 Individuen. Inzwischen hat sich ein Paar angesiedelt und brütet in einer der vor dem Betreten geschützten Kernzonen erfolgreich. Die Ruhe der Kernzonen nutzt auch ein Paar der seltenen Schwarzstörche zum Brüten.

Der Rotmilan horstet im Auenwald und jagt über Wasser und Wiesen. 60% seines Weltbestandes brüten in Deutschland.

Projekte für bessere Auenzukunft

Ein Zonierungskonzept sieht für das Biosphärenreservat vor, die Zone I, die Totalreservate ohne Nutzung und Pflege, von bisher 400 ha auf immerhin 5% der Gesamtfläche von 43 000 ha auszuweiten. Auch Zone II, die Pflegezone mit Naturschutzgebieten, deren Ziele durch naturverträgliche Nutzung erreicht werden sollen, im Wald durch naturgemäße Waldwirtschaft, wird beträchtlich auf 20% vergrößert.

Im Rahmen der Elbe-Ökologieforschung des Bundesumweltministeriums werden Möglichkeiten der Auenrenaturierung erkundet. In einem vom WWF getragenen Naturschutz-Großprojekt soll zwischen den Mündungsbereichen von Mulde und Saale ein Verbundsystem von 9000 ha echter, überflutbarer Auenwälder entstehen. Ein EU-LIFE-Projekt in der Kliekener Aue ist bereits abgeschlossen. Hier wurde das von der Elbe abgetrennte Altwasser Kurzer Wurf wieder an den Fluss angeschlossen, das weitgehend verlandete Altwasser Alte Elbe aufwändig entschlammt und auf ehemaligem Ackerland 80 ha neuer Auenwald angepflanzt. Von Klieken aus führt ein Auenlehrpfad durch das Projektgebiet; eine Plattform bietet Einblicke auf das Wasservogelleben eines Altwassers.

Hinweise für Besucher

Anlaufstelle ist das Auenhaus Kapenmühle bei Dessau, dem Sitz der Verwaltung (Biosphärenverwaltung Mittlere Elbe, Kapenmühle, Postfach 1382, 06813 Dessau, Tel. 034904/40 60, www.biosphaerenreservatmittlereelbe.de). Zu erreichen über Ausfahrt Dessau-Ost der A 9 Berlin–Nürnberg, Weiterfahrt Richtung Oranienbaum. In einem modernen Holz-Glasbau wird anschaulich über die Natur dieser Landschaft informiert. Anschließend bietet sich ein Besuch des Weidenlehrpfades und der großzügigen Biberfreianlage an. Empfehlung für Schlechtwettertage: Aus dem reichen Angebot an Museen (18!) im Bereich des Biosphärenreservates sollte man als naturkundlich Interessierter die Gelegenheit zu einer Begegnung mit dem größten deutschen Vogelforscher nicht versäumen. Im Renaissanceschloss von Köthen ist das Naumann-Museum untergebracht. Johann Friedrich Naumann (1780–1857) hat in der Nähe gelebt und sein 13-bändiges Werk der »Naturgeschichte der Vögel Mitteleuropas« verfasst, die Bilder gezeichnet, in Kupfer gestochen und koloriert, ein Glanzpunkt der Vogeldarstellung.

Nach der Flut bedeckt eine jungfräuliche Sandschicht die Weichholzaue. Auch tiefe Wunden an den Weiden, verursacht durch Treibgut und Eisschollen, verheilen alsbald.

Taubergießen im Oberrheintal

 27 Einzigartige, artenreiche Hartholzauenwälder; intensiv duftende Bärlauch-Gesellschaften; »Kormoran-«, »Schmetterlings-« und »Orchideenweg«.

Der Taubergießen ist wohl das meistbesuchte Auengebiet am Rhein, dem der Ruf des Urigen und Wilden in besonderer Weise anhaftet. 2000 ha stehen unter Naturschutz, davon 200 ha Bannwälder als Auen-Urwälder von morgen und 177 ha Schonwälder. Der Oberrheintalgraben ist vom Klima her außerordentlich begünstigt: hohe Sommerwärme, milde Winter, wobei häufige Nebellagen zusätzlich vor Frosttrocknis und Spätfrösten schützen, windgeschützte Lage zwischen den hohen Kämmen von Vogesen und Schwarzwald mit zeitweisen Föhnlagen. So konnten sich hier die artenreichsten deutschen Eichen-Ulmen-Wälder entwickeln, durchzogen von einer Vielzahl von Wasserarmen, die sogar Regenwald-

fantasien beflügeln, wo sie mit Kähnen befahrbar sind.

Zwar wurde auch der Taubergießen durch die Rheinkorrektion tief greifend verändert, zur Pseudoaue degradiert, wie Fachleute kritisch anmerken. Und doch kann dieses Schutzgebiet auch als gezähmte Wildnis heute noch überwältigende Naturerlebnisse vermitteln.

Unmittelbar an der Südgrenze schließt jenseits des Leopold-Kanals der Bannwald Weisweiler Rheinwald (75 ha) an mit dem bereits seit 1970 gebannten, besonders struktur- und artenreichen Hechtsgraben als Kernstück, etwa 2 km nordnordwestlich von Weisweil. Auf der gegenüberliegenden französischen Seite ergänzt das Naturschutzgebiet Rhinauer

Insel zwischen linkem Rheinufer und dem Seitenkanal bei der Staustufe Rhinau den Taubergießen zum einzigen grenzüberschneidenden Auengroßschutzgebiet am Rhein.

Gezähmte Flusswildnis

Auch hier ist das frühere Ökosystem nach der Rheinkorrektion in der zweiten Hälfte des 19. Jahrhunderts nach den Plänen des Wasserbautechnikers Oberst Tulla und nach dem Zweiten Weltkrieg durch den Ausbau mit Seitenkanalschlingen, Stauanlagen, Kraftwerken und Schiffsschleusen tief greifend verändert.

Das Geschehen in den ursprünglichen Auen war geprägt von alljährlichen Hochwassern mit einem Höhepunkt im Frühsommer, wenn der Schnee in den Alpen schmilzt. Nach der technischen Bändigung des Stromes zum Kanal wird nur noch der Auwaldbereich zwischen Deich und Stromufer regelmäßig über-

Ist die Vegetation erst voll ergrünt, werden bei Bootsfahrten im Dschungel der Auenwälder Regenwaldassoziationen geweckt.

schwemmt. Landseits des Deiches versucht man über ein höchst gekünsteltes System sparsamer Bewässerung und zeitweiser Überflutung den Auwäldern das Schicksal der weiter flussaufwärts ausgetrockneten Auen zu ersparen.

Auch wenn kenntnisreiche Autoren aus der Landesforstverwaltung das Ergebnis des »Naturexperiments und Pflegefalls Taubergießen« als »Pseudo- oder Bastardaue« kritisieren, ist der Grundwasserstand hier insgesamt wenig verändert.

Der Rückstau von der nächsten flussabwärts gelegenen Staustufe in Gerstheim setzt die Mündung des Innenrheins derart unter Wasser, dass dort der Auenwald einschließlich der so überflutungsresistenten Silberweiden flächig abstirbt. Bizarre Baumleichen umstehen die zu einem ausgedehnten Flachwasser aufgestaute Mündung, die längst als national bedeutendes Vogelreservat mit seltenen Brutvögeln, Zugrastplatz und Überwinterungsgebiet Tausender von Wasservögeln gilt. Die Silhouetten der Kormorane, die im Winter in Schwärmen in gespenstisch gegen den Abendhimmel sich abhebenden toten Baumkronen übernachten, bieten Naturfotografen ein beliebtes Bildmotiv einer Wildnis, die plumpen Eingriffen der Flussregulierer ihre Entstehung verdankt.

Eine gebietstypische Gewässerbesonderheit sind die Gießen. Sie sind Teile des Altrheinsystems, die als Quell- und Fließgewässer unterschiedlicher Größe dort entstehen, wo in den Auen klares, ganzjährig gleichmäßig temperiertes, nährstoffarmes Grundwasser austritt. Mit der ersten Stromkorrektion war anstelle des früheren Gewirres einer Unzahl wild neben- und durcheinander verlaufender, ständig wechselnder Rheinarme ein rund 200 m breites, durchgehend mit Dämmen gesichertes Flussbett getreten. Die früher ausgedehnten nackten Kiesflächen wurden rasch von Pioniergesellschaften aus Weiden überwachsen und vergrößerten zunächst die vorhandenen großflächigen Weichholzauen. Nach der Flusskorrektion wurden die Weidenauen weitgehend vom Eichen-Ulmen-Hartholzauenwald abgelöst, wie üblich im Mittelwaldbetrieb bewirtschaftet, der in den überwiegend zur elsässischen Gemeinde Rhinau gehörenden Waldflächen des Taubergießen bis weit in unsere Zeit weitergeführt wurde, auf Teilflächen bis heute.

Obwohl die Mittelwaldwirtschaft ein besonders intensives forstliches Betriebssystem ist, blieben dadurch, anders als beim Hochwaldbetrieb, wichtige Naturwaldeigenschaften erhalten. Die Vielzahl standortheimischer Laubbaum- und Straucharten wird nicht beeinträchtigt. Ja, da die Stieleiche wegen ihres dauerhaften Holzes und der Eichelmast für den Schweineeintrieb besonders gefördert wurde, konnte sich unter deren lichtem Kronendach die Artenvielfalt noch üppiger entfalten. Auch ein weiteres Naturwaldmerkmal, die unvergleichbare Vielschichtigkeit der Hartholzauen, bewahrt und begünstigt der Mittelwald.

Dem baden-württembergischen Konzept gemäß lässt man auch hier in den Bannwäldern der Entwicklung freien Lauf. Auch der Laie bemerkt, wie sich hier Totholz auffällig häuft, insbesondere dort, wo der verheerende Orkan Lothar am 26. Dezember 1999 ganze Bestände älterer Pappeln geworfen hat. Am Ufer der Fließgewässer nutzen Eisvögel, die hier ihr bedeutendstes Vorkommen in Baden-Württemberg haben, die Erdaufwürfe sturmgeworfener Bäume zum Graben ihrer Brutröhren.

Es ist bereits absehbar, dass die bisher gesellschaftsprägende Stieleiche in den Bannwaldflächen nicht mehr nachwachsen wird. Im tiefen Bestandesschatten unter einem vielschichtigen alten Auenwald und in der unduldsamen Konkurrenz einer durch Nährstoffeintrag aufgeputschten Bodenflora mit örtlich mannshohen Brennnesseln hat der Nachwuchs der Eiche keine Chance, da

Wilder Hopfen durchrankt mit anderen Lianen, der Waldrebe, armdickem Efeu, Zaunrebe und Schmerwurz, den vielschichtigen Auenwald.

er obendrein noch unter dem Verbiss eines überhöhten Rehwildbestandes leidet. Deshalb will man in den Schonwäldern die Eiche gezielt nachziehen, indem man sie in Lücken kleinflächig im Schutz von Zäunen pflanzt.

Ein nahezu tropischer Dschungel

Durch Klimagunst und die Vielfalt der Auenstandorte mit oft schroffem Wechsel von tiefgründigen Schlickböden bis hin zu trockenen Kiesrücken und mageren Sandstandorten konnte sich eine für europäische Verhältnisse unvergleichbare Vielzahl von Pflanzengesellschaften entwickeln. Nirgends in Europa gibt es Waldgesellschaften, die sich am Reichtum verholzter Pflanzenarten mit den Eichen-Ulmen-Wäldern des Oberrheingebietes messen können: 27 heimische Laubbaumarten, dazu noch 4 eingeführte, 20 Straucharten und 6 Lianen. Hartholzauenwälder verdanken ganz allgemein ihre Artenfülle auch dem Umstand, dass hier ausgesprochene Schattbaumarten, vor allem die unduldsame Rotbuche, wegen ihrer Empfindlichkeit gegenüber Überschwemmung und hoch anstehendem Grundwasser nicht vorkommen. Zwei Wärme und Trockenheit liebende Holzgewächse mit Verbreitungsschwerpunkt im

Mittelmeerraum, Kornelkirsche und Pimpernuss, behaupten hier in den Rheinauen einen weit nach Norden vorgeschobenen Vorposten und weisen ebenso wie die Schmerwurz, eine Liane mit tief herzförmigen Blättern, unscheinbaren Blüten und einer kindskopfgroßen unterirdischen Knolle, auf die besondere Klimagunst hin. Auch der aus dem Süden stammende Walnussbaum ist hier seit Jahrhunderten eingebürgert.

Eichen-Ulmen-Auen sind von Natur aus besonders vielschichtig und ungleichaltrig und ähneln darin Regenwäldern. Der Eindruck einer geradezu tropischen Fülle von Sträuchern, niedrigen Bäumen und mächtigen, großkronigen Hauptbäumen wird noch verstärkt durch die Wildnis kletternder, rankender, spreizender und klimmender Lianen: Efeu, der armstark die Stämme hochrankt bis in die Kronen und dort dauergrüne Blattschirme ausbreitet, Waldreben, deren Lianentriebe kreuz und quer im Luftraum unter dem Kronendach hängen und in Bestandeslücken mit Blatt- und Blütenkaskaden Baum und Strauch überwuchern. Die niedrigeren Lianen, Wilder Hopfen, Zaunrebe und die hier typische Schmerwurz, entwickeln sich mehr in den lichtesten Partien oder am Waldrand.

Kormorane rasten im Winter zahlreich im Auenwald des Taubergießen. Eine Brutkolonie verhinderten bisher Fischer und Jäger.

Springkraut- und Bärlauch-Gesellschaften

Die Hartholzaue bildet auf den verschiedenen Standorten unterschiedliche Pflanzengesellschaften. Erkennungsart der fruchtbarsten Orte mit noch häufiger Überschwemmung sind das Springkraut und seine Verwandten. Neben dem Rühr-mich-nicht-an, dem Echten Springkraut, das auf glasigen Stängeln goldgelbe, lang gesporte Blüten und explosive Schleuderfrüchte bildet, hat sich als neue Art das weniger ansehnliche Kleinblütige Springkraut breit gemacht. In Nordostasien beheimatet, ist es vor 200 Jahren aus Botanischen Gärten heraus verwildert. Ein weiterer Neubürger aus dieser Verwandtschaft ist das sehr dekorative Indische Springkraut, das aus Gärten entwichen und heute vor allem in den Flussniederungen an Rhein und Donau ungemein häufig geworden ist. Bezeichnende Begleiter in der Strauchschicht sind Traubenkirsche und Pfaffenhütchen.

Geradezu ein Symbol der Rheinauenwälder ist der Bärlauch. Im Frühjahr decken seine sattgrünen Blätter, derzeit als blutgefäßpflegliche Heilpflanze zum Modewildkraut selbst anspruchsvoller Küchen avanciert, und seine hübschen weißen Blütenstände flächig den Auenboden. Knoblauchsduftwolken gehören zum Auenfrühling wie der Schlag der Nachtigall. Wie alle Geophyten stirbt der Bärlauch alsbald ab und verrottet so rasch, dass bereits im Juni der Boden seines Lebensraums fast kahl ist. Jetzt erst fällt sein ständiger Begleiter, der Aronstab, durch seine roten Beeren auf, ebenso der ganzjährig grüne Winterschachtelhalm.

Weniger verbreitet im Taubergießen ist die typische Untergesellschaft der Stieleichen-Ulmen-Aue mit der auffälligen Silberpappel, Weißdorn und Schlehe im Unterholz, Vielblütiger Weißwurz und der vierblättrigen Einbeere als bezeichnende Bodenpflanzen. Auf trockeneren, grundwasserfernen und nur ausnahmsweise überfluteten Standorten kommt die Winterlinde hinzu und weitere gegen Überflutung empfindlichere Baumarten wie Hainbuche, Spitzahorn, Wildbirne, Bergahorn, Vogelkirsche. In der Unterschicht finden sich Kreuzdorn und Faulbaum ein. Gelegentlich fallen Orchideen wie Breitblättrige Stendelwurz, Weiße Waldhyazinthe oder die Vogelnestwurz auf.

Männchen des Großen Eisvogels. Die Weibchen legen ihre Eier an Blättern der Zitterpappel ab.

Orchideenwiesen und Schmetterlinge

Bekannt unter Naturfreunden ist das Taubergießengebiet wegen seiner ungemein blumenreichen Wiesen, die eng mit Auenwäldern und Gewässern verzahnt den unverwechselbaren Reiz dieser Landschaft ausmachen. Meistens entstanden diese erst im 19. Jahrhundert nach Rodung von Auenwald. Wo die Bauern aus Rhinau entfernt liegende und nur über die Rheinfähre erreichbare Flächen extensiv nutzten, blieben bis heute ertragsschwache, ungedüngte Magerwiesen erhalten. Den Reichtum dieser aus zahlreichen, vom Feuchten bis zum Trockenen hin variierenden Pflanzengesellschaften macht der »Orchideenweg« zugänglich. Es ist das spektakulärste Orchideenvorkommen Baden-Württembergs mit 23 verschiedenen Arten, einige davon wie die Hummel-, Spinnen- und Bienenragwurz oder das Brandknabenkraut in Massenvorkommen bis 1000 Individuen.

Diesen Orchideen kann man zusammen mit anderen Charakterpflanzen der Trockenrasen auch auf den gehölzfreien und regelmäßig gemähten Hochwasserdämmen am Rhein begegnen. Dorthin hatten sie sich zusammen mit Schmetterlingen und Wildbienen gerettet, als bei der Flusskorrektion ihre natürlichen Lebensräume auf trockenen Kiesinseln zerstört wurden. Vom ehemaligen Zollhaus aus führt der 2 km lange »Schmetterlingsweg« in diesen erstaunlichen Ersatzlebensraum.

Kühkopf-Knoblochsaue

28 Altes Auenschutzgebiet auf dem Weg zurück zur Natur; vom Altrhein einge-schlossene, zeitweise wieder überflutete Insel; beachtliche Brutbestände von Mit-telspecht und Weidenmeise; größtes Vorkommen des Schwarzmilans.

Geheimnisvolle Misteln

Im winterkahlen Auwald verraten sich alte Pappeln schon aus der Ferne durch die satt-grünen Büschel der Laubholz-Mistel, die oft in großer Zahl die weit ausladenden Kronen-äste besiedelt. Dieser geheimnisumwitterte Halbschmarotzer galt unseren Ahnen als Heil- und Zauberpflanze, aus deren weißen Beeren die Vogelsteller ihren Leim kochten. Schon die Römer belustigten sich darüber, dass ausgerechnet Vögel, denen der Mistel-leim zum tödlichen Verhängnis wird, deren Beeren fressen und über ihren Kot die kleb-rigen Mistelsamen von Baum zu Baum ver-breiten: Turdus sibi malus cacat. Die Mistel-drossel, unser größter Drosselvogel, war ursprünglich in ihrer Winterverbreitung eng an diese Pflanze gebunden, der sie ihren Namen verdankt. Vor allem bei Schnee und Frost ernährt sie sich von den ab November reifenden Mistelbeeren.

Der Bärlauch blüht! Sein Massenvorkommen und der deftige Knoblauchduft gehören im Mai zur Rheinaue wie Nachtigallenschlag und Pirolruf.

Zwischen den Ballungsgebieten Rhein-Main und Rhein-Neckar sind die Erfolge eines bemerkenswerten Experiments zu be-staunen: ein altes Auenschutzgebiet auf dem Weg zurück zur Natur. Mit nahezu 2400 ha ist das Naturschutzgebiet Kühkopf-Knob-lochsaue in der nördlichen Oberrheinebene das größte und bedeutendste Auen-Schutz-gebiet der alten Bundesländer, darüber hinaus eines der wichtigsten in ganz Europa. 1828 wurde der Kühkopf durch einen Rheindurchstich zur Insel zwischen der Stockstadt-Erfelder Altrheinschlinge und dem Neurhein. Zusammen mit der fluss-abwärts angrenzenden Knoblochsaue ist er bereits seit 1951 Naturschutzgebiet, wofür das 1930 gegründete Kühkopf-Kuratorium beharrliche Vorarbeit geleistet hatte.
Die naturnahen Auenwälder entwickeln sich ohne forstliche Eingriffe, Pappelkulturen werden renaturiert. Der Rhein fließt hier un-gestaut und die Auen sind seiner Dynamik weiter ausgesetzt, wobei der Wasserspiegel im Jahresverlauf um 5 m, bei großen Hoch-

wasserereignissen bis zu 7 m schwankt. Seit einem Hochwasser 1983 werden auf dem Kühkopf die gebrochenen Sommerdämme nicht mehr instandgehalten. Die mit dem Schutzzweck unvereinbare Ackernutzung einer 370 ha großen Staatsdomäne wurde daraufhin eingestellt und die Flächen der natürlichen Entwicklung überlassen. Der Kühkopf wird seither regelmäßig flächig überflutet.

Zurück zur »Wildnis«

Flachwasserzonen von stets wechselnder Flächenausdehnung und ausgedehnte Auenwiesen werden eingerahmt und durchsetzt von Wäldern, die die Hälfte des Schutzgebietes bedecken. Auch hier gibt es keine Urwälder mehr. Doch seit Jahrzehnten sind Prozesse im Gang, die folgerichtig zurück zu mehr Wildnis führen. Die Trendwende setzte ein, als 1973 das von der UNESCO verliehene Prädikat »Europareservat« wegen schwer

Totholz im Altwasser. Unübersehbar mehren sich typische Wildnismerkmale in diesem Auenschutzgebiet auf dem Weg zum Urwald.

wiegender Fehlentwicklungen aberkannt wurde. Die Liste der Beanstandungen war lang. Ein Naturparadies drohte im Sog der rasanten Entwicklungen im Rhein-Main-Ballungsgebiet Frankfurt unterzugehen.
Eine Neufassung der Naturschutz-Verordnung übernahm 1978 langjährige Forderungen der hessischen Naturschutzorganisation. Seither ist der ausufernde Besucherverkehr durch Wegegebote in Bahnen gelenkt, der Kraftfahrzeugverkehr verboten, Kompromisse mit Wassersport, Berufsfischern und Sportanglern wurden gefunden, die Jagd im Wesentlichen auf die notwendige Regulierung von Rehen und Wildschweinen beschränkt und der Wald aus den Zwängen einer wirtschaftlichen Nutzung befreit. Nun entstehen entlang der Ufer des Altrheins und seiner Nebenarme wieder Silberweiden-Auenwälder ohne menschliche Einflussnahme.
Im Zentrum der Insel ist seit 1983 auf einem Drittel der 370 ha stillgelegter Ackerflächen ein in Mitteleuropa beispielloses Experiment zu bestaunen: die Rückentwicklung von Flussauen nach Beseitigung des früheren Deichsystems. Lehrbuchmäßig läuft die spontane Wiederbewaldung ab. Auf den frisch angeschwemmten Rohböden samte sich die

Schwarzpappel an, von der einige Altbäume die Manipulationen durch die Forstwirtschaft überlebt hatten. Zusammen mit der Silberweide und anderen Weidenarten entstand ein interessantes Pionierstadium aus Weichlaubhölzern. Inzwischen wandern in den bis 10 m hohen Vorwald bereits die Gehölzarten des Hartholzauenwaldes in ihrer reichen Vielfalt ein, wobei trotz des Rehwildverbisses selbst die eine und andere Stieleiche beteiligt ist.

Ein Hauch von Urwald

In den Hartholzauenbeständen hat man überall, wo die Baumartenmischung der Eichen-Ulmen-Gesellschaft noch naturnah war, bereits seit 1970 die forstliche Nutzung eingestellt. Solche Wälder, beispielsweise das Naturwaldreservat Karlswörth, vermitteln inzwischen durch ihre Vielfalt der Baumarten, vielschichtige Struktur mit hohen Anteilen alter, imposanter Baumgestalten, auch altersschwachen, kränkelnden und abgestorbenen, bereits Bilder, die in einer in Mitteleuropa ungewöhnlichen Weise an Urwälder erinnern. Hier konnte selbst der Große Eichenbock oder Heldbock bis heute

überleben. Der Anteil an liegendem und stehendem Totholz, vom Ulmensterben wie leider üblich beschleunigt, macht bis zu ein Fünftel der Bestandesholzmenge aus. Naturwidrige Hybridpappel-Bestände wurden Zug um Zug in auentypische Mischwälder umgebaut. In forstlich geprägten Hartholzauenwäldern fielen die fremdländischen Baumarten, selbst die seit der Römerzeit eingeführte Walnuss, zugunsten der heimischen Baumarten. Jetzt werden die Wälder auf Kühkopf und Knoblochsaue ganz den natürlichen Prozessen überantwortet. So entsteht hier zwischen den Ballungsräumen Rhein-Main und Rhein-Neckar ein beispielgebendes Anschauungsobjekt, wie Flussauen künftig renaturiert werden können. Der Mensch zieht sich zurück in die Rolle des wissenschaftlichen Beobachters und des staunenden Betrachters.

Nur in Ausnahmefällen sollen bisherige Zustände aus kulturhistorischen und artenschützerischen Rücksichten durch Pflegeeingriffe konserviert werden. So wird von den ausgedehnten Kopfweidenbeständen auf insgesamt 150 ha ein Fünftel durch wiederkehrendes Abhacken der Austriebe weiter gepflegt. Auch Streuobstwiesen mit noch 2000 Apfelbäumen 30 verschiedener Sorten werden weiter kultiviert und Auenwiesen durch Mahd erhalten. Dies sichert auch seltenen Vogelarten wie Wendehals und Gartenrotschwanz wichtige Lebensräume.

Verhängnisvolle Fasanenhege

Die Vogeljagd, früher auf dem Kühkopf von hohem Stellenwert, ist seit 1978 eingestellt mit Ausnahme der Jagd auf den Fasan. Die Hege des Fasans, nüchtern betrachtet die Freilandhaltung asiatischer Hühnervogelbastarde zum Zwecke der Jagdausübung, hatte für die Tierwelt gerade unserer Auenlandschaften verheerende Folgen. Damit möglichst viele der in Fasanerien gezüchteten und für die Jäger ausgesetzten bunten Vögel überlebten, wurden deren mögliche

Indisches Springkraut. Aus Gärten entwichen, hat sich der ansehnliche, doch unerwünschte Neophyt nicht nur in den Auen ausgebreitet.

Feinde unerbittlich verfolgt, vom Fuchs bis hin zum Mauswiesel, Greifvögel, Eulen und Rabenvögel. Heute noch ist die Fasanenhege Auslöser für unerbittliche, oft auch illegale Verfolgung der »Räuber«.

In den wintermilden, nahrungsreichen Auenwäldern der großen Flusslandschaften wird die Fasanenhege besonders kultiviert. Der farbenprächtig schillernde Fasanengockel mit seinen heiseren Krählauten ist einer der auffallenden Bewohner der Auenwälder. Doch gehört er hierher so wenig wie ausländische Zuwanderer aus der Pflanzenwelt, selbst so ansehnliche Arten wie Indisches Springkraut oder Riesenbärenklau.

Brutvogeldynamik

Wo in den Hartholzauenbeständen die forstliche Nutzung eingestellt wurde, haben besonders rasch und deutlich die Brutvögel reagiert. Besondere Gewinner sind die Baumhöhlenbewohner. So hat der zur symbolträchtigen Leitart des deutschen Vogelschutzes aufgestiegene Mittelspecht seinen Brutbestand vervierfacht auf über 100 Brutpaare. Dies entspricht rund 1% der gesamten deutschen Population, die wiederum ein Fünftel der Weltpopulation ausmacht.

Doch auch Gebüschbewohner ziehen Vorteile aus dem Wandel, seitdem unter der Oberschicht alter Bäume eine bodennahe Etage aus Sträuchern und natürlicher Baumverjüngung herangewachsen ist. Heute ist die Mönchsgrasmücke (neben dem auch hier dominierenden Star) die zweithäufigste Brutvogelart. Stark vermehrt hat sich auch die Gartengrasmücke. Die unentwegt vorgetragenen Strophen der beiden Sänger,

Schwarzmilan, der Charaktervogel von Kühkopf und Knoblochsaue. Im Auenwald horsten 50 Paare, mehr als sonstwo in Deutschland.

melodiös und lautstark, zusammen mit dem Lied der ebenfalls häufigen Nachtigall sind die tragenden Stimmen des unvergleichlichen Morgenkonzerts im maiengrünen Auenwald. Dazwischen die unverkennbaren Jubelrufe des exotisch goldgelben Pirols, eines Auwaldvogels tropischer Herkunft, wecken Assoziationen zu Regenwäldern.

Die neu entstehenden Weichholzauen sind zunächst arm an Brutvogelarten. Die alten Kopfweidenbestände, sozusagen eine künstliche Altersphase der Weidenaue, geben sich besonders vogelfreundlich. Im morschen Holz zimmern mehr als 100 Brutpaare einer besonderen Charakterart der Weichholzauen, der Weidenmeise, ihre eigenen Bruthöhlen. Selbst Fachleute waren überrascht, als in den 1960er-Jahren eingehende Kontrollen ergaben, dass von 60 Brutpaaren des Waldkauzes im gesamten Naturschutzgebiet, eine erstaunlich hohe Zahl, nicht weniger als zwei Drittel hohle Kopfweidenstrünke als Bruthöhlen nutzten.

Eine kaum glaubliche Eulen-Überraschung bescherte im Jahr 2001 ein Uhupaar, das einen alten Greifvogelhorst inmitten der Hartholzaue besetzte und dort erfolgreich brütete. Mit der unerwarteten Rückkehr der großen Eulen ist diese Landschaft auf dem Weg zum Urwald um einen Hauch von Wildnis reicher geworden.

Charaktervogel Schwarzmilan

Das Flugbild ruhig segelnder Schwarzmilane ist von ihrer Rückkehr im April bis zum Wegzug im Frühherbst ein unverwechselbares Kennzeichen von Kühkopf und Knoblochsaue. 50 Paare dieser prachtvollen Greifvögel horsten in alten Pappeln und Eichen, die höchste in Deutschland nachgewiesene Siedlungsdichte. Zur Nahrungssuche nutzen sie die Gewässer mit ihren ausgedehnten Verlandungszonen und die weiten Auenwiesen. Neben reichlichem Nahrungsangebot hat das Einstellen jagdlicher Störungen dieses Schutzgebiet für Großvögel wie diese Charakterart der Flussauen so attraktiv gemacht.

Auch der viel verfolgte Graureiher, der Anfang der 1970er-Jahre vom Kühkopf sogar verschwunden war, konnte hier seine größte hessische Kolonie mit 100–150 Brutpaaren entwickeln.

Seit Ende der 1990er-Jahre brüten Kormorane mit derzeit 40 Paaren in einer Kolonie auf alten, durch ihren ätzenden Kot weiß gekalkten Bäumen. Dank der in den letzten 20 Jahren deutlich verbesserten Wasserqualität haben sich die Fischbestände so vermehrt, dass auch den Fische fressenden Vögeln der Tisch reichlich gedeckt ist.

Die Milane sind auf ihre Art Nutznießer der Entwicklung, da sie zum Horst fliegende Graureiher hartnäckig belästigen, bis diese ihren Kropfinhalt erbrechen oder »reihern«. Das Kühkopfsymbol Schwarzmilan wird wegen dieser für uns wenig appetitlichen Art des Nahrungserwerbs auch »Schmarotzermilan« genannt.

Hinweise für Besucher

Informationszentrum der Oberen Naturschutzbehörde auf der Kühkopfinsel beim ehemaligen Hofgut Guntershausen; Zugang über Altrheinbrücke in Stockstadt. Hier können Besucher eine Überschwemmung der Auen an einem Großmodell simulieren. Im Außenbereich ein Auenlehrpfad mit 20 Stationen. Das Hessische Forstamt Groß-Gerau bietet naturkundliche Exkursionen an. Nähere Informationen unter www.rpda.de/kuehkopf/index.htm. Vom Bahnhof Stockstadt aus zu Fuß in 15–20 Minuten zum NSG (Hinweisschilder). Mit Pkw von Frankfurt kommend auf der A 5 bis Ausfahrt Griesheim/Darmstadt, weiter bis Stockstadt.

Auenwälder an der Isarmündung

29 Einziges naturnahes Mündungsgebiet zweier Großflüsse in Deutschland; Wiederansiedlung des Bibers; bedeutendstes Brutgebiet des Blaukehlchens; Rohrweihe, Zwergdommel und Halsbandschnäpper.

An der Donau und einigen ihrer aus den Alpen kommenden Zuflüsse gibt es noch sehenswerte Auenwälder. Reiche Hartholzauen, weiterhin regelmäßig überschwemmt, am Strom zwischen Donauwörth und Ingolstadt (vgl. S. 118). Silberweiden-Weichholzauen an der mittleren Isar und an deren Mündungsgebiet in die Donau. Auf den Schotterböden am Oberlauf der Gebirgsflüsse endet die Sukzession der Auwaldentwicklung überraschend in lichten Schneeheide-Kiefernwäldern, großflächig erhalten in den berühmten Naturschutzgebieten Pupplinger und Ascholdinger Au (vgl. S. 120).

In die meisten bayerischen Auen ist der Biber heimgekehrt, nachdem man vor 30 Jahren begonnen hatte, ihn wieder einzubürgern. Inzwischen sind die Spuren seiner Anwesenheit, seiner Nage- und Fällarbeit, seine Burgen und Dammbauten, unübersehbar.

Die Gebänderte Prachtlibelle kommt nur an Fließgewässern mit sandigem Grund vor und ist durch Ausbau und Verschmutzung der Gewässer gefährdet.

Fluss- und Auenschicksal

Die größeren Flüsse Bayerns durchfließen auf 5000 km etwa 300 000 ha Auen, das sind 4% des Staatsgebietes. Die übliche Geschichte der mitteleuropäischen Wasseraustreibung hat auch hier Auwälder nur in sehr bescheidenem Ausmaß übrig gelassen. Entlang der zahmeren Flüsse im regenärmeren Nordbayern mit geringem Gefälle und bescheidener Wasserführung wurden die Auenwälder schon sehr früh nahezu restlos gerodet.

Mehr blieb im niederschlagsreichen Südbayern übrig, wo vom Gebirge her Flüsse wie Iller, Lech, Isar oder Inn mit starker Strömung außergewöhnliche Wassermengen und Geschiebemassen von Kies und Sand zur Donau hin abführen. Erst ab Mitte des 19. Jahrhunderts erfolgten hier massive Eingriffe, um auch diese wilden Voralpenflüsse zu bän-

digen. In der zweiten Hälfte des 20. Jahrhunderts kam Staustufe um Staustufe hinzu, in erster Linie um Strom zu gewinnen. Die gewaltigen Geschiebebewegungen kamen zum Erliegen und die Flüsse tieften sich noch stärker ein als anderswo. So ist die Sohle der Isar nördlich von München inzwischen um 8,5 m abgesenkt. Das Grundwasserniveau sackte ab, die Auen bluteten aus, die meisten Auenwälder verloren ihren Charakter. Von den einst 200 000 ha Auenflächen in Südbayern ist nur noch ein Fünftel bewaldet.

Mündungsgebiet zweier Großflüsse

Das einzige noch naturnahe Mündungsgebiet zweier Großflüsse in Deutschland ist das der Isar in die Donau südlich von Deggendorf mit dem größten verbliebenen Überschwemmungsauwald in Niederbayern, großflächig als Naturschutzgebiet und »Important Bird Area« ausgewiesen. Auf den letzten 8 km vor der Einmündung wird auf 2800 ha das Bundesprojekt »Mündungsgebiet der Isar« verwirklicht, wo umfangreich wertvolle Flächen angekauft, Deiche rückverlegt, der Flusslauf teilweise redynamisiert und Altwässer wieder an den Wasserlauf angeschlossen werden. Kernstück ist ein 800 ha großer Auenwaldgürtel. In einem ausgedehnten Mündungstrichter konnte die Isar auch nach der 1898 abgeschlossenen Korrektion ihren Lauf zwischen weit zurückliegenden Dämmen immer wieder verändern. Das Deichvorland wird nach wie vor jährlich überflutet und reichlich mit Schlick aufgelandet, sodass sich großartige Silberweidenauen mit dichtem Brennnesselunterwuchs erhalten haben.

Noch ungelöst, wie in den meisten Auenschutzgebieten, ist die Problematik der Jagd und der Sportfischerei, selbst auf den inzwischen über 1000 ha im öffentlichen Besitz. Durch übermäßige Störungen ist der äußerst seltene Nachtreiher wieder verschwunden, der nach 1950 im von stillen Altwasserarmen durchzogenen Weidendschungel seine Horste gebaut hatte. Diese kleine Reiherart war einst auch in Mitteleuropa ein typischer Bewohner der Weidenauen großer Flussniederungen. Seine größte Brutkolonie hat sich gleich nebenan am unteren Inn auf dem österreichischen Ufer gehalten.

Neben den Graureihern brüten Zwergdommel, Rohrweihe und Schwarzmilan. Entlang der Altwässerufer in der Silberweidenaue sind die Arbeitsspuren der Biber nicht zu übersehen. Im Isarmündungsgebiet hat das Blaukehlchen sein bedeutendstes Brutvorkommen in Deutschland. Die höher gelegene Eschen-Hartholzaue (die Ulmen sind auch hier verschwunden) mit ihren Eichen bietet dem Mittelspecht ein Rückzugsgebiet, Kleinspecht und Grauspecht sind häufig. Der vom Aussterben bedrohte Halsbandschnäpper

hat in den Auwäldern an Donau und Isar eines seiner bedeutendsten deutschen Restvorkommen.

Botaniker und Insektenkenner begeistern sich an Trockenrasenbereichen auf der rechten Uferseite, wo sich hinter den Deichen, vor Überflutung geschützt, die artenreichsten »Brennen« (höhere und damit trockenere Schotterauflandungen mit Steppenvegetation) Süddeutschlands mit Faunen- und Florenelementen sowohl aus den Alpen als auch aus der weit donauabwärts gelegenen pannonischen Tiefebene halten konnten.

Hinweise für Besucher

Zufahrt zur Isarmündung auf der A 3/E 56 bis Autobahnkreuz Deggendorf, dann nach Plattling, Ausfahrt Nord oder West, über die B 8 nach Moos und weiter zum Infohaus bei Sammern (Maxmühle 3, 94554 Moos, Tel. 09938/95 00-25, Internet: www.landkreis-deggendorf.de). Verschiedene Lebensräume des Mündungsgebietes sind zu Lehrzwecken in der Außenanlage nachgebaut. Ein Rundwegesystem macht das Gebiet zugänglich und Führungen werden angeboten.

In ihrem weiten Mündungstrichter zur Donau kann die Isar ihren Lauf trotz Flusskorrektur noch verändern und sich aufzweigen, sodass wie hier in Silberweidenauen stille Wasserarme für den Biber entstehen.

Naturwaldreservat Weveldschütt an der Donau

30 Jährlich meterhoch überfluteter Hartholzauenwald; neue Biber-Population in Bayern; Winterschachtelhalm, Eisvogel und Gelbbauchunke.

Oberhalb von Neuburg a.d. Donau ist der Charakter eines alten Hartholzauenwaldes besonders typisch ausgeprägt. Eine topografische Besonderheit verstärkt die Auensituation. Als geologisch singulares Gebilde engt auf dem Südufer der Donau ein markanter Felssporn, der »Römerberg« oder »Steppberg«, die Aue ein und zwingt einen Nebenfluss, die Friedberger Ache, hier zum Einmünden in den Strom. In diesem Mündungsgebiet der Ache liegt das 41 ha große Naturwaldreservat Weveldschütt, das noch alljährlich meterhoch vom Hochwasser überströmt wird.

Mit zwei Dritteln Anteil bestimmt die Esche, zum Teil mit beeindruckenden Baumpersönlichkeiten, diesen Hartholzauenwald. Die Mitgesellschafterin Stieleiche behauptet sich mit zahlreichen meterdicken Individuen, denen man, wie im Auwald üblich, die Herkunft aus der früheren Mittelwaldwirtschaft ansieht.

Am Boden liegendes Totholz ist auffällig rar, obgleich dieses Reservat seit Jahrzehnten nicht mehr bewirtschaftet wird. Extreme Hochwasser wie das an Pfingsten 1999 räumen die Auen aus. Im natürlichen Auensystem spielte einst Totholz in Form von Treibholz eine Schlüsselrolle. Es sperrt die Strömung, verklüftet sich zu stauenden Verhauen, löst die Bildung tiefer Kolke aus, Zuflucht für Fische vor Strömung und dem Zugriff von Feinden. Heute fürchten die Flussbaubehörden solches natürliche Treiben aus verständlichen Gründen.

In der Bodenvegetation fallen zu allen Jahreszeiten ganze Herden des Winter-Schachtel-

Hartholzauenwald mit Lerchenspornblüte, die artenreichste Waldgesellschaft. Links im Vordergrund eine riesige Flatterulme mit typisch brettartigen Wurzelanläufen.

halmes auf mit bis meterhohen, meist un-
verzweigten, dunkelgrünen Stängeln. Dieser
besondere Schachtelhalm ist eine Charak-
terpflanze der Auenwälder, die Grundwas-
sernähe und basenreichen, kalkhaltigen
Boden anzeigt. Erst im fortgeschrittenen
Sommer blüht der auffällige Blaue Eisenhut,
der die Fließgewässer von den subalpinen
Hochstaudenfluren entlang der Gebirgsbäche
über die Erlenauen und Weidengebüsche bis
hinab in die Donauauen begleitet.

Das Vordringen in den Auwald behindern
richtiggehende Dickichte der Kratzbeere aus
dünnen, langen Ranken. Diese weit verbreitete Brombeerenart, auch Blaufrüchtige
oder Bereifte genannt, überlebt Staunässe
ebenso wie längere Überflutungen und ist
daher auf Auelehmen allgegenwärtig.

Als Besucher hält man sich daher besser an
die freigehaltenen Waldwege, von wo aus sich
immer wieder Einblicke in den reich strukturierten alten Auenwald bieten. Ein Steg
überquert die muntere Ache, an deren Schlick-
ufer eine Gebirgsstelze schwanzwippend
nach Insekten jagt. Ein metallisch funkelnder
Eisvogel kommt pfeilschnell mit scharfen Rufen daher und landet auf dem dürren Kronen-
ast einer mächtigen ins Wasser gestürzten
Silberweide. In einer lehmigen Pfütze entdecken wir ein halbes Dutzend Gelbbauch-
unken. Der Schutz dieser wichtigen Amphi-
bienart der Auen ist ein Ziel des europaweiten
Schutzgebietssystems Natura 2000.

Wiederkehr der Biber

Der Biber war einst auch in Bayern weit
verbreitet. Nicht weniger als 298 Orts-, Flur-
und Gewässernamen deuten auf historische
Vorkommen hin. Seine Wiedereinbürgerung
ist der Initiative Hubert Weinzierls zu verdanken, des langjährigen Vorsitzenden des Bund
Naturschutz in Bayern und des BUND, jetzt
Präsident des DNR. Er verbrachte prägende
Jugendjahre hier in den Auenwäldern an der
Donau. 1966 hatte er begonnen, mit Bibern
aus russischen Beständen zu züchten und
erste Tiere in Nebengewässer der Donau zu
entlassen.

Heute ist Bayern weithin wieder Biberland.
Der Bestand wird auf rund 6000 Tiere geschätzt. Vor allem dort, wo der Wasser-
baumeister durch seine Dammbauten und
Gewässeraufstauungen die Landschaft nach

seinen Bedürfnissen umgestaltet, kommt es
zu örtlichen Konflikten mit Land- und Forst-
wirten. Biberberater versuchen vor Ort aufzuklären und hartnäckige Problembiber weg-
zufangen.

Biber können durch den Bau von Dämmen
ihren Lebensraum gestalten. Flache Fließgewässer oder solche mit schwankendem Wasserstand werden aufgestaut. Ist die Nahrungs-
grundlage am Ufersaum zu knapp geworden,
können Biber Fließgewässer auch umleiten,
um uferferne Weichholzbestände schwim-
mend zu erreichen. Der Aufstau verändert
die Vegetation. Im Biberteich lagern sich
Schlick und organisches Material ab. Fichten-
bestände sterben ab, überflutungsresisten-
te Baumarten, vor allem natürlich Weiden,
breiten sich aus, krautreiche Unterwasserve-
getation entwickelt sich. Neue Lebensräume
werden von Wasserinsekten, Amphibien,
Fischen und Vögeln genutzt.

Die Arbeit der Biber kann auch den Grundwasserspiegel beeinflussen. So hat eine
Biberfamilie in den Isarauen bei Freising den
Grundwasserstand auf einer Fläche von 30 ha
nachhaltig bis zu einem halben Meter an-
steigen lassen. Hier wurde auch der Einfluss
der Biber auf die Waldentwicklung eingehend untersucht. 33 Baum- und Straucharten nutzt der emsige Nager. Während in
Erlen- und Eschenbeständen die Lücken durch
Biberfällungen nur wenige Quadratmeter
ausmachen, können in Kulturpappelbestän-
den bis 1 ha große Auflichtungen entstehen.
Im Naturwaldreservat Isarau im Mündungsgebiet der Dorfen in die Isar darf sich Waldnatur samt Biber völlig frei entwickeln. Die
Ergebnisse sind heute bereits beeindruckend.

Oben links: Biber machen sich durch ihre Fällarbeit bemerkbar.

Oben rechts: Der Laubfrosch, unser einziges
Sträucher und Bäume bewohnendes Amphi-
bium, ist in den Auen daheim.

Nur wenige Kilometer vom Großflughafen
München entfernt werden Szenerien geboten wie in ferner kanadischer Wildnis. Das
Naturwaldreservat ist zu Fuß nicht mehr
zugänglich. Eine Kaskade von 3 Biberdäm-
men, einer mit mehr als 100 m der zur Zeit
längste in Mitteleuropa, überstaut die Hälfte
der Reservatsfläche. Weite Schilfbereiche
entstehen, wo selbst der Drosselrohrsänger
brütet.

Ein gut erreichbares Biberrevier mit 2 Burgen
und Damm findet man auf der linken Isar-
seite neben der B 11 Freising–Moosburg am
Mühlbach, unmittelbar beim Ort Niederhum-
mel.

Isartal mit Pupplinger und Ascholdinger Au

31 Schneeheide-Kieferwälder auf Auwaldschottern; Heideröschen, Silberwurz und Deutsche Tamariske; Frauenschuh und zahlreiche andere Orchideenarten.

Das obere Isartal ist eine der letzten Wildflusslandschaften im Alpenvorland. Zwar hat man auch die Isar zu bändigen versucht, doch ist die ursprüngliche Dynamik einer alpin beeinflussten Auenlandschaft an dem reichen Vegetationsmosaik aus unterschiedlichsten Entwicklungsstadien heute noch erkennbar.

Das Herzstück des von Bad Tölz bis Schäftlarn reichenden großflächigen Naturschutzgebietes Isartal (1663 ha!) bildet das weithin bekannte Naturschutzgebiet Pupplinger und Ascholdinger Au mit 2 Naturwaldreservaten gleichen Namens, die immerhin ein Zehntel dieser Fläche einnehmen. Hier hat sich auf den trockenen Kiesstandorten eine ungewöhnliche Art von Auenwald entwickelt, der Schneeheide-Kiefernwald. Unter dessen lichten Kronen konnte sich auf den kalkhaltigen Böden eine besonders artenreiche Vegetation entfalten mit interessanten Abkömmlingen aus den Alpen.

Auendynamik auf nacktem Kies

Die Isar bietet hier noch das Bild eines natürlich verzweigten Flusssystems. Seit der Späteiszeit pendelte sie über Jahrtausende in einem breiten Schotterbett hin und her. Die Wasserführung alpiner Flüsse schwankt extrem. Sie transportieren unvorstellbare Massen an Geschiebe aus Schotter, Kies und Sand auf der Flusssohle und führen noch größere Mengen an feinen Schwebstoffen mit sich. Jedes Hochwasserereignis ändert das Aussehen der Auenlandschaft.

Da entstehen neue Kiesbänke, ältere werden samt ihrem Pflanzenbewuchs weggerissen und andernorts wieder abgelagert. Der Fluss verlegt seinen Lauf, bisherige Nebengerinne werden zum Hauptgerinne, neue Wasser führende Verästelungen entstehen, alte Rinnen werden zugeschüttet, Schwebstoffe setzen sich ab. Immer neue Ausgangsbedingungen für das Pflanzenwachstum entstehen in oft kleinflächigem Wechsel und lösen damit die ungemein schwungvolle Auendynamik aus. Das Besondere voralpiner Wildflusslandschaften sind die weiten, vegetationsfreien, nackten Kiesflächen. Zusammen mit den offenen Gewässerstrecken machten diese hier im bis zu 1 km breiten Isartal um 1800 noch ein Drittel bis zur Hälfte der Auenfläche aus. Auf den offenen Kies- und Sandflächen samen sich sofort Rohbodenbesiedler an, darunter Arten alpiner Herkunft wie Gämskresse, Alpenleinkraut oder die schmucke Silberwurz. Diese wenig konkurrenzkräftigen Pioniere werden alsbald von robusteren Arten verdrängt, vor allem von Fluren des Barbarakrauts und Dickichten des Rohrglanzgrases. Die eigentliche Auenwaldsukzession beginnt auf den Kies- und Sandbänken mit rasch sich einstellenden, nahezu gleichaltrigen Gebüschen von Lavendel- und Purpurweide.

Ein bemerkenswerter Begleiter dieser Weidenaue, die ihr auch den Namen gibt, ist die Deutsche Tamariske. Dieser zierliche, bis 2 m hohe »Rispelstrauch« hat kleine, schuppenförmige, auf frischen Trieben dachziegelartig angeordnete Blättchen, die weißen bis blassroten Blüten sind in endständigen Trauben versammelt. Die winzigen Samen werden durch das fließende Wasser verbreitet und keimen wie die der Weiden innerhalb ganz kurzer Zeit auf feuchten Rohböden. Auf den mehr schluffig-sandigen Anlandungen stellt sich die Grauerle ein.

Die Macht der Isar ist gebrochen. Die offenen Kiesflächen schrumpften nach dem Bau des Sylvensteinspeichers, die Aue verbuscht, der Föhrenreliktwald vergrast.

Schneeheide-Kiefernwälder als Endstadium

Die weitere Vegetationsentwicklung verläuft am kiesigen Oberlauf der alpenbürtigen Flüsse ganz anders, als wir das aus den feinsedimentreichen Auen am Mittel- und Unterlauf gewohnt sind. Die mageren, zeitweise trockenen Kalkgeröllstandorte werden den gehobenen Ansprüchen der anspruchsvollen Edellaubbaumarten der Hartholzauen nicht gerecht. So kann hier die konkurrenzschwächste unserer Baumarten, die anspruchslose Waldkiefer, die Schlusswaldgesellschaft einer ungewöhnlichen Auensukzession bilden.

In der ausgehenden Späteiszeit bedeckten Kiefernwälder weite Teile der Alpen und ihres Vorlandes. Später wurden sie zunächst von der Fichte, dann mit zunehmender Klimaerwärmung von den Laubbäumen zurückgedrängt. Auf den Magerstandorten alpiner Flussauen überlebt die Kiefer seither in so genannten Reliktföhrenwäldern.

Unter den lichten Kiefernkronen entfaltet sich eine ungemein artenreiche Bodenvegetation. Hier vereinen sich die ebenfalls konkurrenzschwachen Arten der Trocken- und Halbtrockenrasen mit Zuwanderern aus subalpinen Matten und Vertretern der kontinentalen und submediterranen Flora. In der Baum- und Strauchschicht stellen sich Mehlbeere, Wacholder, Wolliger Schneeball, Weißdorn und Felsenbirne ein.

Begeisternd ist die Blütenfülle der Bodenpflanzen. Da findet sich in lichten Partien zunächst die aus den Alpen (und der Gärtnerei von nebenan) bekannte Schneeheide, die dieser Waldgesellschaft den Namen gibt: Schneeheide-Kiefernwald. Ein besonderes Alpenpflänzchen soll hier sogar sein bedeutendstes Vorkommen in Deutschland haben, das entzückende Heideröschen, auch Rosmarin- oder Wohlriechender Seidelbast genannt. Die purpurroten Blüten des nur handspannenhohen Sträuchleins duften intensiv nach Nelken.

Berühmt sind die Schneeheide-Kiefernwälder für den Reichtum an Orchideen. Die Bandbreite reicht von der bescheidenen Braunroten Stendelwurz, Gemeine-, Wohlriechende und Mücken-Händelwurz, Berg- und Weißer Waldhyazinthe über Fliegen- und die seltene

Spinnen-Ragwurz bis hin zur stattlichen Helmorchis. Die Königin unserer heimischen Orchideen, den Frauenschuh, habe ich hier bereits vor 50 Jahren als Studienanfänger bei der ersten botanischen Lehrwanderung kennen gelernt.

Oben links: Das Heideröschen (Daphne cneorum) hat hier sein wohl größtes deutsches Vorkommen.

Oben rechts: Der Frauenschuh, die prächtigste und gefährdetste Art im orchideenreichen Schneeheide-Kiefernwald.

Verlorene Unschuld eines wilden Flusses

Auch diese grandiose Wildflussstrecke hat ihre Unschuld verloren. Seit dem Bau des Sylvensteinspeichers 1959 zur Hochwasserfreihaltung von München und eines Kraftwerks bei Bad Tölz 1961 wurde die Geschiebetrift vollständig unterbunden. Kiesgeröll und Sand setzen sich vor den Staumauern ab. Auch die Auen gestaltenden Hochwasserscheitel sind seither gedämpft.

Jetzt holt sich die Isar ihre Geschiebefracht seitlich aus den Uferböschungen und lagert sie zu Sand- und Kiesbänken ab. Der einst stark verzweigte Isarlauf konzentriert sich auf einen Hauptarm, der sich ständig eintieft. Die offenen Kiesflächen schrumpften in den letzten 70 Jahren auf ein Zwanzigstel. Die Hochwasser haben nicht mehr die Kraft, die rasch zuwachsenden Kiesbänke umzulagern. Die Aue verbuscht. Die Föhrenreliktwälder vergrasen, Allerweltsarten breiten sich aus und verdrängen botanische Kost-

barkeiten, die diese Schutzgebiete berühmt machten. In der Weichholzaue ist die Deutsche Tamariske selten geworden.

Die letzten Überlebensnischen kiesbrütender Vogelarten wie der vor den Flusskorrektionen weit verbreiteten Flussseeschwalbe und des Flussregenpfeifers müssen ebenso wie Habitate für Kiesbank-Grashüpfer und Gefleckte Schnarrheuschrecke durch aufwändige Artenschutzmaßnahmen, Entbuschen von Kiesinseln oder Anbieten von Nistflößen mit Kiesbelag, gesichert werden. Nur am Oberlauf oberhalb des Sylvensteinspeichers kann man die Isar noch wild und ungebändigt erleben und die Dynamik erahnen, mit der sie als Wildfluss noch in der ersten Hälfte des 20. Jahrhunderts auch Pupplinger und Ascholdinger Au geprägt hatte.

Hinweise für Besucher

Pupplinger und Ascholdinger Au erreicht man von Wolfratshausen aus.

Moor- und Bruchwälder

Moor- und Bruchlandschaften galten als unheimlich, verrufen; eine menschenfeindliche, schaurige Wildnis, die man tunlichst mied. Als Land der undurchdringlichen, schrecklichen Wälder und stinkenden Sümpfe hatte Tacitus das wilde Germanien jenseits des Limes beschrieben. Erst im 18. Jahrhundert begann man, Moore im großen Stil zu entwässern und überwiegend in Grünland umzuwandeln. Den Torf nutzte man als Brennmaterial.

Heute sind noch etwa 3,5 % der Landfläche Deutschlands von Torfböden bedeckt, etwas mehr als ein Viertel davon von Hochmooren. Lebende Moore machen allerdings nur noch einen Bruchteil davon aus, sind die meisten doch durch den Menschen tief greifend verändert und zerstört.

Bruchwälder, Moore und Sümpfe galten den frühen Menschen von Anbeginn an als gefährliche und magische Orte, in denen Spuk und Zauber zu Hause waren. Und doch wurden sie seit der Eisenzeit genutzt als bedeutendste Lagerstätte der Raseneisenerze, die sich in vermoorten Niederungen auf Sandböden bilden. Erst in der zweiten Hälfte des 19. Jahrhunderts mit der industriellen Revolution wurde das »Sumpfeisen« bedeutungslos.

Als in der zweiten Hälfte des 18. Jahrhunderts das Holz immer knapper wurde, verwendete man Torf im großen Ausmaß als Brennmaterial. Erst mit Ausbau des Eisenbahnnetzes Mitte des 19. Jahrhunderts löste die Steinkohle Holz und Torf als Energiespender ab.

Mit der Kultivierung der Moore zu landwirtschaftlichem Nutzland hatte man im 18. Jahrhundert begonnen. Zunächst wurden die nährstoffreichen Versumpfungs- und Durchströmungsmoore im Überflutungsbereich der Flussauen entwässert und in Grünland umgewandelt, im 19. Jahrhundert verstärkt auch die mächtigen Regenhochmoore abgetorft. Noch in den 1960er-Jahren galten Entwässerung und Torfabbau als Pionierleistungen zur Hebung der Landeskultur.

Auch die riesigen Regenhochmoore in Niedersachsen wurden abgetorft. Mit einer bezeichnenden Ausnahme, der Tinner Dose, die 1876 die Firma Krupp zum Erproben von Waffen gekauft und dadurch der Kultivierung entzogen hatte. Noch heute testet die Bundeswehr dort Munition. Inzwischen hat man eine Fläche von 3200 ha unter Naturschutz gestellt, womöglich ein Moor-Nationalpark von morgen.

Künstler entdeckten den Zauber der Moore

Heute sind die vielfältigen Funktionen der Moore im Naturhaushalt erkannt. Sie verzögern nach Schneeschmelze und Starkregen den raschen Wasserabfluss an der Oberfläche, binden gewaltige Mengen von Kohlenstoff und wirken dadurch dem Treibhauseffekt entgegen. Zusätzlich speichern sie Stickstoff und Phosphor, fällen Schwermetalle aus und binden Pestizide. Und sie sind als vielfältige Lebensräume unersetzbar für Arten, die den besonderen Bedingungen dieser nassen Welt angepasst sind. Seit Jahrtausenden konservieren Moore die eingewehten Blütenpollen der Pflanzen. Sie sind die Archive, denen wir unser Wissen über die Geschichte der nacheiszeitlichen Wiederbewaldung verdanken.

Wie bei den alten Bäumen waren es zunächst Künstler, die das Interesse auf den besonderen Reiz urtümlicher Moorlandschaften lenkten und damit die heute verbreitete Wertschätzung dieser einst verrufenen Wildnis vorwegnahmen. So entstand am Südrand des Teufelsmoors in Worpswede die Künstlerkolonie um F. Mackensen und O. Modersohn und in Murnau traf sich die Gruppe des »Blauen Reiters« bei W. Kandinsky und Gabriele Münter.

Beachtliches wird inzwischen unternommen, Sünden von gestern zu beheben und Restmoore, vor allem durch Wasserrückstau, zu regenerieren.

Alle Waldgesellschaften in Bruch und Moor sind hochgradig gefährdet. Der deutsche Naturschutz hatte sich von Anfang an um die Moore gesorgt. Manche Länder haben bereits nach dem Ersten Weltkrieg großzügig Schutzgebiete ausgewiesen, so Sachsen in den Latschen-Hochmooren des Erzgebirges. Bis heute gibt es keinen Moor-Nationalpark in Deutschland. Bei den Naturwaldreservaten allerdings fällt der überproportional hohe Anteil von 12 % auf, den Moor- und Bruch-, Erlen- und Birkenwälder an den insgesamt 25 000 ha »Urwäldern von morgen« einnehmen. Trotz jahrhundertelanger Wasseraustreibung und Kulturversuche haben die verbliebenen Moor- und Bruchwälder ihren Naturwaldcharakter besser bewahrt als die meisten übrigen Gesellschaften.

So entstehen Moore

Moore entstehen im kühl-humiden Klima, wo es bei hohen Niederschlägen und geringer Verdunstung zu Wasserüberschuss kommt. Am weitesten verbreitet waren sie ursprünglich als Fehn, Venn, Dose, Lohe und Luch im nordwestdeutschen Tiefland und in den Jungmoränengebieten Norddeutschlands, als Möser und Filze im Alpenvorland sowie in den höheren Mittelgebirgen. Wo der Oberboden ständig vernässt ist, zersetzt sich die abgestorbene Pflanzensubstanz mangels Sauerstoff nur unvollständig und es bildet sich Torf.

Hochmoore wachsen über den Grundwasserspiegel hinaus, wölben sich uhrglasförmig auf und sind, da nur noch von Regenwasser gespeist, extrem nährstoff-

Erlen-Bruchwald (hier im Spreewald), ein amphibischer Lebensraum aus wassergefüllten Schlenken und mit Erlen bewachsenen Bulten.

arm. An ihrer Oberfläche wachsen Torfmoose dicht an dicht ständig weiter, während aus deren abgestorbenen tieferen Pflanzenteilen zugleich Torf entsteht.

Hat die Torfschicht Kontakt zum Grundwasser, entstehen Flach- oder Niedermoore auch weitgehend unabhängig vom Klima in Tälern, im Schilfgürtel verlandender Seen und in abflusslosen Mulden. Die verwirrende Vielzahl von Moortypen ist bedingt durch Geländeformen, Unterschiede im Säuregrad und Nährstoffgehalt des Wassers sowie durch Mischformen mit Zwischen- und Übergangsmooren.

Latsche und Spirken

Hochmoore sind Reliktstandorte, auf die sich die konkurrenzschwächsten, aber zugleich äußerst anpassungsfähigen Kiefern- und Birkenarten zurückgezogen haben. Bei der Bergkiefer unterscheidet man wegen der Unterschiede in Wuchsform, ökologischen Ansprüchen und Zapfenform drei Unterarten. Wir begnügen uns mit den beiden bekannten Erscheinungsformen: der strauchförmigen, vielstämmigen Latsche oder Legföhre, die einerseits in den Alpen oberhalb der Baumgrenze und auf Lawinenbahnen die Krummholzzone bildet, andererseits Hochmoore im Alpenvorland und in den herzynischen Mittelgebirgen über den Böhmerwald bis ins Erzgebirge besiedelt. Und der einstämmigen Spirke, die vor allem im Westen des Areals in

den Pyrenäen und Westalpen als Hakenkiefer ansehnliche, bis 20 m hohe Bäume bildet und bei uns in Randzonen von Hochmooren vorkommt.

Bergkiefern-Moorwälder entwickeln sich um das offene, baumfreie Zentrum der Hochmoore auf deren »Randgehänge«, den deutlich abfallenden, trockeneren Flanken des aufgewölbten Moorschildes. Eine reiche Beerstrauchschicht mit Preisel- und Heidelbeere überzieht den Boden. Charakterart ist die Moorbeere, wegen berauschender Wirkung ihrer wenig schmackhaften Beeren auch Rauschbeere genannt. Am Übergang zum nassen Hochmoorzentrum treten zwischen den von fadendünnen Trieben der Moosbeere übersponnenen Torfmoospolstern vermehrt Wollgräser und Sonnentau hinzu.

Natürliche Fichten- wälder am Moorrand

An den Moorkiefernwald schließt sich im Alpenvorland und in den östlichen Mittelgebirgen ein natürlicher Fichten-Moorwald an.

Die Nährstoffversorgung ist etwas günstiger, doch noch sichern Nässe und Spätfrostgefahr der Fichte den Vorrang vor Mitbewerbern. Kniehohe Heidelbeere herrscht in der Bodenschicht über einem artenreichen Moosteppich mit dem Peitschenmoos, nach dem die Gesellschaft benannt ist.

Moorbirkenwälder

Westlich des natürlichen Areals von Kiefern und Fichte im atlantisch geprägten Tiefland entwickeln sich auf Randgehängen von Hochmooren die Moorbirkenwälder. Auch in höheren Mittelgebirgen, denen Spirke und Waldkiefer fehlen, kommt diese Moor- und Sumpfwald-Gesellschaft vor. Sind Birken gewöhnlich nur Pioniere der ersten Sukzessionsstadien auf Störstellen, so bilden sie in dieser unwirtlichen Umwelt die Dauerwaldgesellschaft.

Moorbirken unterscheiden sich von der gewöhnlichen Sand- oder Hängebirke durch eine unregelmäßigere, sperrige Krone, eine schmutzig weiße anstatt der silbrig weißen Rinde. Auf die dichte flaumige Behaarung an der Spitze ihrer jungen Triebe geht der wissenschaftliche Name *Betula pubescens* zurück. In Berglagen schneereicher Mittelgebirge wie der Hohen Rhön wird sie von einer Unterart, der Karpatenbirke, vertreten. Diese, an glänzend bräunlicher Rinde erkennbar, ist in ihren Ansprüchen noch bescheidener und wächst nur strauchförmig. Eine ungewöhnliche Vielzahl von Pilzen begleitet die Birken. Hunderte von Arten leben mit ihnen in enger Symbiose, zahlreiche sind ausschließlich an sie gebunden. Bekannt sind die bei Sammlern beliebten »Birkenpilze«, von denen die Wissenschaft einige nahe verwandte Arten unterscheidet.

Wald an der Nässegrenze: Schwarzerlenbruch

Im Erlenbruch erreicht der Wald seine Nässegrenze. Keine Baumart kommt mit einem Überschuss an Wasser besser zurecht als die Rot- oder Schwarzerle. Über ein besonderes Gewebe kann sie ihre im Wasser stehenden Wurzeln noch mit Sauerstoff versorgen. Sie durchwurzelt selbst dauernasse Böden tief und erweist sich in amphibischen Lebensräumen als ungemein standfest.

Rundblättriger Sonnentau im Filz der Torfmoose am Übergang vom offenen Hochmoorkern zum Bergkiefern-Moorwald.

Den Stickstoffbedarf deckt sie durch Wurzelknöllchen, die durch Bakterien Luftstickstoff binden. Sie stellt allerdings an das Basenangebot ihres Standorts gewisse Ansprüche. Daher muss sie die sauersten und nährstoffärmsten Moorböden der bedürfnislosen Moorbirke überlassen. Auch benötigt sie ausreichende Sommerwärme, weshalb sie im Bergland in der hochmontanen Stufe trotz ihrer außergewöhnlichen Frosthärte von der Grauerle abgelöst wird. Grauerlen vertreten sie auch in Flussauen auf Schotterböden, die zeitweise trockenfallen.

Ihren Verbreitungsschwerpunkt haben Schwarzerlenwälder in den großen Urstromtälern des norddeutschen Tieflandes wie im Biosphärenreservat Spreewald, dem ursprünglich ausgedehntesten Überflutungsmoor Mitteleuropas, und in den Niedermooren verlandender Seen nordostdeutscher Seenplatten. In Jungmoränengebieten Schleswig-Holsteins und des süddeutschen Alpenvorlandes bilden Erlen-Bruchwälder das natürliche Schlusswaldstadium beim Verlanden der Seen.

Das Wasser steht ständig nahe der Bodenoberfläche. Im Winter kommt es zeitweise zur Überstauung, im Hochsommer trocknet die Oberfläche ab. Der Wechsel von wassergefüllten »Schlenken« und trockeneren »Seggen-Bulten« verleiht dem Erlenbruch sein besonderes Bodenrelief. Sumpfdotterblume und Gelbe Schwertlilie setzen lebhaft gelbe Blütentupfen.

Wenn auf langsam vom Grundwasser durchzogenen Anmoorflächen über nährstoffreichen Lehmstandorten wieder die Esche gedeihen kann, entsteht ein Schwarzerlen-Eschen-Sumpfwald, der bereits zu den Auenwaldgesellschaften überleitet.

Überleben unter großen Pflanzenfressern

Unter Urwaldbedingungen lebten in den Auen- und Bruchlandschaften der Flussniederungen und verlandenden Seen die meisten Arten der großen Pflanzenfresser in individuenreichen Populationen. Neben den die Landschaft gestaltenden Bibern, den Rothirschen und Wildschweinen waren

hier die Megaherbivoren Elch und Auerochse zu Hause.

Die Schwarzerle ist an ein Zusammenleben mit diesen Pflanzenfressern in besonderer Weise angepasst. Bestimmte Inhaltsstoffe bewirken, dass ihre sehr eiweißreichen Blätter von Wildtieren kaum verbissen werden. Selbst gröbste mechanische Beschädigungen wie das Fällen durch Biber überlebt sie dank ihres ausgeprägten Vermögens, wieder aus dem Stock auszuschlagen. Bäume mit mehreren Stämmen aus gemeinsamem Wurzelstock sind geradezu ein Charakteristikum des Erlenwaldes.

Ihre alljährlich in Unmengen erzeugten Samen, wichtigste Nahrung der in auffälligen Schwärmen bei uns überwinternden unüberhörbaren Erlenzeisige, entlässt die Erle erst im Spätwinter aus den Kätzchen. Durch Wind und Wasser weithin verbreitet, kommen diese jedoch nur unter ganz besonderen Bedingungen auf offenem Rohboden zum Keimen.

Erlensterben

Entlang der Fließgewässer breitet sich seit den 1990er-Jahren eine neue Erlenkrankheit seuchenartig aus und verursacht ein erschreckendes Erlensterben. Die Belaubung bleibt kleinblättrig, spärlich und vergilbt. Am Stammfuß stirbt örtlich das Rindengewebe ab, schwarzbraune Flüssigkeit tritt aus und

Oben links: Die Moorbeere, auch Rauschbeere genannt, ist eine Leitpflanze des Bergkiefern-Moorwalds.

Oben rechts: Die Gelbe Schwertlilie belebt wie Sumpfdotterblume und weiß blühende Wasserfeder das Grün der Erlenbrüche.

bildet »Teerflecken«. Schließlich gehen die befallenen Bäume ein.

Als Verursacher wurde ein offenbar neu entstandener Hybrid zweier *Phytophthora*-Pilze nachgewiesen. 2001 war nur 5 Jahre nach dem Erstnachweis bereits entlang der Hälfte aller bayerischen Flussläufe die Erlenbestockung erkennbar krank. Ursachenkette und Verbreitungswege sind inzwischen aufgeklärt. Bei der Aufforstung der Katastrophenflächen aus den verheerenden Orkanen 1990 wurde pilzinfiziertes Erlenpflanzgut aus Großbaumschulen verwendet und der Erreger dadurch verschleppt.

Derzeit ist völlig offen, wie sich die Seuche entwickeln wird. Die Folgen eines Erlensterbens im Ausmaß etwa des Ulmensterbens wären nicht nur für die Wasserwirtschaft verheerend. Das vertraute Bild unserer Heimat ist ebenso bedroht wie deren Naturhaushalt, bilden die Erlengalerien entlang der Gewässer doch oft Rückgrat und Verzweigung im verbliebenen Biotopverbund unserer denaturierten Tallandschaften.

Plagefenn: ältestes preußisches Naturschutzgebiet

(32) Erlen-Bruchwälder um den Großen Plagesee; Wasserfeder- und Großseggen-Erlen-Sumpfwälder mit Wasserschlauch und Drachenwurz; seit 90 Jahren ohne Nutzung; Brutgebiet von Kranich, Waldwasserläufer und Schreiadler; blaue Moorfrösche, Rotbauchunken und Laubfrösche.

Das Plagefenn am Fuß des Choriner Endmoränenbogens nahe dem weithin bekannten Ökodorf Brodowin ist in dem an Naturschätzen noch so reichen Biosphärenreservat Schorfheide-Chorin etwas Außergewöhnliches, war es doch das erste flächenhafte Naturschutzgebiet im ehemaligen Preußen. 1906 hatte Forstmeister Dr. Max Kienitz beantragt, den Großen Plagesee mit den angrenzenden Bruchwäldern und bewaldeten Werdern auf einer Fläche von 177 ha als Naturdenkmal auszuweisen. Er war als Einziger einer Aufforderung des preußischen Ministers für Landwirtschaft, Domänen und Forsten nachgekommen, in den Staatsforsten Naturdenkmale vorzuschlagen, um diese unter Schutz zu stellen. Sein Antrag wurde vom Direktor der nahe gelegenen Forstakademie Eberswalde, Dr. Alfred Möller, unterstützt und noch um die Forderung erweitert, auf jede Art forstlicher, jagdlicher und fischereiwirtschaftlicher Nutzung künftig zu verzichten.

Ein Wendepunkt in der Geschichte des Naturschutzes

Das Plagefenn markiert einen Wendepunkt in der damals noch jungen Geschichte des amtlichen Naturschutzes. Waren bisher nur besondere Naturgebilde und Kleinbiotope amtlich als Naturdenkmale geschützt worden, so war dies der erste Versuch, einen Lebensraum flächenhaft unter Schutz zu stellen. Professor Hugo Conwentz als Leiter der Staatlichen Stelle für Naturdenkmalpflege veranlasste die planmäßige wissenschaftliche Erforschung des Plagefenns. Er publizierte 1912 einen fast 700 Seiten umfassenden Band mit Befunden interdisziplinärer Untersuchungen über Geologie, Landschaftsgeschichte, Gewässerkunde, Pflanzen- und Tierwelt – eine beispiellose Dokumentation des Ausgangszustandes eines Schutzgebietes. Eine neu entdeckte flügellose Schlupfwespenart benannte man zu Ehren von Forstmeister Kienitz *Gonatopus kienitzi*.

Mit Ausweisung des Biosphärenreservates Schorfheide-Chorin im Jahr 1990 wurde das alte Naturschutzgebiet, erweitert auf 274 ha um Kleines Plagefenn mit Kleinem Plagesee, ein Kerngebiet mit totalem Nutzungsver-

zicht. Eingebettet ist es in eine ausgedehnte Schutzzone, die vorrangig nach Naturschutzzielen behandelt wird, sodass das heutige Naturschutzgebiet insgesamt 1054 ha umfasst.

Es ist ein typischer Ausschnitt aus der vielgestaltigen, von der Eiszeit geprägten Landschaft des Choriner Endmoränenbogens mit ständigem Wechsel von Seen, Mooren und Wäldern. Insgesamt gibt es im Biosphärenreservat Schorfheide-Chorin 228 Seen und 3000 ha Erlen-Bruchwälder, zusammen mit den beiden weltweit größten Komplexen naturnaher Tiefland-Buchenwälder auf den Poratzer und Grumsiner Endmoränen sowie hier um Chorin phantastische Naturschätze!

Erlen-Sumpfwälder im Verlandungsmoor

Mehr als 2000 Moore findet man im Biosphärenreservat, ebenso unterschiedlich nach Größe wie nach Moortypen. Da stößt man mitten im Tiefland-Buchenwald auf kleine Kesselmoore, Hinterlassenschaft geschmolzener Gletschereisbrocken. Die Seen sind von weiten Verlandungsmooren umsäumt. Schilfröhricht, Großseggenried und Erlen-Bruchwälder weisen auf nährstoffreiche Gewässer hin, offenes Torfmoos- und Wollgrasried, gerne von Birken und Kiefern licht bestanden, auf saure, nährstoffarme Verhältnisse.

Im Verlandungsbereich des Großen Plagesees, der bereits seine halbe Fläche an das ständig wachsende Moor verlor, entwickelten sich auf »Reichmoor-Standorten« drei Bruchwald-Gesellschaften. Wo das Wasser am höchsten steht, am nassesten noch waldfähigen Standort, behauptet sich der Wasserfeder-Erlen-Sumpfwald. Hier kommt selbst die Roterle, ganzjährig auf Bülten im tiefen Wasser stehend, an die Grenze ihrer Möglichkeiten und ihre Wuchsleistung bleibt entsprechend bescheiden.

Diese Erlengesellschaft wird nach *Hottonia palustris*, der Wasserfeder, benannt, deren

Die Drachen- oder Schlangenwurz kann auf Verlandungsinseln im Erlen-Sumpfwald auch größere Bestände bilden.

weiße Blütenkerzen über der dunklen Wasserfläche leuchten, zusammen mit den Blüten der Gelben Schwertlilie ein festlicher Schmuck im Mai/Juni. Auf den ganzjährig wassergefüllten tiefen Schlenken schwimmen einige Pflanzen frei, meist Wasserlinsen, aber auch der goldgelb blühende Echte Wasserschlauch *(Utricularia vulgaris)*. Diese fleischfressende Pflanze fängt mit blasenartigen Fallen an den Blättern, den Namen gebenden Schläuchen, Insekten. Auf Verlandungsinseln wird die Gesellschaft artenreicher und die auffällige Drachenwurz *(Calla palustris)* breitet sich auch flächig aus. Im Walzenseggen-Erlenwald stehen die Bäume, überwiegend Roterlen mit einzelnen Moorbirken, ebenso auf selbst geschaffenen Bulten, wo sich auch die Begleitpflanzen

In regenarmen Sommern fallen die Schlenken im Erlenbruch trocken. Für Erlen typisch sind mehrere Stämme aus einem Wurzelstock.

einfinden. Hier fallen in trockenen Sommern die Schlenken trocken und es kann zu zeitweisem Wassermangel kommen.

Am stattlichsten entwickeln sich die Erlen in der ganzjährig am wenigsten von Stauwasser beeinflussten Gesellschaft des Frauenfarn-Erlenwaldes. Auf Teilflächen sind Roterlen bereits über 100 Jahre alt. An den hochstämmigen, starken Bäumen weisen erste Spechthöhlen darauf hin, dass die Altersphase ausläuft und der natürliche Zerfall einsetzt.

Die sauersten Anmoorstandorte meidet die Erle und überlässt sie der anspruchslosen Moorbirke, die dort lichte Gehölze bildet. Auf kleinen Bulten wächst das Scheidige Wollgras, flächig herrschen bereits die Torfmoosarten. Die Moosbeere, deren erstaunlich große rote Früchte den Winter unter Schnee überdauern, bietet heimkehrenden Zugvögeln wie dem Kranich willkommene Nahrung.

Waldsukzession auf Werdern

Aus dem Moor erheben sich flache Mineralboden-Inseln, so genannte Werder. Mächtige, tief beastete Buchen und Stieleichen weisen auf ein Hutewaldrelikt hin. Unverkennbar läuft überall auf den Mineralböden die natürliche Sukzession hin zum Buchenwald. Im deutlichen Gegensatz dazu konnte sich in den 90 Jahren seit Unterschutzstellung die Kiefer, durch den Menschen seit 150 Jahren auch hier verbreitet und in stattlichen alten Exemplaren vorhanden, nirgends natürlich verjüngen.

An der Waldverjüngung verursachen Rot- und Rehwild schwer wiegende Schäden. Bereits 1912 war sogar der Sumpfporst, trotz seiner ledrigen, unterseits filzig behaarten, widerlich riechenden und obendrein giftigen Blättchen, so verbissen, dass er nicht zum Blühen kam.

Dramatischer Artenschwund in der Pflanzenwelt

Die eingehende Zustandserfassung vor 90 Jahren reizt zu Vergleichen. Bei aktuellen Vegetationsaufnahmen konnte nur mehr die Hälfte der seinerzeit beschriebenen Pflanzenarten gefunden werden. Die Ursachen werden vor allem in der Absenkung des Wasserspiegels im Becken des Plagesees gesehen, wodurch die durch Schadstoffeintrag bedingte Eutrophierung des Gewässers und mancher Moorteile noch entschieden verschärft wurde. Zentrales Problem für dieses Reservat wie für die meisten Feuchtgebiete ist die Entwässerung zu Gunsten der Landwirtschaft. Nach der neuen Schutzgebiets-Verordnung ist der ursprüngliche Wasserhaushalt wieder herzustellen und man hat begonnen, die tiefen Gräben zuzuschütten, wobei erste Initiativen vom Ökodorf Brodowin ausgehen.

Der erschreckende Verlust von rund der Hälfte der Pflanzenarten des Reservates im 20. Jahrhundert spiegelt das allgemeine Geschehen wider. In Deutschland sind rund ein Drittel der noch vorhandenen Blütenpflanzen, knapp die Hälfte der Farne und Moose und 61% aller Flechtenarten im Bestand gefährdet.

Von den 228 Seen im Biosphärenreservat waren einst mehr als vier Fünftel mesotroph, das heißt nur mäßig mit Nährstoffen belastet. Heute sind nahezu zwei Drittel stark eutrophiert und die wertvollen Klarwasserseen bis auf einige wenige verschwunden.

Kranichwälder

Im Frühjahr sind die Bruchwälder erfüllt vom lauten Trompetengeschmetter der hier allgegenwärtigen Kraniche. Das eindrucksvolle Schauspiel der Kranichbalz kann man in Nähe des Brutortes auf freien Flächen beobachten. Im Stechschritt, die Schenkel herausgedrückt, Hals und Kopf mit der angeschwollenen roten Kopfplatte schräg nach oben gereckt, führt der Mann seinen Parade- oder Prahlmarsch vor der sich zunächst unbeteiligt gebenden Partnerin auf. Der legendäre Tanz der Kraniche hingegen, bei dem die Männchen mit weit ausgebreiteten Schwingen einige Male hin und her hüpfen, ist Ausdruck allgemeiner Erregung und findet zu jeder Jahreszeit statt, zur Balzzeit sexuell stimuliert natürlich häufiger. Ähnlich verhält es sich mit den schmetternden Trompetenrufen beider, in lebenslanger Ehe verbundener Elterntiere.

Mit über 350 Brutpaaren erreicht dieser Großvogel im Biosphärenreservat Schorfheide-Chorin seine höchste Siedlungsdichte in Mitteleuropa. Der deutsche Brutbestand stieg insgesamt von 400 Paaren 1977 inzwischen auf 3000, auch eine Folge gezielter Schutzmaßnahmen und Wiedervernässung der Lebensräume. Das Nest mit den 2 Eiern wird meist auf vom Wasser umgebenen Bulten im nassen Erlensumpf gebaut zum Schutz vor Wildschwein und Fuchs.

Als Besonderheit brütet in Erlen-Bruchwäldern der Waldwasserläufer, im Biosphärenreserat mit erstaunlichen 160–180 Paaren häufiger als anderswo in Deutschland. Er ist neben der geheimnisvollen Waldschnepfe der einzige Schnepfenvogel, der im Waldesinneren vorkommt, wo er zum Brüten alte Drosselnester in Gewässernähe benutzt. Dieser in der borealen Nadelwaldzone Eurasiens nicht seltene Taigavogel dringt erst seit den 1960er-Jahren von Polen aus nach Westen vor und besiedelt in rasch zunehmender Zahl die Bruchwälder Nordost- und Norddeutschlands, vereinzelt bereits Thüringens und Ostbayerns.

Im Ufergebüsch schlagen nebeneinander Nachtigall und ihr östlicher Verwandter, der Sprosser, um die Wette. Aus den weiten Röhrichtzonen zwischen Seen und Erlenbruch dringen weithin hörbar die Urlaute der Großen Rohrdommel, des »Moorochsen«. Erlen-Bruchwälder sind besonders reich an Amphibien. Die urplötzlich einsetzende Wanderung der Moorfrösche im Vorfrühling zu den Laichplätzen im Plagefenn wird zum unvergesslichen Naturerlebnis und vermittelt eine Vorstellung davon, wie erfreulich häufig diese Charakterart hier noch ist. Es sind die zur Balzzeit leuchtend blau gefärbten Froschmänner, die Aufsehen erregen, wenn sie sich mit ihren bräunlichen Weibchen oft zu mehreren Hunderten an den Laichplätzen versammeln.

Der vom Aussterben bedrohte Otter, der in den von Wald umsäumten Seen und Brüchen Ostdeutschlands sein wichtigstes Rückzugsgebiet hat, bedient sich aus dem reichen Angebot an Fröschen. Im Frühsommer liegt über der gewässerreichen Landschaft geradezu flächig ein Klangteppich aus den verwunschenen Rufen der Rotbauchunken und dem Geplärre unzähliger Laubfrösche.

Schreiadler, der kleinste unserer Adler

Amphibien sind wichtige Beutetiere für unsere kleinste Adlerart, den Schreiadler, wenn er Ende April aus seinem afrikanischen Winterquartier zurückkehrt. Zwar nur wenig größer als ein Mäusebussard, ist er doch mit

Der seltene Schreiadler horstet in ungestörten Laubwäldern und jagt gern im Bruch nach Fröschen und Großinsekten.

Erlenbruchwälder sind Wochenstuben der Kraniche. Das Nest mit 2 Eiern steht sicher vor Bodenräubern auf Erlenbulten im Wasser.

Murnauer Moos

33 Größtes intaktes Moorgebiet in Deutschland, von Kalkwasser durchströmt; Latschen- und Spirkenfilze, Birken-Moorwald und Erlenbrüche; seltene Pflanzen der Feuchtgebiete wie Sibirische Schwertlilie, Sumpfgladiole, Mehlprimel und Karlszepter; Wachtelkönige und zugewanderte Birkenzeisige.

dem Steinadler der einzige »echte« heimische Adler der Gattung *Aquila*. In Feuchtwaldgebieten, auf Waldwiesen und Lichtungen jagt er meist zu Fuß vorwiegend nach Fröschen, Reptilien, Wühlmäusen und Großinsekten. Der Schreiadler hat weltweit nur noch ein sehr begrenztes Verbreitungsgebiet vom östlichen Mitteleuropa bis Westrussland. Ein Schwerpunkt liegt in Polen, wo 1100–1300 der insgesamt weniger als 10 000 Brutpaare horsten. In Deutschlands Wäldern war er bis Anfang des 20. Jahrhunderts noch weit verbreitet, wenn auch selten. Auch dieser harmlose Greifvogel wurde ein Opfer der systematischen Raubvogelverfolgung durch die Jagd. Heute kommen nur noch wenig mehr als 100 Brutpaare fast ausschließlich in Mecklenburg-Vorpommern und Brandenburg vor. Schreiadler horsten in ungestörten abwechslungsreichen, von Feuchtgebieten durchdrungenen alten Laubwäldern. Sie legen nur 2 Eier. Das erstgeborene Junge tötet regelmäßig das etwas kleinere Geschwister, ein Phänomen, das Kainismus genannt wird. So kann ein Brutpaar, selbst wenn alles ungestört verläuft und die Nahrung ausreicht, bestenfalls 1 Jungvogel großziehen.

Am Alpenrand entwickelten sich in den von Gletschern ausgeschobenen Becken große Moore. Größtes und am besten erhaltenes Gebiet ist das Murnauer Moos mit einer Ausdehnung von 4460 ha, wovon der zentrale Moorkomplex 3000 ha einnimmt. Der Moorkörper hat sich auf einem leicht nach Norden geneigten undurchlässigen Untergrund entwickelt, aus dem einige Steindurchdringungen ragen, hier Köchel genannt. Inzwischen sind weite Teile als Naturschutzgebiet ausgewiesen und als »Gebiet von gesamtstaatlich repräsentativer Bedeutung« in ein Bundesprogramm aufgenommen, sodass wertvolle Flächen vom Staat durch Kauf gesichert werden konnten. Dem Murnauer Moos blieb das übliche Schicksal der Moorgebiete erspart. Ein Querriegel aus Molasse westlich von Murnau begrenzt das von Süden nach Norden sich erstreckende Moor und verhinderte damit eine einfache Entwässerung. Das Moor wird aus zahlreichen Quellen des Kalkgebirges im Süden und Westen mit Wasser versorgt, dessen hoher Kalkgehalt sich erst im Moor verliert. Zahlreiche Quellbäche durchschneiden das Moor, manche enden hier, andere haben hier ihren Ursprung. Der gesamte Torfkörper ist von Grundwasser durchströmt. Lebrecht Jeschke, führender Moorexperte, versichert: »Es besteht kein Zweifel! Das Murnauer Moos ist wirklich das letzte große, noch weitgehend intakte Durchströmungsmoor Deutschlands. Es gibt in unserem Lande nichts Vergleichbares!«

Im Flachmoor entwickelten sich, abhängig vom Kalkgehalt des durchströmenden Grundwassers, verschiedene Seggen-Riedgesellschaften. Im häufiger überfluteten Nordteil breiten sich großflächig schilfreiche Großseggen-Riede aus.

Das Murnauer Moos, Deutschlands größtes und am besten erhaltenes Moorgebiet, vor der Kulisse der nördlichen Kalkalpen.

Oben auf dem Torfkörper des Durchströmungsmoores wölben sich im Bereich der Wasserscheiden zwischen den Bachläufen Hochmoore schildfömig, uhrglasartig und werden nur noch durch Regenwasser versorgt. Auf diesen Filzen wächst die Bergkiefer, auf dem Moorschild mehr strauchartig als Latsche, entlang der weniger vernässten Randgehänge als baumförmige Spirke. Durchströmte Moorbereiche sind von lockerem Moorbirkengebüsch bedeckt.

Moor-Nationalpark mit Karlszepter und Wachtelkönig?

In der Meldung als FFH-Gebiet werden für das Murnauer Moos nicht weniger als zwei Dutzend verschiedene Lebensraumtypen aufgelistet, davon 9 mit prioritärer Bedeutung. Demnach kommen hier Deutschlands größte Schwingrasenmoore, das größte intakte Schneidbinsenried und die wichtigsten intakten Quellseen und -kolke vor. Aus bayerischer Sicht finden sich hier und in den angrenzenden Loisachmooren noch die ausgedehntesten intakten Erlenbrüche.

Der Vielfalt der Lebensräume entspricht der Reichtum an Arten. Durch die traditionelle Streuwiesenmahd wurden die Bedingungen zu Gunsten konkurrenzschwächerer Arten verschoben. So konnten sich ansehnliche Blütenpflanzen wie Sibirische Schwertlilie (Iris sibirica) und Sumpf-Siegwurz oder Sumpfgladiole (Gladiolus palustris) oder die bei Naturfreunden beliebte zierliche Mehlprimel (Primula farinosa) weit über ihre natürlichen Nischen hinaus verbreiten. Die spektakulärste Blütenpflanze ist das bis 1 m hohe Karlszepter (Pedicularis sceptrumcarolinum), ein an Riedgräser gebundener Halbschmarotzer.

Ganz oben: Bergkiefern-Moorwald im Langen Filz, eingesäumt von Moorbirken und einem Fichten-Moorwald.

Darunter: Der Birkenzeisig ist erst seit 30 Jahren Charaktervogel der Moorwälder.

Derzeit wird der Vorschlag erörtert, das Murnauer Moos seiner Einmaligkeit und Flächengröße entsprechend zum deutschen Moor-Nationalpark aufzuwerten. Manche Artenschützer sehen allerdings seltene Niedermoorpflanzen ernsthaft gefährdet, würden dann die bisherige Mahdnutzung und übliche naturschutzfachliche Biotoppflegemaßnahmen eingestellt werden. Auch um Kostbarkeiten unter den Wiesenvögeln wie den Wachtelkönig, der hier seinen größten Brutbestand in Bayern hat, sorgt man sich. Die Landschaft werde verwildern und die Sukzession hin zu Erlen- und Moorbirken-Waldgesellschaften sei unaufhaltsam.

Moor-Fachleute wie L. Jeschke setzen solchen Ängsten überzeugend das Prinzip »Natur Natur sein lassen« entgegen und

versichern, keine der bisher durch Mähen geförderte Pflanzenart ginge verloren. Die eigentliche Bedrohung für die Pflanzenwelt auch des Murnauer Mooses sei der Überdüngungseffekt durch den Nährstoffeintrag mit den Niederschlägen. Erst ein Nationalpark, so die Befürworter, würde für diese einmalige Moorlandschaft fachgerechte Betreuung und die zur Förderung eines Naturtourismus nötigen Besuchereinrichtungen möglich machen.

Birkenzeisiggeschichte

Auch im größten und weitgehend intakten deutschen Moor ist der frühere Charaktervogel, das Birkhuhn, verschwunden. Überraschend hat sich mit dem Birkenzeisig eine neue Vogelart eingestellt, die heute nahezu alle Moorwälder besiedelt. Dieses zierliche Finkenvögelchen, war in Mitteleuropa nur als seltener Bewohner der Krummholzregion oberhalb der Waldgrenze vor allem in den Ostalpen bekannt. In den 1950er-Jahren entdeckte man zuerst im Böhmerwald, dann in den Spirkenfilzen am Fuß des Rachelmassivs kleine Ansiedlungen.

1973 wurden die Spirken- und Moorbirkenflächen des Murnauer Mooses besiedelt, ebenso die voralpinen Hochmoore im Allgäu. Schon tauchte der Gebirgsvogel in Parks und Gärten ostbayerischer Städte auf. 10 Jahre später war Franken erreicht, und erste Vorkommen bis oben aus den Karpatenbirken-Moorwäldern der Langen Rhön wurden bekannt. Ähnlich stürmisch verlief die Entwicklung im Erzgebirge.

Heute ist der einstige »Alpenbirkenzeisig« ein festes Glied der heimischen Vogelwelt mit weit über 10 000 Brutpaaren bei ungebrochen steigender Tendenz.

Hinweise für Besucher

Entlang der Ostseite des Murnauer Mooses verläuft die Autobahn München–Garmisch; Ausfahrt Murnau-Kochel oder Eschenlohe. Der Molasserücken im Norden ermöglicht einen Überblick über die weite Moorlandschaft vor der Alpenkulisse mit Zugspitze. Von Ramsach nach Westried führt im weiten Bogen durch den Nordteil des Moores ein Wanderweg (mit einem Plankensteg im Langen Filz).

Brunnenholzried und Großer Trauben in Oberschwaben

34 Moor-Fichtenwald auf schwankendem Untergrund; Hochmoor mit Torfmoosen und Sonnentau; Spirken-Moorwald, von der Fichte bedrängt; Großer Trauben, letzter Hochmoorrest im Pfrunger Ried.

Das Brunnenholzried, ein bereits seit 1924 unter Schutz stehender 75 ha großer Moorwald im oberschwäbischen Alpenvorland, hatte W. Schoenichen in den 1930er-Jahren als eines der herrlichsten Moorschutzgebiete Deutschlands begeistert beschrieben. Unter dem Einfluss kalkhaltigen Wassers entwickelte sich ein Niedermoor, aus dem einige flache Moränenhügel ragen. Der Südteil zeigt den Niedermoorcharakter noch deutlich mit einer reichhaltigen Flora, darunter recht häufig die Akeleiblättrige Wiesenraute. Auf diesen früher als Streuwiesen genutzten Flächen hat sich mit der Zeit die Roterle ausgebreitet.

Auf einem Zwischenmoorstadium im Osten stockt, ebenso wie an den Hochmoorrändern, ein typischer Moor-Fichtenwald, der auf Schoenichen als »Urwald« wirkte. Die Fichte wurzelt nur flach auf dem nassen Torf und der Windwurf löst daher eine lebhafte Dynamik aus. Das unruhige Bodenrelief mit ständigem Wechsel kleiner Aufwölbungen und Einsenkungen geht auf die herausgerissenen Wurzelballen umgeworfener Fichten zurück. Der Bestandesaufbau ist ungleichaltrig, die Fichten verjüngen sich auf Bodenerhebungen und im Moderholz moosbedeckter Baumkadaver und stehen in gleichaltrigen Rotten wie im Gebirgsplenterwald.

Spirken-Moorwald in Bedrängnis

Kernstück des Bannwalds ist das im Norden gelegene Hochmoor, das sich deutlich uhrglasförmig über das Flachmoor wölbt. Hier war noch in den 1930er-Jahren ein Spirken-Moorwald in so vollendeter Weise ausgeprägt, dass Schoenichen von ihm als

einem »Bergkiefern-Urwald« schlechthin schwärmt. Die Bergkiefer bildet einstämmige, stattliche Baumformen mit Höhen von 12–15 m. Nur gegen den kleinflächig noch offenen Hochmoorkern lässt die zunehmende Vernässung keine über 3 m hinausgehenden Wuchshöhen mehr zu.

Ursprünglich hatte man erwartet, die Sukzession verliefe im Bannwald mit zunehmendem Hochmoorwachstum auf großer Fläche hin zum Spirken-Moorwald. In Wirklichkeit hat sich in den 8 Jahrzehnten seit Unterschutzstellung mehr und mehr die Fichte durchgesetzt. Die Gründe sind dieselben wie in nahezu allen unseren Moorgebieten: In der Umgebung wurde großräumig durch Entwässerung der Wasserspiegel abgesenkt, noch verstärkt durch Drainagen und weiteren Torfabbau in der Nähe. Die Nährstoffversorgung verbesserte sich ständig über den Stoffeintrag aus den Niederschlägen. Beides zusammen verschafft der Fichte entscheidende Konkurrenzvorteile gegenüber der Bergkiefer.

Auch die Moorwaldvegetation verändert sich. Mit der Fichte breitet sich in der reichen Zwergstrauchschicht aus Rauschbeere, Preiselbeere und Rosmarinheide besonders auffällig die Heidelbeere aus. Wer genau hinsieht und sich ruhig verhält, der kann auf trockenen Bulten vielleicht eine der hier nicht seltenen Kreuzottern beim Sonnenbad entdecken. Moore sind wichtigste Rückzugsgebiete dieses hochgradig gefährdeten Reptils.

Moor-Bannwald Großer Trauben

Noch deutlicher erkennbar sind die Folgen von Entwässerung und Eutrophierung im

Oben: Reife Samen des Scheidigen Wollgrases, eine typische Art des Hochmoors.
Mitte: Für bedrohte Kreuzottern sind Moorgebiete letzte Rückzugsgebiete.
Unten: Zarte Triebe der Moosbeere mit großen Früchten überspinnen die Torfmoospolster.

nicht weit entfernten Moor-Bannwald Großer Trauben. Der 188 ha große Bannwald ist das naturnäheste Kernstück des 779 ha großen Naturschutzgebietes Pfrunger Ried, eines der größten in Südwestdeutschland. Auch dieses Moorgebiet, ursprünglich 2600 ha groß und zwei Drittel davon als Hochmoor entwickelt, wurde im 19. Jahrhundert ent-

Schwarzes Moor

35 **Karpatenbirken auf Kermiregenmoor, ein intaktes Hochmoor mit lang gestreckten Torfmoosbülten, wassergefüllten Schlenken und mehreren »Mooraugen«; Bayerns letzte Birkhühner außerhalb der Alpen.**

wässert und abgetorft. Verschont blieb lediglich der Große Trauben, ein nur 1,5 m hoher Hochmoorschild.

Verschwunden ist auch hier die einst auffälligste Vogelart der Moorlandschaften. 150 Birkhühner hatte man 1892 im Pfrunger Ried gezählt. Kurz vor dem Zweiten Weltkrieg sollen noch 20 Hähne um die Gunst von über 60 Hennen gebalzt haben. Nach dem Krieg beschleunigte sich der Rückgang, 1965 war auch hier das Birkwildvorkommen erloschen.

Im Biosphärenreservat Hohe Rhön erstreckt sich auf bayerischer Seite entlang der hessischen Grenze das große Naturschutzgebiet Lange Rhön über 13 km bis an die Landesgrenze zu Thüringen. Es ist das Kernstück einer Landschaft, die sich als »das Land der offenen Fernen« versteht. Von Natur war die Rhön das Buchenland, das die Mönche als »Buchonia« beschrieben hatten. Seit dem Mittelalter sind die Wälder weithin gerodet und in eine offene Bergwiesenlandschaft umgewandelt mit Goldhafer-Mähwiesen und von Schafen beweideten Kleinseggen- und Borstgras-Rasen. Streifenweise Aufforstungen aus Fichten gehen auf einen Versuch im Dritten Reich zurück, auf der nahezu baumfreien Hochrhön Windschutz zu schaffen, um Bauern anzusiedeln. Auf der sanftwelligen Basalthochfläche in 800–900 m Höhe, nur von wenigen, flach ansteigenden Bergen wie dem Heidelstein überragt, haben sich auf den wasserundurchlässigen Basaltlehmböden bei über 1000 mm Niederschlägen und kühlem Klima Moore gebildet. Glanzstück ist das berühmte Schwarze Moor, mit 68 ha das größte und bereits seit 1914 unter Naturschutz stehend.

Es gilt als eines der letzten intakten »Kermimoore« Mitteleuropas. Kermis sind langgestreckte, strangförmige Torfmoosbülten, die den Schichtlinien folgend um den aufgewölbten Hochmoorkern angeordnet sind, begleitet von 1–2 m breiten wassergefüllten Schlenken. Die zentrale, nahezu baumlose Hochmoorfläche mit einer bis 6,5 m mächtigen Torfschicht, durchbrochen von 3 größeren Kolken (»Mooraugen«) ist von einem ausgedehnten natürlichen Rauschbeeren-Karpatenbirken-Moorwald umgürtet.

Wo hier und da Waldkiefern eindringen, ist dies eine Folge früherer Entwässerungsversuche. Doch diese liegen 1 Jahrhundert zurück und tangierten nur Randlagen. So konnte das Schwarze Moor, rechtzeitig unter Schutz gestellt, seinen Charakter als eines der am wenigsten beeinflussten naturbelassenen Hochmoore Mitteleuropas bis heute bewahren.

Ganz in der Nähe kann man auf hessischer Seite im Roten Moor, mit 51 ha das nächstgrößte, sehen, wie großflächiger Torfabbau solche Urlandschaften zerstört.

Letzte Birkhühner auf Langer Rhön

Im Naturschutzgebiet Lange Rhön überlebt bis heute eine der letzten deutschen Birkhuhnpopulationen außerhalb der Alpen.

Moorbirkenwald. Wie in anderen schneereichen Mittelgebirgen kommt in der Rhön die mehr strauchförmige Karpatenbirke vor, eine Unterart der Moorbirke.

Das Schwarze Moor, eines der wenigen intakten Hochmoore Mitteleuropas, wurde bereits vor dem Ersten Weltkrieg unter Schutz gestellt.

Immer noch kann man im Morgengrauen nach frostiger Mainacht weithin über die Bergwiesen das anhaltende Kullern von rund 40 balzenden Hähnen vernehmen. Seit Mitte des 19. Jahrhunderts bereits gingen allgemein in Mitteleuropa die Bestände dieses auf Mooren und Heiden gemeinen Raufußhuhnes zurück. Inzwischen sind die meisten Vorkommen außerhalb der Alpen erloschen. Der Lebensraum wurde mehr und mehr zerstört, Moore entwässert und Torf abgebaut, Heiden und Ödland aufgeforstet, Fluren bereinigt und Straßen gebaut, die Landwirtschaft intensiviert. Störungen durch Freizeitaktivitäten nahmen ständig zu, so in der Hochrhön durch Massentourismus, Skilangläufer, Drachenflieger, Modellflugzeugsportler. Und die Birkhähne wurden unerbittlich am Balzplatz abgeschossen, bis eine ganzjährige Schonzeit dem anstößigen Treiben endlich ein Ende setzte. Noch 1972, im letzten Jahr, hatte die Jagdbehörde in der ba-

yerischen Rhön 21 Hähne zum Abschuss freigegeben.

Die Hochmoore der Langen Rhön sind ein wichtiger Teilbereich des Birkwild-Lebensraumes. Vor allem im Winter bieten die Knospen der Karpatenbirken die wichtigste Nahrung. Die Sorge um die Birkhühner war nicht zuletzt Anlass, die Lange Rhön großzügig als Naturschutzgebiet auszuweisen. Doch das Birkhuhn ist hier ein Kulturfolger, Nutznießer der nach Waldrodung entstandenen offenen Weidelandschaft mit ihren artenreichen Bergwiesen, eingestreuten Hecken und Baumgruppen. Es wird nur überleben, wenn es gelingt, die traditionelle Nutzung durch Wiesenmahd und Beweiden mit den schneeweißen, schwarzköpfigen Rhönschafen wieder zu beleben.

Die Moore mit ihren Karpatenbirkenwäldern jedoch sind der Rest der Urlandschaft, der sich auch künftig nach den Gesetzen der Wildnis entwickeln darf. Das Schwarze Moor musste allerdings eingezäunt werden, um den Andrang naturhungriger Besucher über einen Lehrpfad auf Holzbohlen in geordneten Bahnen zu halten.

Hinweise für Besucher

Das Schwarze Moor liegt unmittelbar in der Dreiländerecke Bayern-Hessen-Thüringen an der Hochrhönstraße, die das Naturschutzgebiet Lange Rhön von Fladungen bis Bischofsheim a. d. Rhön durchquert. Zufahrt auch über die B 278, Abzweigung von Seiferts Richtung Fladungen. Von einem großen Parkplatz aus führt durch das Moor ein auch von Behinderten nutzbarer 3 km langer Bohlensteg mit Informationstafeln. Durch das auf hessischer Seite an der B 278 gelegene Rote Moor, eingebettet in ein 315 ha großes Naturschutzgebiet, führt ebenfalls ein behindertengerechter Moorlehrpfad mit Aussichtsturm. Das Hochmoor wurde zwar bis auf Reste abgetorft, aber auch auf den Abbauflächen entstanden durch natürliche Sukzession sehenswerte Karpatenbirkenwälder.

Informationen im »Haus der Langen Rhön« in 97656 Oberelsbach, Unterelsbacher Straße 4 (Tel. 09774/91 02 60) und im Groenhof-Haus auf der Wasserkuppe (Tel. 06654/961 20). Weitere Hinweise zum Biosphärenreservat Rhön siehe Seite 77.

Fichtenwälder

Die Fichte ist der Charakterbaum der borealen Nadelwälder des hohen Nordens. In Mitteleuropa ist sie von Natur aus auf Reliktstandorte in höheren Gebirgslagen und auf moorigen Böden beschränkt. Hier kann sie sich wegen ihrer Frosthärte und dem weit streichenden Wurzelwerk behaupten. Durch rationelle »geregelte« Forstwirtschaft wurde sie zu unserem dominierenden Forstbaum.

Deutschlands Wälder werden heute auf zwei Dritteln der Fläche von Nadelhölzern beherrscht. Die Fichte ist mit gut der Hälfte dabei der häufigste Baum, und ihr Anteil nimmt weiterhin zu, vor allem in privaten Wäldern. Von Natur war die Fichte bei uns eine Rarität. Sie kam nur auf 1% der Waldfläche vor und selbst im fichtenreichen Bayern war sie im Naturwald bestandsbildend lediglich auf 5% beteiligt. Keine andere Baumart hat der Mensch derart einseitig gefördert wie die Fichte. Vor allem im 19. Jahrhundert wurde Deutschlands Waldkleid völlig gewendet und das Verhältnis von Laubwald zum Nadelholz umgedreht. Fichten sind einfach zu kultivieren, auch auf Kahlschlägen, werden in der Jugend am wenigsten von Reh und Hirsch verbissen, sind raschwüchsig und bringen frühen Holzertrag. Solche Eigenschaften ließen den Gebirgsbaum Fichte zum einseitig bevorzugten »Brotbaum« der »geregelten«, rationellen Forstwirtschaft der letzten zwei Jahrhunderte werden.

Die Fichte hat ein riesiges natürliches Verbreitungsgebiet hoch oben im Norden in der borealen Nadelwaldzone, die von Fennoskandien über Nordrussland reicht und sich hinter dem Ural über Sibirien nach Osten fortsetzt. Boreale Nadelwälder sind durch kontinentales Klima mit kurzer Vegetationsperiode und tiefen Winterfrösten sowie flachgründige oder vermoorte, nährstoffarme Böden mit sauren Rohhumusauflagen gekennzeichnet.

Die Fichte ist für diese harten Bedingungen vielseitig gerüstet. Sie ist besonders frosthart, sodass ihr Nachwuchs auch auf Kahlflächen aufwachsen kann. Sie fruchtet häufig, und ihre Samen können sowohl auf Rohhumus wie auf Moderholz keimen. Ihre Wuchsform ist sehr variabel, »jede Fichte hat ein anderes Gesicht«. So sind ihre Äste in den Tieflagen kammartig verzweigt, in Berglagen überwiegen Bürsten-Typen und in den Hochlagen trotzt sie mit schmalkroniger Säulenform und plattenartiger Verzweigung auch extremen Schneebelastungen. Mit einem sehr weit streichenden Wurzelwerk kann sie selbst flachgründige Standorte, insbesondere auch moorige Böden besiedeln.

Nach der Eiszeit wurde sie bei uns von den konkurrenztüchtigeren Buchen und Tannen in den hohen Norden abgedrängt. Nur in den Hochlagen der Alpen und in der äußersten Gipfel- und Kammregion herzynischer Mittelgebirge, in der »tiefsubalpinen« oder »hochmontanen« Höhenstufe, konnte die Fichte waldbildend in letzten Refugien überdauern. Für Buche und Tanne ist dort oben die Wachstumsperiode bereits zu kurz. Unterhalb dieser tiefsubalpinen Höhenstufe sind es nur wenige extreme Sonderstandorte, Moorränder vor allem, auch kalte, nasse Talmulden wie die »Auen« im Inneren Bayerischen Wald, sowie Kaltluft führende Blockhalden, wo die sonst durch ihre Schattenfestigkeit so übermächtige Buchenkonkurrenz der Fichte nicht folgen kann.

Zwischen der Buchenwaldzone und natürlichen Fichtenwäldern vermittelt die Weißtanne. Vor allem schwere, kalte, vernässende Böden, welche die Buche meidet, kann die Tanne mit ihrem außergewöhnlich

Natürlicher Bergfichtenwald um den Brockengipfel. Hier muss sich die Fichte an der Waldgrenze unter widrigsten Witterungsbedingungen behaupten.

tief reichenden Pfahl- und Herzwurzelsystem noch erschließen. Tannenreiche Wälder mit Fichte sind im Schwarzwald weit verbreitet. Bäuerliche Plenterwirtschaft hat sowohl den Anteil der Tanne als die von Natur aus ungleichaltrige Bestandesstruktur noch deutlich gefördert.

Bergfichtenwälder

Wo im Gebirge mit zunehmender Höhenlage die durchschnittliche Jahrestemperatur unter 4–2° C sinkt, dort herrscht der Bergfichtenwald. Nur die Vogelbeere begleitet die Fichte, und auf Katastrophenflächen stellen sich Pioniere ein, Lärche, Grünerle, Latsche und Schlucht-Weide (auch Großblättrige Weide genannt, der Salweide ähnlicher Gebirgsstrauch). Leitgesellschaft in den Hochlagen der Kalkalpen von 1400–1650 m ist der Karbonat-Fichtenwald mit einer recht artenreichen Begleitflora.

Natürliche Fichtenwälder weisen eine gut ausgebildete Moosschicht auf. Da finden sich Säure zeigende Arten, die uns auch in den üblichen Fichtenkunstforsten gleich um die Ecke begegnen können, so das Rotstängelmoos, Etagenmoos, Wald-Frauenhaar und das Besenförmige Gabelzahnmoos. Zu den typischen Fichtenwaldarten zählen Dreilappiges Peitschenmoos *(Bazzania trilobata)* und das Wellenblättrige Schiefbüchsenmoos *(Plagiothecium undulatum)*. Auf feucht-sauren Standorten kommen Torfmoos-Arten hinzu sowie das Goldene Frauenhaarmoos und das Steife Frauenhaarmoos.

Die Standorte des Bergfichtenwaldes sind seit Jahrhunderten weithin durch die Weidewirtschaft tief greifend verändert. Seit der Römerzeit wurden von der Baumgrenze aus Almlichtungen gerodet und Bergfichtenwälder aufgelichtet.

Nur in abgelegensten Gebirgsstöcken der Alpen gibt es noch größere, naturnahe zusammenhängende Komplexe des Karbonat-Bergfichtenwaldes wie zum Beispiel in den Hochlagen des Nationalparks Berchtesgaden.

Brockenurwald

36 Fichten-Urwald hoch oben über Fichtenforsten; vorbildliches Projekt: Forst, Naturschutz und Jäger siedeln Luchse an; Aussetzen des Auerhuhns; besondere Brutstrategie des Raufußkauzes; Siebenstern, Herz-Zweiblatt und Bärlappe.

Der Harz ist das nördlichste Mittelgebirge Mitteleuropas. Bis zu 900 m überragt er weithin sichtbar seine Umgebung. An seiner höchsten Erhebung, dem windumbrausten Brocken (1142 m), erreicht er sogar die natürliche Waldgrenze. Der Brockengipfel ist von einer baumfreien subalpinen Zwergstrauchheide aus Heidekraut, Heidelbeere und Preiselbeere bedeckt. Als botanische Besonderheiten kommen nur hier alpine Blütenpflänzchen wie die berühmte Brocken-Anemone und das Brocken-Habichtskraut vor. Früher waren solche Raritäten durch Pflanzensammler gefährdet. Heute verändert der Nährstoffeintrag aus der abgasverseuchten Luft den Bodenzustand zugunsten konkurrenzstarker Gräser wie Rasenschmiele und Wolligem Reitgras, die nun die Heidegesellschaft samt ihrer raren Begleiter bedrängen.

Im Harz fehlt eine Krummholzzone aus Latschen, dringt doch die Bergkiefer nicht über Thüringer Wald und Erzgebirge weiter nach Norden vor. Hier kämpft die Fichte an der Waldgrenze. Mehrhundertjährige Krüppelformen, einzeln oder in Trupps verteilt, werden nur wenige Meter hoch. Gebrochene Gipfel, einseitige, zerfetzte Windfahnenkronen zeugen von der ständigen Auseinandersetzung mit den extremen Klimabedingungen auf dem sturmumtosten Gipfel. Wie im Gebirge brüten hier Alpenringdrossel, Wiesen- und Wasserpieper.

Der beträchtliche Höhenunterschied von 900 m bedingt eine deutliche Höhenzonierung der natürlichen Waldgesellschaften im Harz. Nach einer montanen Stufe bis 750 m, in der von Natur allein die Buche herrschte, dem sauren Ausgangsgestein aus Granit und Gneis entsprechend vorwiegend als Hain-

Der Sprossende Bärlapp begleitet als boreoalpine Art den Wollreitgras-Fichtenwald.

simsen-Buchenwald, überlappen sich im obermontanen Bereich bis 850 m Buche und Fichte zum Bergmischwald. Die Tanne hat den Harz bei ihrer nacheiszeitlichen Rückwanderung nicht erreicht, sodass als weitere Mischbaumart lediglich der Bergahorn auf besser mit Nährstoffen versorgten Standorten dazukam. Weiter nach oben herrscht allein die Fichte, begleitet von der Vogelbeere, auf Granitblockmeeren und an Moorrändern auch von der Karpatenbirke, einer Unterart unserer Moorbirke.

Jahrhundertelange Waldexploitation zu Gunsten des Silberbergbaus, einseitige Fichtenreinbestands-Wirtschaft nach Kahlschlag und die Hege unvorstellbarer Rotwildherden im 19. und 20. Jahrhundert hatten zur Folge, dass die Buche immer weiter von der Fichte verdrängt wurde. So bestimmt auch in den beiden Harz-Nationalparks die Fichte ganz einseitig das Waldbild.

Der Nationalpark Hochharz, 1990 beim letzten gesetzgeberischen Akt der DDR als einer von 5 neuen Nationalparks ausgewiesen, birgt als Kernzone in den Hochlagen über 900 m eine Besonderheit, den Brockenurwald.

Dessen abgeschiedene Lage und eine Vielzahl von Hangmooren und Granitblockfeldern hat diesen ausgedehnten uralten natürlichen Bergfichtenwald vor der Holznutzung verschont. So gibt es oberhalb 900 m keine Reste historischer Meilerplätze, die sonst im Harz auf die einst übliche Köhlerei hinweisen.

Urwaldfichten, bis 200-jährig und älter, stehen licht und ihre grünen Kronen reichen tief herab. Die meist schmalkronigen Formen dieser »Säulenfichten« bezeugen ihre Bodenständigkeit. »Autochthone«, also einheimische Hochlagenfichten können den Belastungen von Sturm, Schneelast und Eisanhang besser widerstehen als die im Wirtschaftsforst oft aus ungeeigneten Flachlandherkünften nachgezogenen.

Bartflechten, Moose und Bärlappe

Am weitesten verbreitet ist auch hier die Leitgesellschaft der herzynischen Gebirge, der Wollreitgras-Fichtenwald. Einige Charakterpflanzen hat er noch mit den Alpenwäldern

Der Brockenurwald in der Kernzone des Nationalparks Hochharz. Merkmale wie flechtenbedeckte Uraltfichten, Totholz und Jungwuchs auf Rannen (umgeworfene, moderne Stämme) machen dieses in Deutschland beispiellose Urwaldrelikt unverwechselbar.

gemeinsam, so den Sprossenden Bärlapp, Tannen-Bärlapp, Rippenfarn und das Herz-Zweiblatt. Als außeralpine, östliche Kennart kommt der bekannte Siebenstern hinzu.

So arm an Blüten- und Farnpflanzen natürliche Fichtenwälder sind, so üppig entwickelt ist ihre Moosflora, im Hochharz allein mit 21 Arten der Roten Liste. Das kühl-feuchte Hochlagenklima mit jährlich 200 und mehr Nebeltagen ermöglicht sogar den Flechten, gewöhnlich besonders empfindlich gegen schadstoffbelastete Luft, das Überleben. Langer Bartflechtenbehang an bemoosten Ästen vergreister Baumriesen verstärkt noch den Urwaldeindruck um den Blocksberg, dem sagenumwobenen Versammlungsort von Hexen und Dämonen in gespenstiger Walpurgisnacht.

Im Harz wird der Luchs erstmals in Deutschland aktiv eingebürgert. Eine nachahmenswerte Aktion, die sogar vom Jagdverband mitgetragen wird.

Das Wollige Reitgras, die namengebende Charakterart herzynischer Fichtenwälder, breitet sich auch im Harz zu unabsehbaren Grasdecken aus. Die Entwicklung wurde durch Immissionen wesentlich beschleunigt, die zu Kronenverlichtung, Bodenversauerung und Stickstoffeintrag führen. Nirgends sind die Waldschäden schlimmer als in den windausgesetzten Kamm- und Gipfellagen der herzynischen Gebirge. Ihre basenarmen Ausgangsgesteine können dem Säureeintrag aus der Luft zu wenig Pufferkraft entgegensetzen. Traurige Berühmtheit erlangte das Erzgebirge als weltweit am verheerendsten vom Waldsterben betroffene Region.

Der Brockenurwald blieb von solchen krassen Schäden verschont, vor allem an seiner windabgekehrten Ostseite. Wo durch Überalterung der Zerfall einsetzt, dort steigt der Anteil des Totholzes. Jetzt kann die Vogelbeere vermehrt blühen und fruchten und sich als Pioniergehölz ausbreiten, wenn dies nicht durch Wildverbiss unterbunden wird. Die Fichte verjüngt sich überwiegend im Moder liegenden Totholzes, wo ihr selbst die Konkurrenz lästigen Reitgrasfilzes wenig anhaben kann.

Die Wiederansiedlung des Luchses

In beiden Harz-Nationalparks geht man die Schalenwildproblematik, eine hier besonders drückende Hypothek aus Zeiten »ordnungsgemäßer« Forst- und Jagdwirtschaft, planvoll und mit erkennbarem Erfolg an. Die Trophäenjagd, die in der Vergangenheit das forstlich-jagdliche Geschehen stets überlagert hatte, ist eingestellt. Der jagdlich überhegte Rotwildbestand wird bei groß angelegten Gemeinschaftsjagden in einer für die Tierwelt möglichst störungsarmen Weise reguliert. Wie sich dieses Bestandsmanagement auf Wild und Waldvegetation auswirkt, wird wissenschaftlich kontrolliert.

Erstmals in Deutschland ist man im Harz dabei, eine große Raubwildart aktiv wieder einzubürgern. 1999 fiel der Beschluss, in einer gemeinsamen Aktion der Ministerien für Landwirtschaft und für Umwelt zusammen mit der Landesjägerschaft Niedersachsen in den nächsten 10 Jahren jährlich 3–5 Luchse im Harz anzusiedeln. Der letzte Luchs war 1818 nach einer elftägigen Jagd mit nahezu 200 Personen getötet worden, woran der »Luchsstein« bei Lautenthal erinnert.

Die neuen Luchsvorkommen in Deutschland im Bayerischen Wald und Pfälzer Wald waren Zuwanderern aus den Nachbarländern Tschechien und Frankreich zu verdanken, womöglich unterstützt durch heimliches Aussetzen einzelner Tiere. Die Wiederansiedlung im Harz ist der erste offizielle Versuch der Wiedergutmachung an einer Art, die nach wie vor in Mitteleuropa bedroht ist. Das weitere Schicksal dieser herrlichen Großkatze hängt allein davon ab, ob die Jägerschaft endlich bereit ist, die seit 1939 gültige ganzjährige Schonzeit einzuhalten und illegale Verfolgungen einzustellen. Da ist es ein erfreuliches Signal, wenn im Harz die Jagdorganisation Niedersachsens das vorbildliche Luchsprojekt mitträgt. Bei einer gemeinsamen Zählaktion im Januar 2004 konnte man aufgrund der Fährtenbilder im Neuschnee nachweisen, dass derzeit wieder mindestens 6–8 Luchse den Harz besiedeln.

Die einbrechende Nacht erweckt schneeumhüllte Brockenfichten in der Fantasie des Betrachters zum Leben.

Wenig von Straßen zerschnitten, ist der Harz mit 90 km Länge und 30 km Breite für den Luchs hervorragend geeignet. Kernstück einer Waldlandschaft vorwiegend aus Staatsforsten sind die beiden Nationalparke, der 1990 gegründete Nationalpark Hochharz (8900 ha) in Sachsen-Anhalt und der spiegelbildlich auf niedersächsischer Seite gelegene, 1994 ausgewiesene Nationalpark Oberharz (15 800 ha), die zurzeit zu einem Großschutzgebiet mit nahezu 25 000 ha vereinigt werden. Ausgedehnte warme Hanglagen mit Granitfelsklippen und Geröllhalden bieten versteckreiche Orte für die Jungenaufzucht. Der Bestand an Rehen, der Hauptnahrung von Pinselohr, wird erfahrungsgemäß noch zunehmen, wenn es gelingt, das Rotwild zu reduzieren und die eintönigen Fichtenforste wieder in naturnahe Bergwälder umzubauen.

Dies sehen die Renaturierungspläne für diese »Entwicklungsnationalparke« vor und erste Erfolge sind bereits unübersehbar. Man wird sich allerdings beeilen müssen, soll der Umbau Schritt halten mit der durch die Klimaerwärmung verursachten Auflösung der immissionsgeschwächten Fichtenforste. Der Luchs ist nicht in der Lage, den Rehbestand zu regulieren. Doch wie im Bayerischen Wald wird er deren Verteilungsmuster beeinflussen und die Waldverjüngung »behüten«.

Die Wahrscheinlichkeit, in freier Wildbahn einem Luchs zu begegnen, ist gering. Doch die lang anhaltenden Schneelagen bieten die Möglichkeit, auf seine Fährte zu stoßen.

Die großen runden Pfotenabdrücke, die im Gegensatz zu Fuchs und Hund keine Krallenspuren zeigen, sind unverkennbar. Auch seine Beuterisse sind typisch: Er durchbeißt die Kehle seiner Opfer, frisst Muskelfleisch, bevorzugt vom Hinterschlegel aus, und verschmäht die Innereien. Zu einem größeren Riss wie dem eines Rehes kehrt er zurück und versteckt diesen vor Mitessern wie Kolkrabe und Mäusebussard.

Ein besonderes Naturerlebnis bieten Luchse in der Ranzzeit im Februar/März, wenn beide Geschlechtspartner für einige Tage gemeinsam umherstreifen und die durchdringend kreischenden Paarungsschreie der Kuder weithin hörbar sind.

In einem so genannten Ausweichgehege bei Bad Harzburg an der Nationalpark-Waldgaststätte Rabenklippe werden Luchse gehalten, sodass man sich ein Bild von diesem wunderschönen Spätheimkehrer machen kann.

Die Wildkatze hat in den Harzwäldern, von den Hochwildjägern toleriert, ohne Unterbrechung in einer stabilen Population überlebt. Die heimlichen Mäusejäger bewohnen vorwiegend die klimatisch begünstigten tieferen Lagen der Buchenwaldzone.

Auerhühner und Wanderfalken

Die Vorkommen des Auerhuhns waren im Harz um 1930 erloschen. Sein eigentlicher Lebensraum, heidelbeerreiche, ungleichaltrige Altbestände in der obermontanen Buchen-Fichten-Zone, ist durch Fichtenkahlschlagwirtschaft und Hirschhege längst beseitigt. In den 1970er-Jahren hatte man begonnen, Auerhühner zu züchten und wieder einzubürgern. Tatsächlich brüten die großen Waldhühner heute wieder in den Hochlagen, vor allem an den Rändern der zahlreichen naturnahen Moore, wo eine reiche Beerstrauchvegetation mit Heidelbeere, Moosbeere, Rauschbeere und Krähenbeere gedeiht.

Die Zukunft der Reliktpopulationen dieser borealen Vogelart in den herzynischen Mittelgebirgen ist insgesamt äußerst unsicher. Ob man dem rückläufigen Trend durch gezielte Aussetzaktionen entgegenwirken kann, ist umstritten. So hat man im Bayerischen Wald bereits weit über 1000 Tiere ausgesetzt, ohne dass sich bisher ein Erfolg abzeichnet. Im Thüringer Wald hat man ein Jahrzehnt lang gezüchtete Auerhühner vergebens ausgesetzt, 1999 und 2000 67 Wildfänge aus Russland ausgewildert. Tatsächlich gab es daraufhin einzelne Nachweise erfolgreicher Nachzuchten. Im Harz ist man dabei, den Auerhühnerbestand zu ermitteln, um dann zu entscheiden, ob weiteres Auswildern sinnvoll ist.

Unzweifelhaft ist der Erfolg eines anderen Auswilderungsprogramms. Die Brutvorkommen des Wanderfalken waren auch im Harz erloschen. 1980 stellte sich im Ostharz im Bodetal an der Stelle, wo 1974 die letzten gehorstet hatten, ein erstes Paar Wanderfalken ein. Beide Tiere stammten aus dem erfolgreichen Auswilderungsprojekt von Professor Christian Saar in Westberlin. Heute ist der Wanderfalke wieder Charaktervogel markant aus dem Wald ragender Granitfelsklippen des Harzes.

Der vogelärmste aller Wälder

In den Hochlagen des Harzes ist die Vogelwelt ungewöhnlich arm an Arten und Individuen. Mit nur einem Dutzend Arten und nur 19 Brutpaaren pro 10 ha sind dies die mit Abstand vogelärmsten heimischen Wälder überhaupt. Schuld daran sind die ungünstigen Klimabedingungen in diesem am weitesten nach Norden vorgeschobenen Bergfichtenwald Mitteleuropas. Nur noch die fichtenwaldtypischen Tannen- und Haubenmeisen

Der Buchfink ist auch im Harzwald gewöhnlich. Die Bevölkerung pflegt hier noch den Brauch der »Finkenmanöver«.

und Fichtenkreuzschnäbel brüten hier, dazu in geringer Dichte einige gewöhnliche Waldarten wie Kohlmeise, Rotkehlchen, Heckenbraunelle und Gimpel.

Bereits in den 1970er- und 1980er-Jahren wurden von Ornithologen auf den Wetterseiten des Oberharzes zum Teil dramatische Entwicklungen bei typischen Fichtenwaldvögeln registriert. So brach der Brutbestand der beiden Goldhähnchenarten zusammen, selbst Tannen- und Haubenmeisen erlitten schwere Bestandseinbrüche, und der Erlenzeisig verschwand vollkommen.

Einige Arten offener Lebensräume waren Nutznießer der Waldverlichtung, so der bodenbrütende Baumpieper, Haus- und Gartenrotschwanz und sogar der selten gewordene Steinschmätzer. Deutlich günstiger sind die Lebensbedingungen für die Vogelwelt im Brockenurwald auf der vor Wind und Schadstoffeinträgen geschützten Ostseite.

Harzer Finkenmanöver

Gewöhnlichster Vogel der Harzwälder ist der Buchfink. Mit einem Brutbestand von 7–11 Millionen Paaren ist er unser häufigster heimischer Vogel überhaupt. Die Harzer Bevölkerung hat traditionell eine besonders innige Beziehung zu diesem schönen Vögelchen.

Heute noch finden die so genannten Finken-manöver statt. Da treffen sich zur frühen Stunde an Maisonntagen im Grünen die Vogelliebhaber, die »Finker«, zum Gesangs-wettbewerb nach strengen Regeln. In ver-schiedenen Leistungsklassen wird der typi-sche Finkenschlag ihrer in kleinen, sorgsam mit einem weißen Tuch umhüllten Käfigen verwahrten Lieblingsvögel bewertet.

Brutstrategie des Raufußkauzes

Der Harz ist derzeit das bedeutendste Brut-gebiet des Raufußkauzes in Norddeutsch-land. Günstigste Lebensbedingungen findet er im Buchen-Fichten-Mischwald. Doch da gibt es ein Problem: Raufußkäuze brüten in den geräumigen Höhlen des Schwarzspechts. Der zimmert diese im Harz fast ausschließ-lich in alten Buchen, die jedoch, bedingt durch die übliche Forstwirtschaft, aus der natürlichen Bergmischwaldzone weitgehend verschwunden sind.

Hinweise für Besucher

Der Nationalpark Hochharz ist mit öffentlichen Verkehrsmitteln erreichbar: Deutsche Bahn bis Bahnhof Wernigerode; von dort Busse nach Ilsenburg und Drei Annen Hohne/Schierke als Ausgangspunkte für Wanderungen. Oder mit der seit 1899 bestehenden dampfbetriebenen Harzer Schmalspurbahn ab Wernigerode zum Brockengipfel.
Ein Wanderweg von Schierke aus zum Brocken führt ein Stück durch den Urwald. Derzeit wird durch Urwald und ein Hochmoor ein Holzsteg nach dem Vorbild des berühm-ten »Seelensteigs« im Nationalpark Baye-rischer Wald gebaut; ab 2005 benutzbar. Zugang zum Nationalpark Harz mit der Bahn über die Bahnhöfe Goslar und Bad Harzburg. Beide Nationalparke verfügen über ein vielseitiges Angebot an Informationen, Führungen und besonderen Einrichtungen. Verwaltung für Hochharz: Lindenallee 35, 38855 Wernigerode, Tel. 03943/55 02 14,
www.nationalpark-hochharz.de; für Harz: Oderhaus 1, 37444 Sankt Andreasberg, Tel. 05582/918 90, www.nationalpark-harz.de. Im dreistöckigen »Brockenhaus« (Tel. 039455/400 05), ehemaliges Abhörzentrum der Stasi, wurde eine sehenswerte Ausstel-lung eingerichtet. Seit 1890 besteht auf dem Brockengipfel ein wissenschaftlich geleiteter Alpenpflanzengarten, der älteste seiner Art. Nachdem die Folgen der früheren mili-tärischen Nutzung beseitigt sind, können wieder 1500 Arten der Hochgebirgsregionen aus aller Welt besichtigt werden. Informationsstellen für den NP Hochharz: Schierke Tel. 039455/814 44, Drei Annen Hohne Tel. 039455/86 40, Ilsenburg Tel. 039452/894 94. Für NP Harz Nationalpark-Häuser in Sankt Andreasberg Tel. 05582/92 30 74 und Nationalpark-Bildungszentrum Sankt An-dreasberg Tel. 05582/916 40, in Altenau-Torfhaus Tel. 05320/263, Haus der Natur in Bad Harzburg Tel. 05322/78 43 37.

Der Raufußkauz belegt Schwarzspechthöhlen in alten Buchen, nur ausnahmsweise wie hier in einer Fichte.

So war der Raufußkauz eine rare Art im Harz, bis ab 1973 ein Wissenschaftler durch das Aufhängen von 180 großen Nistkästen, ver-teilt über 200 km², den Mangel an Brutstät-ten behob. Inzwischen wurden dort über 500 Bruten kontrolliert und beringt. So konnten aufschlussreiche Einblicke in das vordem rätselhafte Fortpflanzungsgeschehen dieses borealen Eiszeitrelikts gewonnen werden. Die Belegung der Brutplätze schwankt von einem Jahr zum anderen extrem. Die Niststätte wird jährlich gewechselt, wohl um dem Baummarder auszuweichen, der die Eier und Jungen bedroht. Bereits leichte Scharrgeräusche am Stammfuß veranlassen das Weibchen, sofort in der Höhlenöffnung aufzutauchen und angestrengt nach unten zum Verursacher zu blicken.
Die jährliche Siedlungsdichte dieser putzigen Kleineule ist streng abhängig vom Nahrungs-angebot. In Jahren der Massenvermehrung von Wühlmäusen, wenn deren Dichte bis zum Tausendfachen ansteigt, wurde das Fünffache an Jungeulen flügge wie in den Jahren davor und danach. Bricht der Mäuse-bestand zusammen, wandern die meisten Jungvögel und die Weibchen ab bis in Ent-fernungen von über 300 km. Weibchen und

Jungtiere vagabundieren quer durchs Land und siedeln sich dort an, wo eine Massen-vermehrung der Kleinsäuger ausbricht. Im Brutrevier bleiben die alten Männchen zu-rück. Erst wenn sich ein neuer Mäusezyklus anbahnt, locken sie mit ihren im raschen Stakkato gereihten, zum vollen Okarinaton anschwellenden zauberhaften Rufreihen oft die ganze Nacht über die herumschweifen-den Geschlechtspartner. Nach der Verpaa-rung übernimmt allein der Mann die Versor-gung der Familie mit Nahrung. In besonders mäusereichen Jahren verlässt im Harz jedes zehnte Weibchen ihre Brut bereits nach der Huderphase und geht mit einem anderen Partner eine neue Bindung für eine zweite Jahresbrut ein.
Diese ungewöhnliche Strategie sichert das Überleben des Raufußkauzes in den borea-len Nadelwäldern in einer wenig günstigen Umwelt unter jahrweise stark schwankenden Bedingungen. Die bei uns lebenden Klein-käuze haben dieses Verhalten bis hinab ins Flachland beibehalten. Auch die angeborene geringe Scheu des Taigavogels gegenüber Menschen haben sie sich bei uns bis heute bewahrt, wodurch Naturfreunden beglück-ende Beobachtungen beschert werden.

»Zauberwald«
bei Berchtesgaden

37 Märchenhafter Fichtenwald am Ostufer des Hintersees; Felsblockgewirr eines Bergsturzes; Farne, Heckenkirschen und Traubenholunder im Unterwuchs.

W o größere Felsmassen abbrechen und am Fuß der Berge Blockmeere hinterlassen, dort findet man ausnahmsweise weit unterhalb der subalpinen Zone natürliche Fichtenwälder. In den tiefen Klüften zwischen dem Gewirr der Gesteinsblöcke wird die von Berg zu Tal strömende Kaltluft gespeichert und bewirkt einen Eiskellereffekt. So entsteht örtlich weit unten in der Buchenwaldzone ein Lokalklima ähnlich dem der subalpinen Hochlagen. Nur an der Oberfläche der Gesteinsblöcke in einer dünnen Schicht von Auflagehumus können die Pflanzen wurzeln.

Die wilden Blockmeere waren einer geregelten forstlichen Nutzung unzugänglich. So blieben hier vom Menschen kaum beeinflusste urtümliche Wälder erhalten, die der Ausdruck »Urwald« trefflich umschreibt.

Unmittelbar am Rand des Nationalparks Berchtesgaden, wo die Ramsauer Ache aus dem Hintersee fließt, ist so ein Urwald als »Zauberwald« seit langem eine besondere Besucherattraktion des an landschaftlichen Schönheiten reichen Berchtesgadener Landes. Bei einem Felssturz vor 3500 Jahren brachen aus dem Blaueisgebiet geschätzte 1,5 Millionen Kubikmeter Gestein ins Tal. Das imposante Felsgewirr ist von einem märchenhaften Block-Fichtenwald bewachsen, den ein Wanderweg Besuchern zugänglich macht. Dem abwechslungsreichen Mosaik an Kleinstandorten entsprechend, konnte sich eine Bodenvegetation von ungemeiner Vielfalt entwickeln. Dicke Moosdecken mit Zwergsträuchern und Rippenfarn überziehen die Felsblöcke, aus Kalkfelsspalten ragen die Büschel des Grünstieligen Streifenfarns *(Asplenium viride)*, in Lücken breiten sich Alpen-Heckenkirsche, Schwarze Heckenkirsche und Traubenholunder aus. In der Baumschicht herrscht die Fichte.

Die Waldstruktur ist vielfältig und weist Merkmale des Plenterwaldes auf. Über und zwischen den Felsblöcken lagern wirr mächtige Totholzstämme, in deren Moder sich der Fichtennachwuchs ansamt. Ein Fichtenurwald, ein rechter Zauber- und Märchenwald.

Hinweise für Besucher

Der Zauberwald liegt westlich von Berchtesgaden am Ostufer des Hintersees. Anfahrt mit Buslinie 46 ab Bahnhof Berchtesgaden. Infostelle Hintersee am Beginn des Hirschbichltals (s. auch S. 156).

Bergahorne als gelegentliche Begleiter im Bergfichtenwald sind im hohen Alter bemoost und mit Farnen bewachsen.

Unzugänglich und daher wie ein Urwald: der »Zauberwald« auf einem wilden Blockmeer aus einem Bergsturz vor 3500 Jahren.

Kiefernwälder

In Deutschland stocken Kiefernwälder von Natur aus nur auf wenigen Extremstandorten. Da die Kiefer auf nacktem (also humusfreiem) Mineralboden keimen kann, wenig Nährstoffe benötigt, Frost, Hitze, Trockenheit und Wechselfeuchte verträgt, aber viel Licht benötigt, ist sie das klassische Pioniergehölz auf Sandböden. Solche Standorte sind die angelandeten Böden der Nehrungen an der Ostseeküste oder die wenigen Dünengebiete des Binnenlandes. Die großflächigen anderen Kiefernwälder Deutschlands sind menschengemacht.

D ie Waldkiefer oder Föhre (*Pinus sylvestris*) ist mit einem Anteil von 27,5% nach der Fichte der häufigste Baum in deutschen Wäldern. Im natürlichen Waldkleid war sie einst eine ausgesprochene Rarität, wohl kaum mit 1% vertreten. Dennoch hat sie in Eurasien ein riesiges natürliches Verbreitungsgebiet. Nach der Eiszeit war sie die erste Nadelbaumart, die große Teile Mitteleuropas besiedelte. Doch im Laufe der Zeit wurde sie von konkurrenztüchtigeren Arten auf wenige extreme Standorte zurückgedrängt, wohin ihr die Schattbaumarten nicht folgen konnten.

Flechten und Preiselbeeren, die Kennarten der kargen Bodenvegetation des Flechten-Kiefernwaldes.

Die Kiefer ist unsere Baumart mit den geringsten Ansprüchen. Sie keimt auf nacktem Mineralboden, begnügt sich mit bescheidenem Nährstoffangebot, ist unempfindlich gegen Frost und Hitze, Trockenheit oder Wechselfeuchte und sehr lichtbedürftig. In der Jugend wächst sie rasch und wird früh geschlechtsreif. Ein anpassungsfähiges Wurzelsystem von tief reichender Pfahlwurzel bis hin zu weit streichenden Flachwurzeln ermöglicht ihr in Symbiose mit einer Vielzahl von Mykorrhizapilzen das Überleben unter Ausnahmebedingungen. Krone und Stamm weisen eine große Formenvielfalt auf. So gibt es Höhenkiefern im Bergland mit gerader Schaftform und schmaler, spitzer Krone, aber auch pinienförmige, krummschaftige und breitkronige Tieflandkiefern.

Die Kiefer als Forstbaum

Kiefernforste prägen seit 200 Jahren vor allem die Sandstandorte des norddeutschen Tieflandes. Wo die natürlichen Buchen- und Stieleichen-Birken-Wälder durch übermäßige Holznutzung und Schafweide, durch Streurechen und Plaggenhiebe zu Heideflächen ruiniert waren, dort forstete man in der ersten Hälfte des 19. Jahrhunderts ganze Landstriche wie die Lüneburger Heide oder die Heidegebiete Brandenburgs mit der bedürfnislosen Kiefer auf.

Das Verfahren der Kiefernkultur mit Saat oder Pflanzung, meist nach Bodenbearbeitung, und späterer Nutzung im Kahlschlag war bereits seit dem Mittelalter langfristig erprobt. Schon 1368 hatte im Reichswald bei Nürnberg der Ratsherr und Montanunternehmer Peter Stromer begonnen, herabgewirtschaftete Heideflächen mit Kiefernsaaten planmäßig aufzuforsten. Das Holz aus den umgebenden Reichswäldern war als Energiequelle für die Metall verarbeitenden Gewerbe eine Grundlage des Wohlstands der mächtigen Reichsstadt. Am Ende des Spätmittelalters zur Zeit Albrecht Dürers um 1500 war der Reichswald bereits weithin ein Kiefernforst. Er gilt als der erste »Kunstforst« oder »man-made forest« weltweit.

Kiefernmonokultur und Kahlschlag, mehr noch eine unvorstellbar intensive Nutzung der Bodenstreu bis in die Mitte des 20. Jahrhunderts schwächten die Bodenfruchtbarkeit, sodass schließlich selbst die anspruchslose Kiefer nur noch bescheidenen Zuwachs leisten konnte. Der Nürnberger Reichswald wurde geradezu zum Symbol missbräuchlicher Waldnutzung und naturwidriger Plantagenwirtschaft.

Kein Waldgebiet wurde regelmäßiger und schlimmer von Naturkatastrophen heimgesucht. Vor allem die Nadeln fressenden Raupen einiger Nachtschmetterlingsarten bedrohen bei Massenvermehrungen die Kiefernforste durch tödlichen Kahlfraß. Heute noch in Erinnerung ist die Großkalamität durch den Kiefernspanner, der 1892–1896 fast 10 000 ha, das war ein Drittel des Reichswaldes, zum Opfer fielen. Die Neuaufforstungen aus dieser Zeit, uferlose gleichaltrige Pflanzkulturen wiederum aus Kiefern, die »Steckerleswälder«, bestimmen bis heute das Aussehen dieses Waldgebietes. Im Jahrhundert seither hat man die immer wieder ausbrechenden Insektenvermehrungen durch Großaktionen mit Gift »kontrolliert«, zunächst mit Arsen, später mit dem Kontaktgift DDT, heute mit Wirkstoffen, welche die Häutung der Insektenlarven hemmen. Mitteleuropas große Kiefernforste hängen am Tropf der Chemie. Zudem sind sie stark gefährdet durch Stürme und Waldbrände.

Im Sterben noch beeindruckend: ein wohl 300 Jahre alter mächtiger Kiefernüberhälter mit wunderlichen Krebsknollen in der Schorfheide im Naturwaldreservat Kienhorst.

Kiefernwälder auf dem Darß

38 Auf Dünenneuland entsteht Kiefern-Pionierwald; Zwischenstadium mit Eichen, Endstufe Buchenwald; Seeadler; Naturschauspiel im Herbst: Kranichzug; Orchideen nährstoffarmer Nadelwälder: Herz-Zweiblatt und Netzblatt.

W älder machen nur ein Sechstel des Nationalparks Vorpommersche Boddenlandschaft aus, dem mit 80 000 ha größten Schutzgebiet an der deutschen Ostseeküste. Von der Halbinsel Darß-Zingst über die Insel Hiddensee bis zur Westküste von Rügen sind damit weite Bereiche der Ostsee und des Boddens als wertvolle Flachwasserzone geschützt. Die über 70 km lange Ostseeküste, neben weiteren 300 km Uferzonen zum Bodden, ist einer wilden natürlichen Dynamik ausgesetzt. Wo Meeresströmung und Wind auf die ungeschützte Küste treffen, wird ständig Material abgetragen und an windabgewandten Stellen wieder abgelagert. Dieser Wechsel von Landverlust und Neulandbildung ist besonders eindrucksvoll auf der Halbinsel Darß erlebbar. Der Darßer Ort erfuhr in den letzten 300 Jahren einen Landzuwachs auf 2,5 km Länge.

Der Darßer Wald ist mit 4600 ha das größte geschlossene Waldgebiet im Nationalpark. Er gilt seit jeher als besonders urwüchsig und ist berühmt für seinen Reichtum an Rotwild und Wildschweinen, aber auch für Seeadler und Kranich, die hier brüten.

Kiefern-Pionierwald

In den jungen Dünenlandschaften besonders am Darßer Ort lässt sich wie im Lehrbuch beobachten, wie ohne Zutun des Menschen neuer Wald entsteht. Wenn nach einigen Jahrzehnten ungestörter Dünenentwicklung die ursprünglichen »Weißdünen« über »Graudünen« schließlich zu »Braundünen« gereift sind, stellen sich im Schutz von Polstern der Zwergsträucher und des Besenförmigen Gabelzahnmooses die ersten Waldkiefernpioniere ein. Die Existenzbedingungen sind hart, manche Kiefer vergeht wieder, wer überlebt, wächst langsam, krüppelhaft verformt, lückig im großen Abstand untereinander.

Es bildet sich ein mannigfaches Gemenge aus Dünengesellschaften, Zwergstrauchheiden und Gebüsch, ehe nach weiteren Jahrzehnten die Kiefern sich zu einem ersten Wald zusammenschließen. Dieser Kiefernvorwald ist licht und ausgeprägt ungleichaltrig. Hatten sich auf der nackten Düne zunächst Strandhafer, dann Silbergras und verschiedene Flechtenarten eingefunden,

Natürlicher Kiefern-Pionierwald auf dem Neuland der Sanddünen am Darßer Ort, ein ursprünglicher Lebensraum von Heidelerche und Ziegenmelker.

bildet später die im Norden weit verbreitete Krähenbeere *(Empetrum nigrum)* mit dem Gewöhnlichen Heidekraut eine in der Sukzession nachfolgende Zwergstrauchheide. In Dünentälern finden sich stellenweise auch Glockenheide *(Erica tetralix)* und Dünenweide *(Salix repens)*.

Diese jungen offenen Kiefernpionierwaldstadien sind die ursprünglichen Lebensräume von Heidelerche und Ziegenmelker, die heute in den historisch aus Misswirtschaft entstandenen sekundären Lebensräumen der Kiefernheiden und Kunstforste verschwinden, nachdem die Streunutzung eingestellt ist und die ausgezehrten Böden sich erholen.

Die Waldgesellschaft entwickelt sich zum natürlichen Flechten-Kiefernwald. Eine Reihe auch seltener Flechtenarten bedeckt nicht nur den armen Boden. Alte Kiefern tragen einen auffälligen Behang aus Bartflechten, die hier in Meeresnähe durch die ständig feuchte und relativ unbelastete Luft begünstigt sind. Nur kleinflächig entwickelt sich auch der Wintergrün-Kiefernwald mit mehreren seltenen Vertretern der niedrigen ausdauernden Wintergrüngewächse, durch ledrige Blättchen und meist weißliche Blüten gekennzeichnet. Als typische Orchideenarten nährstoffarmer Nadelwälder kommen Herz-Zweiblatt *(Listera cordata)* und Kriechstendel oder Netzblatt *(Goodyera repens)* vor.

Zwischenwald mit Eichen

Wenn sich die Bodenhumusauflage mit der Zeit entwickelt, verbessert sich die Versorgung mit Wasser und Nährstoffen. In der Bodenschicht dominiert jetzt die Blaubeere, die Drahtschmiele macht sich breit, vereinzelt findet man den Europäischen Siebenstern. Unter dem lockeren Schirm des Kiefern-Pionierwaldes dringen nun die ersten Laubbäume ein. Die Stieleiche wird vom unermüdlichen Eichelhäher eingetragen, Vogelbeeren gelangen im Kot der Drosseln hierher und der Wind weht flüchtige Birkensamen ein. Es entsteht ein Zwischenwaldstadium, geprägt von Kiefern und Stieleichen. Gut verfolgen kann man diese Sukzession vom nackten Dünenwall bis zum Zwischenwald am Darßer Ort im Umfeld des Leuchtturms. Allerdings

wird die typische Ausbildung gewöhnlich durch übermäßigen Wildverbiss verhindert oder verzerrt.

Die Bodenreifung der Dünenstandorte und die Abfolge der Sukzessionsphasen verläuft in langen Zeitabschnitten. So kann das Vorwaldstadium erst einige Jahrzehnte nach der Besiedlung der Düne mit Silbergras und Flechten einsetzen und sich über 100 und mehr Jahre hinziehen. Der Zwischenwald beansprucht weitere 200 Jahre. Erst dann kommt die Zeit der Rotbuche. Sie fasst zunächst zögerlich Fuß, verdrängt schließlich aber alle lichtbedürftigeren Baumarten. Auf dem Darß kann man die verschiedenen Phasen der Reifung von der frischen Düne hin zum Buchenwald, dieses jahrhundertelange zeitliche Nacheinander, bei einer mehrstündigen Wanderung nebeneinander verfolgen. Wo bei der Neulandbildung in ausreichend tiefen Dünentälern, den »Riegen«, Strandseen entstanden, entwickelt sich eine andersartige Sukzession über ein Verlandungsröhricht, ein Grau- und Öhrchen-Weidengebüsch mit Faulbaum hin zum Erlen-Bruchwald. Die weithin unzugänglichen, totholzreichen Bruchwälder begründen nicht zuletzt den Ruf

Am Darßer Weststrand zerstören Brandung und Sturm wieder den Buchenwald, der am Ende der mehrhundertjährigen Sukzession steht.

des Darßwaldes als einer besonders »urigen« Landschaft. Zusammen mit den reichlich vorkommenden Birken bedecken die Schwarzerlen beinahe ein Drittel der Waldflächen.

Buchenwald als Schlusswald

Am Ende der Sukzession auf den grundwasserfreien Standorten steht auf Darß und Zingst eine bodensaure Buchenwald-Gesellschaft, ein artenarmer Drahtschmielen-Buchenwald. Die Begleitflora ist durch einige Arten atlantischer Herkunft gekennzeichnet wie Stechpalme, Efeu und Waldgeißblatt. Mannshohes Pfeifengras und in der zweiten Baumschicht Moorbirken und Ebereschen weisen örtlich auf hoch anstehendes Grundwasser hin, das der Stieleiche auf Dauer gegenüber der hier geringer vitalen Buche das Überleben ermöglicht.

Der Wespenbussard, ein meist übersehener Charaktervogel alter Wälder, scharrt Wespenwaben aus dem Boden und frisst die Larven.

Unter dem ständigen Windeinfluss entwickeln die Buchen auffallend krumme und grobastige Stammformen und unregelmäßige Kronen. Als einzigartig in Mecklenburg-Vorpommern gilt die epiphytische Moos- und Flechtenflora ausgereifter Buchenbestände des Darß.

Am Darßer Weststrand muss der Wald wieder dem anbrandenden Meer weichen. Boden wird weggespült, Bäume stürzen um. In einer Kampfzone löst sich der Wald bis in eine Tiefe von mehreren hundert Metern auf. Ungewöhnlich vielfältige Waldrandstrukturen mit hohem Totholzanteil entstehen, dazwischen eine natürliche Heckenlandschaft. Hier brütet neben Sperbergrasmücke und Neuntöter der prächtige Karmingimpel, der sich seit einigen Jahrzehnten von Osten her entlang der Küste ausbreitet. Reptilien wie die Kreuzotter und Amphibien wie die Kreuzkröte finden hier noch ursprünglichen Lebensraum.

Seeadler und Kranich

In den mächtigsten Altbäumen bauen einige Paare Seeadler ihre riesigen Horste. (Ach-

tung! Als Besucher muss man während der Brutzeit die ausgewiesenen Horstschutzzonen meiden.) Früher war der Darß für sein reiches Brutvorkommen des Fischadlers bekannt. Seit 1970 ist dieser in Mecklenburg-Vorpommern von der Ostseeküste verschwunden, obgleich sein Bestand sich insgesamt erfreulich erholt und nach Westen ausgebreitet hat. Die Boddengewässer wurden in den 1960er-Jahren so stark mit Abwässern belastet, dass dem Adler seither der Blick in die Tiefe nach der Fischbeute verwehrt ist.

Der Wappenvogel des Nationalparks, Hauptattraktion und bedeutender Faktor für den aufblühenden Natur-Tourismus, ist der Kranich. Die Hälfte des deutschen Brutbestandes ist in Mecklenburg-Vorpommern beheimatet. Auch auf dem Darß brüten mehrere Paare in ruhigen Bruchwäldern und Mooren. Das Aufsehenerregende sind jedoch die gewaltigen Ansammlungen im Herbst, wenn bis zu 40 000 Kraniche auf dem Zug von Skandinavien und dem Baltikum nach Süden einige Wochen im Nationalpark rasten. Von Beobachtungsplattformen aus lässt sich das unvergleichliche Naturschauspiel verfolgen.

Waldentwicklung im Spiegel der Zeit

Natürliche Waldgesellschaften sind im Nationalpark Vorpommersche Boddenlandschaft derzeit nur auf beschränkten Flächen vorhanden. Lediglich 7% Buchen und 6% Stieleichen stehen einem Übermaß von nahezu der Hälfte an Kiefern gegenüber. 40% der Waldflächen sind der »Kernzone« des Nationalparks zugeordnet, wo in erheblichen Bereichen bereits die Holznutzung ruht. Deutlich größere Flächen wurden der »Entwicklungszone« zugewiesen, wo weiterhin, wenn auch mit Auflagen, eine Forstnutzung nach wirtschaftlichen Gesichtspunkten betrieben wird. Auch der Darß war Ende des 17. Jahrhunderts durch Übernutzung und Beweidung zu einer ausgedehnten Heide verkommen. Seit der Mitte des 19. Jahrhunderts wurde dann eine planmäßige Kiefernkultur betrieben, der die meisten heutigen Bestände ihre Entstehung verdanken. Diese Forste unterscheiden sich in wesentlichen Merkmalen von natürlichen Kiefernpionierwäldern: Sie sind gleichaltrig, dicht geschlossen, kleinkronig, fast immer Reinkulturen, da spontan sich ansiedelnde Mischbaumarten wie Birken und Vogelbeeren früher bei der »Bestandespflege« als »Unholz« ausgehauen wurden. In den älteren Kiefernforsten breitet sich großflächig der Adlerfarn aus und bedeckt derzeit mehr als ein Fünftel der Darßwälder. Geschlossene Adlerfarndecken lassen keine natürliche Baumverjüngung zu. Mit einem anspruchsvollen Voranbauprogramm sollen die Kiefernforste zu buchenreichen Waldtypen weiterentwickelt werden. Bisher hinkt die Realisierung noch auffällig hinter den Planvorgaben her.

Jagdtradition als Erblast

Mehr noch als der Adlerfarn beeinträchtigt ein traditionell überhegter Wildbestand jede natürliche und künstliche Waldverjüngung. Man geht derzeit von einem Rotwildbestand von geschätzten 600 Tieren aus, auf die Waldfläche bezogen unerhörte 9 Stück pro km². Hinzu kommt noch eine beträchtliche Zahl von Damwild, von den Rehen ganz zu schweigen. Selbstverständlich sieht der Nationalparkplan vor, den Überbestand auf ein für die Waldvegetation tragbares Maß zu reduzieren. Dies zu realisieren dürfte auf dem Darß noch schwerer fallen, als dies in deutschen Wäldern ohnehin ist. Kaum eine andere Landschaft ist so mit jagdlichen Traditionen überfrachtet wie diese Halbinsel.

Hier wirkte Ferdinand von Raesfeld von 1890–1913 als Leiter des Forstamts Born, heute Sitz der Nationalparkverwaltung. Der »Altmeister des deutschen Waidwerks« war ein berühmter Jagdschriftsteller, dessen Werke als jagdliche Standardliteratur bis heute Neuauflagen erfahren. Der Darß als früher adliges Jagdgebiet diente im Dritten Reich Parteigrößen als Leibgehege. Auch in der DDR-Zeit pflegten hohe Parteifunktionäre und deren Handlanger die feudale Trophäenjagd weiter. Nach der Widmung zum Nationalpark gründete die örtliche Jägerschaft eine »Hegegemeinschaft F. von Raesfeld«, die das Nationalparkgebiet und das Umfeld umfasst. Zu ihrem 10-jährigen Bestehen verkündete sie stolz in der Jagdpresse, dass es inzwischen gelungen sei, das Geweihgewicht bei den Erntehirschen deutlich zu erhöhen und das Damwild auf den gesamten Bereich der Hegegemeinschaft zu verbreiten. Der Waldumbau muss da wohl noch auf sich warten lassen.

Hinweise für Besucher

Das Nationalparkamt mit Information und Ausstellung liegt im Darßwald nördlich der Ortschaft Born (Im Forst 5, 18375 Born, Tel. 038234-502-0, www.nationalpark-vorpommersche-boddenlandschaft.de). Erreichbar mit Bus (Haltestelle Born Waldschänke) oder über die Bäderstraße. Im Nachbarort Wieck Bildungszentrum Darßer Arche mit Ausstellung.

Fast alle Orte im und um den Nationalpark sind mit Bahn und Bus erreichbar. Anreise zum Darß über die Bahnlinie Hamburg–Rostock–Stralsund, Bahnhof Ribnitz-Damgarten; Weiterfahrt mit Buslinie 210. Wanderung durch die verschiedenen Waldgesellschaften von Prerow aus durch die Kernzone zum Darßer Ort.

Schorfheide

39 Ursprünglich ein Laubwald und Jagdgebiet der Mächtigen; Kiefernveteranen im Naturwaldreservat Kienhorst; Fisch- und Seeadler sowie baumbrütende Wanderfalken; Hähersaat und Russeneichen; kommt der Wolf zurück?

Das größte Waldgebiet im nordostdeutschen Tiefland ist die Schorfheide nördlich von Berlin. Die Kiefer beherrscht hier so einseitig das Waldbild wie insgesamt im Lande Brandenburg. Von Natur aus war auch dieser Teil der Norddeutschen Tiefebene vor allem ein Buchenland, dem örtlich Eichen beigemischt waren.

Die Schorfheide war über 700 Jahre Jagdgebiet der jeweils Herrschenden, seit Mitte des 16. Jahrhunderts großflächig mit einem Wildzaun umgeben. Hier haben die Kurfürsten gejagt, aber auch Könige und Kaiser. Hermann Göring machte die Schorfheide zu einem der wildreichsten Gebiete Europas, wo zum hergebracht überhegten Wildbestand noch Elche, Wisente und Wildpferde ausgesetzt werden sollten. Die SED-Führung nutzte das frühere kaiserliche Jagdschloss Hubertusstock am Werbellinsee als Gästehaus inmitten eines exklusiven Staatsjagdgebietes.

Im Herbst 1990 wurde das Biosphärenreservat Schorfheide-Chorin ausgewiesen, mit 129 000 ha eines der größten Schutzgebiete in Deutschland. Für die riesigen

Röhrender Rothirsch in der Brunft. Die Hege solcher Trophäenträger stand seit jeher im Mittelpunkt des Forst- und Jagdwesens nicht weniger Großschutzgebiete von heute.

Kiefernforste ist eine dramatische Veränderung vorgesehen, sollen sie sich doch wieder hin zum natürlichen Buchen-Eichen-Wald entwickeln. Lange Zeit hatte man die Kiefernwälder der Schorfheide als die standortbedingte natürliche Waldgesellschaft angesehen und dabei unterschätzt, dass Überweidung und extrem hohe Wilddichten jahrhundertelang einfach keine Laubbäume hochkommen ließen.

Über 2000 Zeugen alter Laubwaldpracht inmitten der Kiefernödnis der Schorfheide blieben als Masteichen für Hirsche erhalten.

Naturwaldreservat Kienhorst

Die Kiefer kann sich in der Schorfheide zu sehr ansehnlichen Baumpersönlichkeiten entwickeln, wie auf manchen reicheren Standorten, wo der Mensch ihr die Buchenkonkurrenz vom Leibe hält. Ein schönes Beispiel bietet nordwestlich des Werbellinsees das 566 ha große Totalreservat Kienhorst, eine Kernzone des Biosphärenreservates Schorfheide. Prächtige Altkiefern sind aus der Hudewaldvergangenheit erhalten, im Freistand erwachsen mit ausladenden Kronen und mächtigen Stämmen bei Baumhöhen bis zu 40 m.

Fischadler und Seeadler, Graureiher und Kolkrabe bauen hier mit Vorliebe ihre Horste. Und seit einigen Jahren beziehen auch wieder erste Wanderfalken solche herausragenden Brutplätze. Die Population der baumbrütenden Wanderfalken war europaweit ausgestorben. In einer beispielhaften deutsch-polnischen Gemeinschaftsaktion wurden gezüchtete Wanderfalken Habichten zur Adoption untergeschoben und die bereits abgerissene Tradition der Baumbrüter auf diese Weise neu belebt. Der Schwarzspecht meißelt in den von glänzend rotgelber Spiegelrinde überzogenen oberen Stammteil der Kiefern seine geräumigen Höhlen, die in Gewässernähe auch Schellenten und Gänsesäger als Brutraum nutzen.

Auf einer Teilfläche des Totalreservates Kienhorst, einem Naturwaldreservat gleichen Namens, wurde die Holznutzung bereits 1961 eingestellt. Mehrere Kieferngenerationen leben hier miteinander: Gewaltige Altkiefern, 250–280-jährige Überhälter, überragen eine 120–140-jährige Kiefernschicht mit teilflächig deutlich jüngeren Bäumen. Ausgelöst wurde diese Altersgliederung vermutlich durch natürliche Verjüngung nach Waldbränden.

Heute verhindert die im Unterholz immer stärker sich ausbreitende Spätblühende Traubenkirsche *(Prunus serotina)* natürlichen Kiefernnachwuchs. Einst in vielen Kiefernforsten aus Gründen der Waldbrandverhütung und zur Bodenverbesserung eingebracht, hat sich dieser anspruchslose Neophyt aus Nordamerika als Danaergeschenk entpuppt, für dessen Bekämpfung viel Mühe und Geld aufgewendet wird. Verbreitet werden die Fruchtkerne über den Kot Beeren fressender Vögel. Da im Naturwaldreservat wie in der Kernzone insgesamt Eingriffe unterbleiben, wird sich erweisen, ob auf dem Weg der natürlichen Sukzession die Eichen und Buchen mit dem lästigen Neubürger zurechtkommen.

Wenn am Stammfuß eines Föhrenveteranen eine brütende Henne zu hocken scheint, ist dies der blumenkohlartige Fruchtkörper einer Krausen Glucke *(Sparassis crispa)*, auch Fette Henne genannt. Es ist ein Holz zersetzender Pilz, der bevorzugt die Wurzeln alter Kiefern befällt und von dort aus einige

Meter in das Kernholz des Stammes vordringt, wo er eine Braunfäule auslöst. Gefürchtet bei Forstleuten ist der östlich der Elbe an Altföhren nicht seltene Kiefern-Baumschwamm (Phellinus pini), der ausschließlich Kernholz besiedelt und eine intensive Weißfäule bewirkt. Seine unscheinbaren Fruchtkörper erscheinen an Astlöchern oder unterhalb abgestorbener Äste. Auf dem Waldboden findet man auch hier verstümmelte Jungeichen, wie üblich durch ständigen Wildverbiss am Aufwachsen verhindert.

Letzte Eichenbestände und ihre Käfer

Im Naturschutzgebiet Eichheide-Köllnsee, unmittelbar hinter dem Jagdschloss Hubertusstock am Werbellinsee, zeigen Alteichen überzeugend, welche Baumarten hier ursprünglich zu Hause waren. Insgesamt gibt es im Biosphärenreservat über die Kiefernforste verstreut noch 2000 dieser mehrhundertjährigen Traubeneichen, die als geschätzte Mastbäume für das umhegte Hochwild überlebt haben. Mit ihnen blieben auch die großen Holz bewohnenden Käfer erhalten mit den Leitarten Hirschkäfer und Großer Eichenbock, heute kostbare kapitale »Trophäenträger« im europäischen Naturschutz.

Das Land Brandenburg will auf einem Viertel seiner Waldfläche Kiefernforste wieder in naturnähere Mischbestände, vor allem mit Buche, umbauen und investiert dafür jährlich 8 Millionen Euro. Ausgelöst wurde diese Initiative nicht zuletzt aus tiefer Sorge um den Wasserhaushalt. Seit einigen Jahrzehnten sinken die Grundwasserspiegel im Land großflächig ab. Die Ursachen sind vielseitig. So steigt in den Wäldern die Verdunstung auffällig, seitdem sich durch die Nährstoffeinträge aus der Luft unter den Kiefernbeständen ein dichter Filz aus Waldreitgras, auch Sandrohr genannt, entwickelt hat. Sandrohrdecken verbrauchen in der Vegetationszeit mehr als ein Drittel der jährlichen Niederschläge! Werden die Waldumbaupläne verwirklicht, kann man sich eine zusätzliche Grundwasserspende von 100 Millionen m³ im Jahr erhoffen, eine Menge, die dem Gesamtbedarf aller privaten Haushalte Brandenburgs entspricht.

Waldumbau durch Hähersaat

Die Natur nutzt seit jeher Kiefernbestände als Vorwald, unter dessen Schutz die gegen Frost und Hitze empfindsamen Baumarten der Schlusswaldgesellschaft einwandern. Schwere Baumsamen wie Eicheln und Bucheckern werden besonders effektiv durch die »Hähersaat« des schönen Eichelhähers verbreitet. Bis zu 5000 Eicheln versteckt so ein unermüdlicher Vogel im Herbst, stets einzeln und recht regelmäßig verteilt. Nur die wenigsten verzehrt er in Notzeiten. Diese bemerkenswerte Fähigkeit des »Forstmeisters Häher« ist seit langem bekannt. So beschreibt Georg Ludwig Hartig (1764–1837), der bedeutendste forstliche Klassiker, Leiter der preußischen Staatsforste, dies bereits vor 200 Jahren sehr anschaulich: »In der Forstwirthschaft ist dieser Vogel sehr nützlich, weil er ein geschäftiger Eichel- und Buchensäer ist, der manchen Förster beschämt. Die Natur scheint ihn dazu bestimmt zu haben, diese und andere nützliche Holzarten zu verbreiten; denn er ist, wo es nur seyn kann, unermüdlich damit beschäftigt, Eicheln und Bucheln und andere Holzsamen aus einem Walddistrikt in den anderen zu tragen.«

Kürzlich errichtete die Kirchenforstverwaltung Brandenburgs in ihrem Domstiftforstamt Seelensdorf bei Pritzerbe dem nützlichen Eichelhäher, »le planteur«, wie ihn unsere westlichen Nachbarn nennen, ein Denkmal. 300–400 ha der eintönigen Kiefernforste sind dort durch Hähersaaten in heute 50-jährige Eichenbestände umgewandelt. »Wir sind dem Eichelhäher zu Dank verpflichtet und wollen ihn ehren«, wurde vor namhaften Repräsentanten aus Forstverwaltung und Forstwissenschaft betont. Ein erstaunlicher Sinneswandel, hatten doch Forstverwaltungen sehr lange Zeit Prämien für das Totschießen dieses angeblich schlimmsten Singvogelfeindes bezahlt. Und dies obendrein auf Anraten namhafter Vertreter der Forstschutzlehre.

Russeneichen

Nach wie vor wird geflissentlich verschwiegen, woran die unentwegte Aufbauarbeit der fleißigen Häher landauf, landab scheitert.

Der Eichelhäher, schön und nützlich – doch den Erfolg seiner unermüdlichen Arbeit des Eichensäens verhindert der Wildverbiss.

Widernatürlich überhegte Bestände großer Pflanzenfresser knabbern jede junge Eiche ab, sobald sich deren Gipfelknospe aus der Bodenvegetation erhebt. Auch andere Pioniergehölze wie Vogelbeere, Zitterpappel und Salweide werden bevorzugt gefressen. In den Kiefernforsten der ehemaligen DDR trifft man wie im Domstiftsforst verbreitet eine auffällige Unterschicht aus etwa 50-jährigen Jungeichen an. »Das sind Russeneichen«, klärten mich Forstkollegen vor Ort auf, ein Vermächtnis aus den ersten Nachkriegsjahren, als Besatzungssoldaten das Schalenwild überaus kräftig bejagt hatten. Leider hat man aus diesem unübersehbaren Hinweis keine entsprechenden Folgerungen gezogen. Nach wie vor können bei den landestypisch überhegten Schalenwilddichten Laubbäume nur hinter wilddichten Schutzzäunen aufwachsen. Und so fließt mehr als die Hälfte der in Brandenburg für den Waldumbau aufgewendeten Steuergelder in den Bau von jährlich 450 km Zäunen.

Deutschlands erstes wildes Wolfsrudel

Waldfreunde hoffen, gelegentlich aus Polen zuwandernde Wölfe könnten sich in den großen Kiefernwaldgebieten des Ostens ansiedeln und dann auf ihre Weise den Umbau zum Mischwald fördern. Denn, wie ein russisches Sprichwort besagt, »wo der Wolf geht, wächst der Wald«. 1991 schien eine Wiederbesiedlung märkischer Wälder bereits sicher. Doch Jäger begruben durch 4 Wolfsabschüsse auf ihre übliche Art die aufkeimenden Hoffnungen. Da hilft es den Wölfen nicht, dass sie durch die Berner

Konvention auch bei uns seit 1989 ganzjährig unter Schutz stehen.

Seit 1996 wurden im Nordosten Sachsens unmittelbar an der Grenze zu Brandenburg im Bereich des Truppenübungsplatzes Oberlausitz immer wieder Wölfe gesichtet. Im Herbst 2000 bestanden keine Zweifel mehr: Nach 150 Jahren hatte sich erstmals wieder in der Muskauer Heide ein Wolfsrudel aus 2 Altwölfen und 4 Jungtieren angesiedelt. Seither zieht das Wolfspaar Jahr für Jahr einen Wurf Welpen auf. Die herangewachsenen Jungtiere wandern aus dem ca. 300 km² großen Elternrevier ab und suchen nach blutsfremden Paarungspartnern. Ihre Chancen stehen sehr schlecht, hat doch in Westpolen, dem Quellgebiet von Zuwanderern, die Zahl der Wölfe in den 1990er-Jahren drastisch abgenommen.

In der Oberlausitz kümmert sich eine sächsische Biologin als Wolfsbeauftragte um das Schicksal Deutschlands einziger wild lebender Wolfsfamilie. Auch die Gesellschaft zum Schutz der Wölfe ist bemüht, die Bevölkerung aufzuklären und dadurch die Akzeptanz für die Rückkehr des faszinierenden Wildtieres und Waldschützers Wolf zu fördern.

Hinweise für Besucher

Anfahrt auf der A 11, Ausfahrt Finowfurt; weiter auf der B 198, der Uferstraße entlang dem Werbellinsee Richtung Joachimsthal zum ehemaligen Jagdschloss Hubertusstock. Zum Naturwaldreservat Kienhorst entweder Weiterfahrt auf der B 198 bis zum ehemaligen »Holzlagerplatz« und zum Badestrand Michen oder auf der A 11 bis Abfahrt Joachimsthal; weiter auf der B 198 entlang dem Nordwestufer des Werbellinsees bis Michen. Von hier aus auf der für Kraftfahrzeuge gesperrten »Karinhall-Straße« ca. 5 km bis zu den drei Pinnowseen. Das Naturwaldreserat liegt am ersten, dem »Runden Pinnowsee«. Verwaltung des Biosphärenreservates Schorfheide-Chorin in 16278 Angermünde, Hoher Steinweg 5–6, Tel. 03331/3654-0, www.schorfheide-chorin.de. Informationszentren im Naturerlebniszentrum Blumberger Mühle, im Haus Pehlitzwerder bei Brodowin, im Berliner Tor in Templin, im Wildpark Schorfheide, im Haus der Naturpflege in Bad Freienwalde.

Naturwaldreservat Grenzweg

40 Ein »echter« Flechten-Kiefernwald in Bayerns größtem Naturwaldreservat außerhalb des Gebirges; seltene Pilze auf Dünensand; Heidelerche und Ziegenmelker als Charakterarten.

Von den insgesamt 7 Kiefern-Naturwaldreservaten Bayerns wurden 5 eingehend wissenschaftlich untersucht. Das bemerkenswerteste Reservat, mit 113 ha das größte außerhalb des Gebirges, ist der »Grenzweg«. Es ist das unter totalem Schutz stehende Herzstück des 850 ha großen Naturschutzgebietes »Flechtenkiefernwälder südlich von Leinburg«. Im Lorenzer Wald, dem Südteil des Nürnberger Reichswaldes, hat sich am Fuß des steilen Anstiegs zur Fränkischen Alb in der Nacheiszeit der aus dem Rednitz-Regnitz-Becken verwehte Sand großflächig zu eindrucksvollen, stellenweise bis zu 30 m hohen Binnendünen abgelagert.

Nirgends in Bayern gibt es ärmere Waldstandorte, ausgelaugte Quarzsandböden, extrem versauert und nährstoffarm, trotz beachtlicher Niederschläge trocken, auf Kuppen und Hangschultern der Dünen extrem trocken. Obendrein hatte man auch hier durch Jahrhunderte die Biomasse nahezu vollständig geerntet, das Holz samt dem Reisig, obendrein die Wurzelstöcke als Brennholz gerodet und die Bodenstreu bis auf den Mineralboden ausgescharrt. Unter solch extremen Bedingungen entwickeln sich Flechten-Kiefernwälder.

Pilzraritäten auf dürrem Sand

Doch nur hier auf exponierten Kuppen und Hangschultern der Dünen scheint es sich um einen natürlichen Flechten-Kiefernwald zu handeln, der auf Dauer erhalten bleiben könnte. Noch überzieht eine Schicht aus 34 verschiedenen Flechtenarten den kaum mit Humus bedeckten Flugsand. Auf den Dünenflanken kommt die Preiselbeere hinzu und in den Mulden läuft bereits die Sukzession hin zur Heidelbeervegetation mit üppiger Moosschicht.

Mit 126 Arten wird das Pilzvorkommen zwar als vergleichsweise artenarm bewertet. Doch in keinem anderen Kiefernwald ist die Zahl der streng an nährstoffarme Sandflächen gebundenen Zeigerarten größer als hier. Mancher wie der Kiefernwald-Grünling (*Tricholoma aurateus*) tritt jahrweise sogar häufig auf. Ein Fünftel der Arten stehen auf der Roten Liste, 2 sind vom Aussterben bedroht, der Schmutzige Stacheling (*Bankera fuligineoalba*) und eine Schleimfuß-Art. Über die Hälfte aller Pilzspezies sind Mykorrhizapilze, die in Symbiose mit der Kiefer leben und ihr erst die Existenz unter diesen extremen Bedingungen ermöglichen. Auch einige köstliche Speisepilze wie Butterröhrling, Echter

Reizker oder der Kiefern-Steinpilz sind darunter. Insgesamt gilt der sandige »Grenzweg« bei Mykologen, den Pilzforschern, als ein besonders interessantes und wertvolles Gebiet in Bayern.

Die weithin gleichaltrige reine Kiefernbestockung geht auf die Wiederaufforstung nach der Spannerkatastrophe Ende des 19. Jahrhunderts zurück. Die inzwischen über 100-jährigen Kiefern sind mickerig entwickelt, im Durchschnitt gerade mal 20 cm dick und kaum 13 m hoch. Pro Hektar ergibt das die kümmerliche Holzmasse von lediglich 150 Festmetern. Totholz ist bisher nur wenig vorhanden. Es ist weiterhin ein »Kiefern-Steckerleswald«, wie er herkömmlich für den Reichswald, den Kummerforst in des »Reiches Streusandbüchse«, als typisch gegolten hatte.

Heidelerche und Ziegenmelker

Die Vogelgesellschaft reiner Kiefernwälder ist mit weniger als 20 Arten und lediglich 2 Dutzend Brutpaaren pro 10 ha noch arten- und individuenärmer als die der Fichten-

kunstforste. Kennzeichnende Arten sind Tannen- und Haubenmeise, die Misteldrossel neben wenigen Amseln, der bodenbrütende Baumpieper und wie immer unser Buchfink. (Nur wenn man Nistkästen in großer Zahl ausbringt, lässt sich der Insektenfresser Trauerschnäpper selbst im trostlosesten Kiefernforst zu sagenhaften Dichten von 30–40 Brutpaaren pro 10 ha vermehren.) Doch gerade die ärmsten, verlichteten Kiefernwälder beherbergen Vogelarten, die heute als besonders bedroht und schützenswert gelten. Es handelt sich um Arten halboffener Heidelandschaften, Pioniere, die sich in natürlichen Nadelwäldern auf Katastrophenflächen nach Sturm, Insektenfraß oder Feuer ansiedeln. Eine symbolträchtige Art ist die Heidelerche, die mit ihrem melancholischen, abwechslungsreich lullernden Gesang, vorgetragen im kreisenden Singflug hoch über

Nur auf den höchsten Dünen des Naturwaldreservats Grenzweg im Nürnberger Reichswald, »des Reiches Streusandbüchse«, kommt ein »echter« Flechten-Kiefernwald vor.

Noch brütet hier der Ziegenmelker. Dort, wo der durch Streunutzung ruinierte Boden melioriert und mit Laubholz kultiviert wurde, verschwand er.

dem Neststandort oder von Baumspitzen aus, noch die ödeste Kiefernwüste belebt. Die andere ist der geheimnisvolle Ziegenmelker, die Nachtschwalbe, die sich mit lautem Schnurren und Flügelklatschen bemerkbar macht, wenn sie nächtens niedrig über der Heide auf die häufigen Nachtfalter jagt. Beide benötigen Böden mit schütterer, niedriger Heidevegetation und offenen Sandstellen.

Auch das Auerhuhn war noch vor wenigen Jahrzehnten ein typischer Bewohner armer Kiefernwälder. Im Nürnberger Reichswald haben einzelne sogar bis heute überlebt.

Hinweise für Besucher

Das Naturwaldreservat Grenzweg ist erreichbar über die A 6 Nürnberg–Amberg, Ausfahrt Altdorf/Leinburg; Weiterfahrt nach Norden auf der Landstraße 2,5 km bis zur Abzweigung nach Weißenbrunn. Auf der gegenüberliegenden Seite führt eine gesperrte Forststraße ringförmig um das Naturwaldreservat. Nach Westen setzt sich das 850 ha große Naturschutzgebiet »Flechtenwälder südlich von Leinburg« fort. Es empfiehlt sich der Besuch im Walderlebniszentrum Tennenlohe des Forstamtes Erlangen (Franzosenweg 60, 91058 Tennenlohe, Tel. 09131/60 46 40, www.forst.bayern.de/erlebnis_wald/walderlebniszentren/wez_tennenlohe mit umfassenden Informationen über Natur und Geschichte des Nürnberger Reichswaldes und sachkundigen Führungen. Erreichbar über die A 3, Ausfahrt Tennenlohe, weiter über die B 4 nach Tennenlohe. Mit Buslinie 30 von Erlangen, Haltestelle Walderlebniszentrum, Linie 295 Haltestelle Böhmlach.

Lärchen-Zirben-Wälder

Lärchen-Zirben-Wälder kommen nur knapp unterhalb der Baumgrenze in den Bayerischen Alpen vor, bevorzugt auf den im Sommer wärmeren alpeneinwärts gelegenen Hochplateaus. Ehemals größere und dichtere Bestände wurden durch die Almwirtschaft auf wenige Restflächen zurückgedrängt. Der Tannenhäher sorgt für eine effektive Samenverbreitung der Zirbe oder Arve.

Oberhalb der natürlichen Bergfichtenwaldregion kommen in der hochsubalpinen Höhenstufe der Bayerischen Alpen vereinzelt auf alpeneinwärts gelegenen Hochplateaus Lärchen-Zirben-Wälder vor. Auch die Zirbe, Zirbelkiefer oder Arve (Pinus cembra) ist ein Relikt der nacheiszeitlichen Waldentwicklung. Mehr noch als Waldkiefer und Fichte wurde sie später zusammen mit der Lärche auf Extremstandorte abgedrängt.

Heute bildet ihre sibirische Unterart Bestände größter Ausdehnung in der Taiga von West- bis Ostsibirien. Unsere europäische Zirbe bewohnt, meist zusammen mit der Lärche, ein nicht zusammenhängendes Restareal mit Schwerpunkt in den klimatisch kontinental getönten Zentralalpen und inneren Ostalpen in Höhenlagen von 1600–2400 m. Sie ist der markanteste Baum an der Waldgrenze. Knorrige, gedrungene, im hohen Alter meist von Sturm und Schneebruch zerzauste Baumgestalten, deren mehrwipflige Kronen tief herabreichen, trotzen malerisch einzeln und in Gruppen auch auf widrigsten Extremstandorten. In der Jugend langsamwüchsig und etwas Schatten ertragend, kann sie doch stattliche Höhen von über 20 m erreichen und bis zu 1000 Jahre alt werden.

In den Randlagen der Nordalpen sind ihr die Sommer zu kühl und wolkenverhangen. Sie weicht daher auf die alpeneinwärts gelegenen Gebirgsstöcke aus mit strahlungsreichen und wärmeren Sommern, wo es der sonst überlegenen Fichte zu trocken wird. Die Lärche ist hier oben eine typische Pionierbaumart, wenn auch eine sehr lang-

lebige, die 300–400, sogar bis 700 Jahre alt wird. Sie fruchtet früh und reichlich und ihre leichten Samen werden vom Wind weit verfrachtet. Zum Keimen benötigt sie offenen oder nur dünn mit Humus bedeckten Mineralboden. Den Unbilden der Bergwinter begegnet sie dadurch, dass sie ihre Nadeln im Herbst abwirft. Die Europäische Lärche (Larix decidua) hatte von Natur ihren Verbreitungsschwerpunkt in den Alpen. Daneben kam sie in Unterarten in den Sudeten, Karpaten, der Tatra und den Beskiden in kleinen Restarealen vor. Weiter im Nordosten wird sie von der Sibirischen Lärche (Larix sibirica) von Russland bis ins westliche Sibirien vertreten. Wegen einiger waldbaulicher Vorteile und ihres dauerhaften Holzes wird die Europäische Lärche seit dem 18. Jahrhundert europaweit künstlich verbreitet.

Tannenhäher verbreiten die Zirbelnüsse

Anders die Zirbe, die eine langlebige, ungemein frostharte Klimaxbaumart ist. Sie fruchtet weniger reichlich mit einer Vollmast nur alle 5–10 Jahre. Ihre Samen, die wohlschmeckenden »Zirbelnüsse«, sind groß, dickschalig, ohne Flügel und daher flugunfähig. Die reifen Zapfen fallen erst im Frühling des dritten Jahres als Ganzes ungeöffnet zu Boden. So ist dieser Baum darauf angewiesen, dass Tiere seine schweren, fettreichen Samen verbreiten, wie es Eichhörnchen zum Beispiel tun.

Die Zirbelkiefer lebt jedoch mit einer Vogelart, dem Tannenhäher, in einer besonders

engen Symbiose. Der Tannenhäher verbreitet die Zirbelnüsse in ähnlicher Weise wie der Eichelhäher die Eicheln, nur noch wirkungsvoller. Er öffnet bereits im 2. Herbst die am Ast hängenden reifen Zapfen, trägt die Nüsschen in seinem Kropf bis zu 10, ja 15 km weit. In seinem Revier versteckt er sie sorgfältig, bis zu 2 Dutzend pro Versteck, an offenen, kurzrasigen Bodenstellen, auch in Felsspalten. Bis zu 100 000 Stück sät jeder einzelne, eine unglaubliche Menge. Doch der Vorrat muss ihm nicht nur als Winternahrung dienen. Er versorgt damit auch seine nächste Brut im Folgejahr bis in den Juni hinein.

Bis zu vier Fünftel der Vorräte nutzt er, die er mit einem unvorstellbaren Gedächtnis selbst unter einer Schneedecke zu finden weiß. Außer von Baumsamen ernährt er sich recht vielseitig auch von Gliederfüßern, bevorzugt größeren Käfern.

Diesen schönen Häher kann man heute auch weit außerhalb der Alpen antreffen, wobei er sich mit seinen durchdringend lauten, rau krächzenden Rufserien bemerkbar macht. In den Bergmischwäldern und Fichtenwäldern der herzynischen Mittelgebirge brütete der Tannenhäher seit jeher. Wie andere Nadelwaldvögel ist er aber auch als Nutznießer des verstärkten Nadelgehölzanbaus ab dem 19. Jahrhundert weit ins Hügelland hinaus vorgedrungen. Die Schlüsselfunktion der Zirbelnüsse als Vorratsnahrung übernimmt außerhalb des Hochgebirges die Haselnuss. Das riesige Areal der Sibirischen Zirbe bewohnt sein nächster Verwandter, der Sibirische Tannenhäher, gekennzeichnet vor allem durch einen schlankeren, deutlich längeren Schnabel. Fällt in Sibirien die Samenernte aus, dann kommt es in manchen Jahren zu Aufsehen erregenden massenweisen Invasionen, die auch uns erreichen, zuletzt 1968, 1977 und 1985. Die Zuzügler fallen durch ungewöhnliche Vertrautheit gegenüber dem Menschen auf. Den Winter überleben die allermeisten nicht, da sie keine Nahrungsvorräte deponiert haben. Bei solchen spektakulären Evasionen wandert sich der Populationsüberschuss der Sibirier zu Tode.

Im Kalkfels verankert trotzt eine uralte Zirbe den Unbilden nahe der Waldgrenze im Alpen-Nationalpark.

Zirben im Nationalpark Berchtesgaden

41 Bedeutendste Vorkommen um den Funtensee und auf der Reiteralm; Latschengürtel oberhalb der Waldgrenze mit Alpenrosen und anderen Zwergsträuchern; Naturwaldreste in tieferen Lagen; natürliche Waldentwicklung auf Windwurf- und Lawinenflächen; Wintergatter für das Rotwild.

Die schönsten zusammenhängenden deutschen Zirbenvorkommen gibt es in den Berchtesgadener Hochalpen im Nationalpark um den Funtensee und im Nordwesten auf der Reiteralm. Die Reiteralm ist ein Plateaugebirge aus Dachsteinkalk und Ramsaudolomit, weite Hochflächen auf 1500–2000 m Höhe mit steil abfallenden Rändern, die es beim anstrengenden Anstieg auf alpinen Klettersteigen zu überwinden gilt.

Zirbenwälder stehen licht, die Bäume einzeln und gruppenweise oft inmitten ausgedehnter Alpenrosengebüsche. Früher hatte man diese Höhenzone fälschlich als eine natürliche »Kampfzone« an der Waldgrenze angesehen. Tatsächlich haben sich die Wälder unter dem Einfluss jahrhundertelanger Beweidung und Holznutzung mit der Zeit immer mehr aufgelöst. Wo der Boden kahlgelegt wird, schwindet die Humusdecke und Erosion setzt ein.

Die Beweidung fördert die als »Almrausch« viel besungenen Alpenrosen, die als Giftpflanzen von den Tieren verschmäht werden. Alpenrosen dienen dem Goldrost als Zwischenwirt, einer Pilzkrankheit, welche die Fichte erheblich schädigt, sodass sich sekundär Lärche und Zirbe ausbreiten konnten. Die Zirbe wiederum ist besonders empfindlich gegenüber Schneepilzen, die unter der Schneedecke ihre Nadeln befallen. Sie wächst daher bevorzugt auf schneearmen Kuppenlagen, Kleinstandorte, die auch der Tannenhäher zum Verstecken von Zirbelnüsschen sucht. Ein vernetztes Miteinander und Gegeneinander der Glieder einer Lebensgemeinschaft unter harten Bedingungen nahe der Baumgrenze. Unter den lichten, ungleichaltrigen Lärchen-Zirben-Beständen kommen nebeneinander Säurezeiger wie Rostblättrige Alpenrose und Kalkpflanzen wie die Bewimperte Alpenrose, Zwergalpenrose und das Blaugras vor. Zwergsträucher wie Heidelbeere, Rausch- und Preiselbeere ergänzen die üppige Bodenpflanzendecke und werden für viele Säuger und Vögel dieses Lebensraums zur wichtigsten Nahrungsquelle. Triebe werden von Hirschen und Gämsen geäst, die Beeren von Waldhühnern, Tannenhäher, Drosseln, aber auch von Baummarder, Fuchs und Bilchen verspeist. Früher hatte sich der Braunbär davon die Feistschicht für den Winterschlaf angefressen.

Krummholzgürtel oberhalb der Waldgrenze

Am Übergang von den Bergfichten- und Lärchen-Zirben-Wäldern der tiefsubalpinen Stufe zur waldfreien hochsubalpinen Stufe der alpinen Matten und Felsregion erstreckt sich ein 200–300 m breiter Krummholzgürtel. Kennzeichnend ist die niedrige Form der Bergkiefer *(Pinus mugo)*, die Latsche, die ausgedehnte Knieholzbestände bildet, unterbrochen von nackten Felswänden, offenen Schuttkegeln und Grasmatten. In Lawinenbahnen, auf Schuttfächern und Griesen kann das Krummholzgebüsch tief hinab in die Zone der Bergmischwälder reichen.

Bedeutendste Zirbenvorkommen blieben um den Funtensee und auf der Reiteralm erhalten. Die Lärche ist hier oben der Pionierbaum.

In den herzynischen Mittelgebirgen kommt es nur in exponierten Gipfellagen der höchsten Gebirgsstöcke wie im Bayerischen Wald auf Arber und Rachel oder im Erzgebirge zur Ausbildung einer Krummholzzone.

Am weitesten verbreitet in den Bayerischen Kalkalpen ist ein Latschengebüsch mit Kalkzeigern in der Begleitflora. Es dominiert die Bewimperte Alpenrose (Rhododendron hirsutum), begleitet von der Zwergalpenrose (Rhodothamnus chamaecistus).

Auf tonig-mergeligen Böden mit sehr reicher Nährstoff- und Wasserversorgung kommt es in den Alpen zur Ausbildung eines Laublatschen-Knieholzes oder Grünerlen-Krummholzgebüsches.

Vom Pflanzenschonbezirk zum Alpen-Nationalpark

Die großartige Alpenlandschaft um Watzmann und Königssee hatte schon früh den Wunsch geweckt, hier einen Nationalpark nach dem Vorbild des Yellowstone zu schaffen, »in dem kein Schuss fällt, kein Stein vom anderen genommen, kein Zweig umgeknickt werden, keine Pflanze ausgerissen werden, kein Tier getötet werden darf«. So 1908 der Verein zum Schutze und zur Pflege der Alpenpflanzen (heute Verein zum Schutz der Bergwelt), dem eine »vollkommene Alpenreservation« als ideal und unterstützenswert vorschwebte.

Doch diese Vorstellungen waren unrealisierbar, war das Gebiet doch seit 1811 ein bevorzugtes Hofjagdrevier des bayerischen Königshauses. So musste man zufrieden sein, als 1910 ein »Pflanzenschonbezirk Berchtesgadener Alpen« auf 8300 ha ausgewiesen wurde und der greise Prinzregent immerhin sein Jagd- und Forstpersonal anhielt, künftig Bergwanderer nicht mehr abzuweisen.

Nach dem Ausbau des Eisenbahnnetzes hatte sich alsbald ein zunehmender Bergtourismus entwickelt. Die Alpenflora wurde durch gewerbsmäßigen Handel übernutzt und durch ständige Intensivierung der Almwirtschaft bedroht. Das Berchtesgadener Land ist Teil der für ihren Pflanzenreichtum bekannten Ostalpen. So gibt es im Nationalpark zahlreiche Pflanzenarten, die im übrigen deutschen Alpenraum fehlen, darunter so bekannte wie die Schwarze Nieswurz oder Christrose (Helleborus niger) und das Wilde Alpenveilchen (Cyclamen purpurascens).

1921 wurde auf Betreiben des Bund Naturschutz der Pflanzenschonbezirk auf 20 400 ha zum Naturschutzgebiet Königssee vergrößert, wobei wie üblich die Nutzungsrechte von Forst, Jagd und Fischerei nicht eingeschränkt wurden. Während des Dritten Reiches wurde im Naturschutzgebiet über besondere »Wildschutzgebiete« striktes Betretungsverbot verhängt, um die Jagdinteressen von Reichsjägermeister Hermann Göring nicht zu stören. Aus einigen damals ausgesetzten Tieren hat sich eine kleine Steinwildkolonie entwickelt, deren unbejagte, vertraute Tiere die Bergwanderer erfreuen. Auch als der braune Spuk vorbei war, stand die Jagd weiter im Zentrum des Interesses an diesem Naturschutzgebiet.

Als Ende der 1960er-Jahre Pläne bekannt wurden, den Watzmann mit einer Seilbahn zu erschließen, stellten sich Naturschutzverbände und der Deutsche Rat für Landespflege entschieden dagegen und forderten zugleich eine Aufwertung des Gebietes zum Nationalpark. Es dauerte bis 1978, ehe nach mehrjähriger Planung die Entscheidung fiel und aus dem Naturschutzgebiet Königssee der Nationalpark Berchtesgaden werden konnte.

Naturwaldreste in unzugänglichen Lagen

Nur 8000 ha des 22 800 ha großen Reservats sind bewaldet und davon wiederum liegen auch 25 Jahre nach der Ausweisung lediglich 3400 ha in der Kernzone. Nur hier erfolgen keine weiteren Eingriffe und der Wald darf sich frei zurück zum Urwald entwickeln. Jahrhundertelange Salinenwirtschaft und einseitige Schalenwildhege haben die Bergmischwälder weithin zu Fichtenforsten verkommen lassen. An unzugänglichen Einhängen zum Königssee gibt es noch vergleichsweise naturnahe Buchenwälder. Hier kann man am Buchentotholz die bezeichnenden Arbeitsspuren des Weißrückenspechts, der seltensten heimischen Spechtart, entdecken und sich am lautstarken Gesang des Zwergschnäppers erfreuen. Und dann hat sich natürlich in den abgelegenen Lärchen-Zirben-Beständen der trotz all der geschilderten Einwirkungen verbliebene Grad an Naturnähe seit Ausweisung als Totalreservat noch verstärkt.

Natürliche Waldentwicklung auf Katastrophenflächen

Es gibt einige Katastrophenflächen, die anschaulich zeigen, wie die Natur aus künstlichen Fichtenmonokulturen wieder gesunden Bergmischwald entstehen lässt. So hat sich am Ofentalweg im Gebiet des Hochkalter eine größere Windwurffläche, die man nach dem Orkan Wiebke aus dem Spätwinter 1990 unaufgearbeitet liegen ließ, zu einem viel bestaunten Vorzeigeobjekt entwickelt. Im wirren Verhau vor Wildverbiss geschützt, entfaltet sich wieder die natürliche Baumartenvielfalt zugleich aus Pionieren der frühen Stadien und Baumarten der reifen Entwicklungsphasen.

1999 löste sich von den Steilhängen am Hochkalter eine gewaltige Lawine und fegte, unterstützt durch ihre Druckwelle, großflächig einen Fichtenreinbestand um, wo jetzt der Waldumbau nach Art der Natur läuft.

Oben links: Der Alpenbock benötigt besonnte, kränkliche Altbuchen.

Oben rechts: Die Zirbe ist auf den Tannenhäher angewiesen, der ihre schweren Nüsse weit verbreitet. Hier öffnet er den Zapfen einer Latsche.

Am Rand des Schwemmfächers von Sankt Bartholomä hat ebenfalls die ungeheuere Druckwelle einer Schneelawine einen alten Buchenbestand umgefegt. Auch diese Katastrophenfläche ist wie die am Ofentalweg durch einen Weg erschlossen, sodass man sich vor Ort überzeugen kann, welche Vielfalt an Bodenpflanzen, Strauch- und Baumarten in den vor Hirsch und Gämse sicheren Abgründen im meterhohen Stamm- und Kronenverhau heranwächst.

Die Erwartung, an beschädigten, besonnten Randbuchen werde sich das Vorzeigeinsekt des Gebirges, der Alpenbock *(Rosalia alpina)*, einstellen, hat sich bisher nicht erfüllt. Der große und wohl attraktivste unserer Bockkäfer, eine prioritäre Art der FFH-Richtlinie, gilt bundesweit im Bestand als sehr gefährdet. Neuerdings konnte die an Buchenwäl-

der auf sonnseitigen Kalkstandorten gebundene Art in den bayerischen Kalkalpen an mehreren Stellen nachgewiesen werden, nicht jedoch im Alpen-Nationalpark. Da der Alpenbock auf der Suche nach geeignetem Brutraum auch weite Flüge unternimmt, ist mit seiner Wiederausbreitung zu rechnen, wenn gut besonnte, kränkelnde Buchen und Hochstubben im lichten Bergmischwald verbleiben. Außerhalb der Bayerischen Alpen kommt der schöne Käfer noch auf der Schwäbischen Alb vor.

Ungelöste Wildprobleme

Noch entwickelt sich neuer Wald am naturnähesten in solchen Störungsflächen. Die verstärkte Jagd hat zwar die Aufwuchschancen für Fichtennaturverjüngung verbessert, aber der nach wie vor stark verbissene Nachwuchs der Laubbaumarten und Tanne gerät dadurch unter zusätzlichen Konkurrenzdruck.

Hinweise für Besucher

Anlaufstelle in Berchtesgaden sind das Nationalparkamt, Doktorberg 5, 83471 Berchtesgaden, Tel. 08652/96 86-0, www.nationalpark-berchtesgaden.de, und das Nationalparkhaus am Franziskusplatz 7, Tel. 08652/ 643 43. Dazu gibt es eine Reihe von Infostellen im Gebiet: Infostelle Königssee im ehemaligen Bahnhof, 83471 Schönau am Königssee, Tel. 08652/622 22; Infostelle auf Halbinsel St. Bartholomä; Ausstellung »Wandel und Wildnis in der Natur«, Tel. 08657/14 31; Infostelle Hintersee am Beginn des Hirschbichltals, 83486 Ramsau-Hintersee; Tel. 08657/14 31, Anfahrt mit Bus Linie 46 ab Bahnhof Berchtesgaden, Ausstellung über Spechte und Steinadler, Adlerlehrpfad, geführte Wanderungen mit Möglichkeit zu Adlerbeobachtungen; Infostelle Engert-Holzstube, 83486 Ramsau-Hintersee an der Hirschbichlstraße, Ausstellung »Vom Wirtschaftswald zum Naturwald«; Infostelle am Parkplatz Wimbachbrücke, Wimbachweg 2, 83486 Ramsau, Ausstellung »Entstehung und Geologie des Wimbachtales«.

Die Wildfrage ist insgesamt noch unbefriedigend gelöst. Zwar wird das Rotwild im Spätherbst in 2 Wintergatter gelockt und dort den Winter über bis zum nächsten Frühjahr gefüttert und damit, wie es vor Hofjagdzeiten durch saisonale Abwanderung der Fall war, die Waldvegetation entlastet. Von der nahe liegenden Möglichkeit, dies auch zur Reduktion der überzähligen Tiere zu nutzen, wie im Nationalpark Bayerischer Wald seit 30 Jahren mit Erfolg praktiziert, macht man aber keinen Gebrauch. Man unternimmt auch keinen Versuch, den Luchs in den ausgedehnten staatseigenen Gebirgswäldern wieder einzubürgern. Auch für den Braunbären wäre der Lebensraum durchaus geeignet. Der Luchs würde, das zeigen Erfolge in anderen europäischen Ländern, das Problem der im Wald besonders lästig verbeißenden Gämsen lösen. Bei Anwesenheit dieses Feindes ziehen sich die Klettertiere wieder in die waldfreien alpinen Fels- und Mattenregionen zurück, wo sie sich vor seinen Überraschungsangriffen sicher fühlen. Ob man es sich nicht zu einfach macht, nur darauf zu warten, ob Luchs und Bär nicht doch aus Österreich zuwandern?

Literaturverzeichnis

ANONYMUS (1999): Buchennaturwald-Reservate – Urwälder von morgen. (316 S.), Natur- und Umweltschutzakademie Nordrhein-Westfalen, Seminarbericht 4, Recklinghausen.

ANONYMUS (2002): Nationalpark Eifel. Eine Idee nimmt Gestalt an. (141 S.), Natur- und Umweltschutzakademie Nordrhein-Westfalen, Seminarbericht 8, Recklinghausen.

BIBELRIETHER, HANS, & H. BURGER (1983): Nationalpark Bayerischer Wald. (176 S.), Süddeutscher Verlag, München, Morsak Verlag, Grafenau.

BIBELRIETHER, HANS (HRSG.) (1997): Naturland Deutschland – Freizeitführer Nationalparke und Naturlandschaften. (448 S.), Franckh-Kosmos, Stuttgart.

BÜCKING, WINFRIED, W. OTT & W. PÜTTMANN (1994): Geheimnis Wald. Waldschutzgebiete in Baden-Württemberg. (197 S.), DRW-Verlag Weinbrenner, Leinfelden Echterdingen.

CARLOWITZ, HANNß CARL VON (1713): Sylvicultura oeconomia. Anweisung zur wilden Baum-Zucht. (414 S.), Braun, Leipzig (Nachdruck TU Bergakademie Freiberg, 2000).

DIETRICH, HERMANN, S. MÜLLER & G. SCHLENKER (1970): Urwald von morgen. Bannwaldgebiete der Landesforstverwaltung Baden-Württemberg. (174 S.), Verlag Eugen Ulmer, Stuttgart.

FREDE, ACHIM, A. HOFFMANN, R. KUBOSCH & N. PANEK (2000): Naturerbe Kellerwald. (96 S.) Cognitio Verlag, Niedenstein.

GÖPPERT, HEINRICH R. (1868): Skizzen zur Kenntnis der Urwälder Schlesiens und Böhmens. (64. S.), Dresden.

HELFER, WOLFGANG (2000): Urwälder von morgen. UNESCO-Biosphärenreservat Rhön. Naturwaldreservate in Bayern. (160 S.), IHW-Verlag; Eching bei München.

KLAUS, SIEGFRIED, & T. STEPHAN (1998): Nationalpark Hainich. Laubwaldpracht im Herzen Deutschlands. (160 S.), Rhino Verlag, Arnstadt und Weimar.

MAKOWSKI, HENRY (1997): Nationalparke in Deutschland. Schatzkammern der Natur – Kampfplätze des Naturschutzes. (180 S.), 2. Auflage, Wachholtz Verlag, Neumünster.

ROTHKIRCH, FRIEDRICH VON, & L. VON STRALENDORFF (1999): Der Hasbruch – Naturkundliche Beschreibung eines norddeutschen Waldes. (136 S.), Schriftenreihe Waldentwicklung in Niedersachsen, Heft 8, Wolfenbüttel.

MEISTER, GEORG, & M. OFFENBERGER (2004): Die Zeit des Waldes. Bildreise durch Geschichte und Zukunft unserer Wälder. (309 S.), Zweitausendundeins, Frankfurt a. Main.

ROSING, NORBERT (1996): Deutsche Nationalparks. (200 S.), Tecklenborg Verlag, Steinfurt.

SCHERZINGER, WOLFGANG (1996): Naturschutz im Wald. Qualitätsziele einer dynamischen Waldentwicklung. (447 S.), Ulmer Verlag, Stuttgart.

SCHOENICHEN, WALTHER (1935 und 1937): Urdeutschland. Deutschlands Naturschutzgebiete in Wort und Bild. Band I (415 S.) und Band II (438 S.), J. Neumann, Neudamm.

SEITZ-WEINZIERL, BEATE (2002): Sehnsucht Wildnis. Gespür für Leben neu entdecken. (111 S.), Buch & Kunstverlag Oberpfalz, Amberg.

SPERBER, GEORG (1994): Der Umgang mit Wald – eine ethische Disziplin. (30 S.). In: Hatzfeld, Hermann Graf (Hrsg.): Ökologische Waldwirtschaft. Stiftung Ökologie und Landbau, C. H. Müller, Heidelberg.

SPERBER, GEORG (2001): Entstehungsgeschichte eines ersten deutschen Nationalparks im Bayerischen Wald. (53 S.). In: Veröffentlichungen der Stiftung Naturschutzgeschichte, Klartext Verlag, Essen.

SPERBER, GEORG (2002): Geschichte des Naturschutzes in den bayerischen Staatswäldern und der Einfluss der naturgemäßen Waldwirtschaft. (57 S.). In: 250 Jahre Bayerische Staatsforstverwaltung, Bayerisches Staatsministerium für Landwirtschaft und Forsten, München.

SUSCCOW, MICHAEL, L. JESCHKE & UND H. D. KNAPP (2001): Die Krise als Chance – Naturschutz in neuer Dimension. (256 S.), Findling Verlag, Neuenhagen.

SUCCOW, MICHAEL (1992): Unbekanntes Deutschland. (272 S.), Tomus Verlag, Waldkirchen.

Zeitschrift „Nationalpark" (vierteljährlich). Verein der Freunde des Ersten Deutschen Nationalparks Bayerischer Wald e. V., Grafenau.

Register

Die Faszination der Natur erleben

Doris Laudert
Mythos Baum
Die wichtigsten mitteleuropäischen
Gehölzarten in Porträts sowie die
Kulturgeschichte der Bäume mit
Abbildungen und Details.
ISBN 3-405-16640-3

Ulrich Hecker
BLV Handbuch
Bäume und Sträucher
Alle Arten Mitteleuropas, aber
auch Exoten, die Gärten und Parks
verschönern – mit vielen Details.
ISBN 3-405-14738-7

Eckart Pott
Faszination Baum
Das repräsentative Bildband mit
großformatige Fotos – z.B. zu den
Themen Wurzel, Borke, Rinde,
Stamm, Ast, Zweig, Blatt für Blatt,
Blüte und vieles mehr.
ISBN 3-405-16220-3

Thomas Schauer / Claus Caspari
Der große BLV Pflanzenführer
Über 1500 Blütenpflanzen Mittel-
europas mit 1140 detaillierten
Farbzeichnungen und allen Fakten.
ISBN 3-405-16014-6

Stefan Kühn / Bernd Ullrich /
Uwe Kühn
Deutschlands alte Bäume
150 alte Bäume in ausdrucksstarken
Fotos; zu jedem Baum: Biographie,
Sagen und Mythen; Übersichtskarte:
Standorte und Wegbeschreibungen.
ISBN 3-405-16107-X

Top Guide Natur
Ulrich Hecker
Bäume und Sträucher
Rund 200 heimische Bäume und
Sträucher treffsicher bestimmen
mit dem 3er-Check: nur drei
Merkmale checken – die gesuch-
te Art sicher identifizieren.
ISBN 3-405-15767-6

Im BLV Verlag finden Sie Bücher zu den Themen: Garten und Zimmerpflanzen • Natur • Heimtiere • Jagd und Angeln • Pferde und Reiten • Sport und Fitness • Wandern und Alpinismus • Essen und Trinken

Ausführliche Informationen erhalten Sie bei:
BLV Verlagsgesellschaft mbH • Postfach 40 03 20 • 80703 München
Tel. 089/127 05-0 • Fax 089/127 05-543 • http://www.blv.de

Hinweise
für Urwald-Besucher

*Man sieht (und hört) nur, was man
kennt! Diese Einsicht gilt im Wald mehr
als sonst bei Begegnungen mit Natur.
Wir geben im Buch Hinweise auf die
vielseitigen Informationsangebote in
größeren Schutzgebieten. Man sollte
diese nutzen, ebenso die Angebote an
Führungen.
Viele der Urwälder von morgen sind
kleinflächig. Das Betreten ist länder-
weise und nach Schutzkategorien sehr
verschieden geregelt. Wer strikte
Betretungsverbote achtet, sich an
vorhandene Wege und Pfade hält, wird
kaum etwas falsch machen. Die Chance
zum Beobachten von Tieren sind umso
besser, je unauffälliger Besucher sich
verhalten und je mehr sie den richtigen
Zeitpunkt nach Jahreszeit und Tagesab-
lauf zu nutzen wissen. Bitte bedenken
Sie stets, dass in diesen Reservaten der
Wildnis das Vorrecht zusteht und wir
als Gäste nur willkommen sind, wenn
wir uns richtig benehmen.*

Bildnachweis:

Bibelriether: 19M, 19o, 19u
Bussler: 10, 44ul, 86o, 100u, 106o, 155l,
Danegger: 8, 22o, 37u, 61, 109o, 115o, 138o, 139o
Groß, R.: 32o
Kühn: 153
Limbrunner: 35l, 128o, 155r
Meister: 154
Nill: 50o
Pforr: 108, 112o
Pott: 18, 39o, 8o, 97l
Sperber: 22u, 44o, 52, 83, 149
Synatzschke: 146
Trummer: 151o
Willner: 28o, 119r
Wothe: 23, 45, 67r, 69l, 88, 128u, 130M, 140, 147
Zeininger: 38o, 64, 66, 79, 89, 112u, 121r, 131M

Alle anderen Fotos: Stephan Thierfelder

Karte Nachsatz: Computergrafik Jörg Mair

Foto Seite 1:
Buchenkeimling sprosst aus Moderholz einer
gestürzten Uraltbuche.

Foto Seite 2/3:
Von Natur war Deutschland überwiegend von
Buchenwäldern bedeckt (hier im
Naturschutzgebiet Rohrberg).

Foto Seite 4/5:
Die Waldberge des Schwarzwalds staffeln sich bis
hin zu den Alpen.

Bibliografische Information Der Deutschen Bibliothek

Die Deutsche Bibliothek verzeichnet diese
Publikation in der Deutschen Nationalbibliografie;
detaillierte bibliografische Daten sind im Internet
über http://dnb.ddb.de abrufbar

BLV Verlagsgesellschaft mbH
München Wien Zürich
80797 München

© BLV Verlagsgesellschaft mbH, München 2005

Umschlaggestaltung:
Anja Masuch, Puchheim bei München

Umschlagfotos: Stephan Thierfelder (vorne: Naturwaldreservat Eisgraben)

Lektorat: Dr. Friedrich Kögel
Herstellung: Hermann Maxant

Layout und DTP: Anton Walter und
agentur walter, Gundelfingen

Gedruckt auf chlorfrei gebleichtem Papier

Printed and bound in Germany ·
ISBN 3-405-16609-8

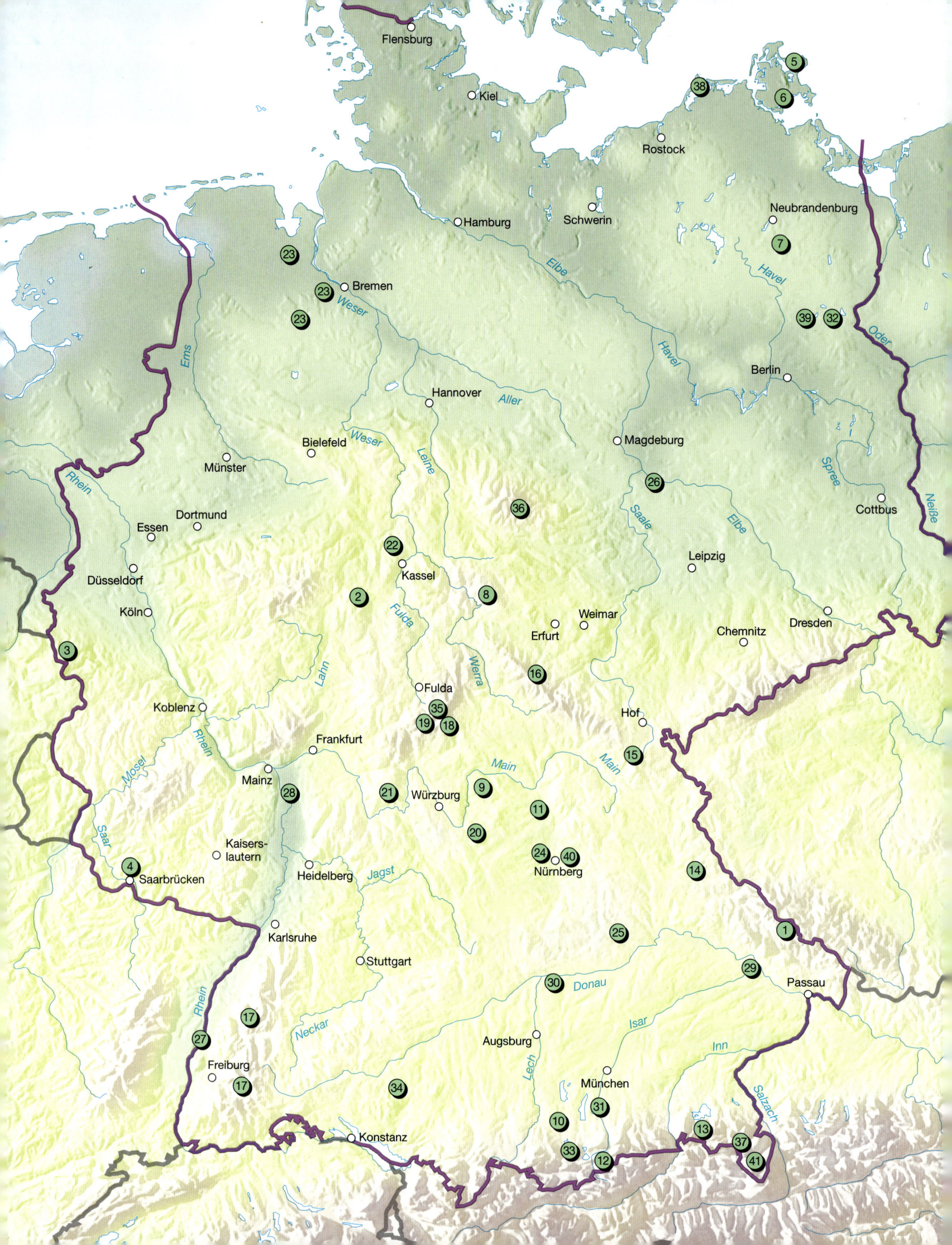